无机与分析化学实验

何 英 李 青 王桂英◎主编

北京理工大学出版社
BEIJING INSTITUTE OF TECHNOLOGY PRESS

内 容 提 要

本书包括 4 篇：化学实验基本知识与基本技能、无机化学实验、分析化学实验、无机与分析化学综合设计实验，共 10 章：实验室基本知识、无机化学实验基本操作、分析化学实验基本操作、基本仪器与操作技术、化学原理及其相关理化性质的测定、元素化学性质实验、无机化合物的制备、化学分析实验、仪器分析实验、无机与分析化学综合设计实验。内容覆盖无机与分析化学常见实验项目，层次清晰，与实际联系紧密，可作为高等学校化学、化工及生命科学、环境、材料等近化学类专业的无机化学实验、分析化学实验教材，也可供化学相关专业技术人员参考。

图书在版编目（CIP）数据

无机与分析化学实验／何英，李青，王桂英主编
. --北京：北京理工大学出版社，2022.5
ISBN 978 - 7 - 5763 - 1295 - 9

Ⅰ. ①无… Ⅱ. ①何… ②李… ③王… Ⅲ. ①无机化学—化学实验—高等学校—教材②分析化学—化学实验—高等学校—教材 Ⅳ. ①O61 - 33②O652.1

中国版本图书馆 CIP 数据核字（2022）第 071303 号

出版发行／北京理工大学出版社有限责任公司
社　　　址／北京市海淀区中关村南大街 5 号
邮　　　编／100081
电　　　话／（010）68914775（总编室）
　　　　　　（010）82562903（教材售后服务热线）
　　　　　　（010）68944723（其他图书服务热线）
网　　　址／http://www.bitpress.com.cn
经　　　销／全国各地新华书店
印　　　刷／涿州市新华印刷有限公司
开　　　本／787 毫米 × 1092 毫米　1/16
印　　　张／15.25　　　　　　　　　　　　　　　责任编辑／王玲玲
字　　　数／355 千字　　　　　　　　　　　　　文案编辑／王玲玲
版　　　次／2022 年 5 月第 1 版　2022 年 5 月第 1 次印刷　责任校对／周瑞红
定　　　价／76.00 元　　　　　　　　　　　　　责任印制／李志强

图书出现印装质量问题，请拨打售后服务热线，本社负责调换

《无机与分析化学实验》编写人员

主　编　何　英（湖南工业大学）

李　青（湖南工业大学）

王桂英（湖南工业大学）

副主编　陈　瑶（湖南工业大学）

周贵寅（湖南工业大学）

龚　亮（湖南工业大学）

参　编（以姓氏笔画为序）

王桂英（湖南工业大学）

李　青（湖南工业大学）

何　英（湖南工业大学）

何春萍（湖南工业大学）

陈　瑶（湖南工业大学）

周贵寅（湖南工业大学）

胡舜钦（湖南工业大学）

唐　英（湖南工业大学）

唐曾民（湖南工业大学）

晋　媛（湖南工业大学）

龚　亮（湖南工业大学）

巢　龙（湖南工业大学）

傅　欣（湖南工业大学）

谭　平（湖南工业大学）

前　　言

　　化学实验是一门实践性很强的课程，在培养理工科学生动手、观察、记忆、查阅、思维、想象和表达能力方面具有不可替代的作用，为今后工作能力打下基础。无机化学实验重在动手、观察、记录，重在对"质"的认识，是化学实验的基础；分析化学实验重在对"量"概念的认识，重在分析问题和解决问题能力的培养，两者前后呼应又相对独立，均为以后走向工作岗位奠定科学态度和良好的习惯。

　　为适应新的教学要求，编者结合多年的教学经验，把经典且常见的无机和分析化学实验项目编写在一起，去掉不必要的重复，兼顾全面和够用，先打好基础，在综合训练部分再拔高，由浅入深，在学生有限的实验时间内，掌握尽可能全面的知识。为此，在内容安排上，先熟悉化学实验室及化学实验的基本要求，再动手从认识并使用仪器、溶液的配制等基础实验开始，逐步加深到物质理化性质的检测、化学分析实验、仪器分析实验，以及能独立完成物质的制备、分析等综合性实验，最后到具有一定研究与创新能力的实验项目，学校可根据实验室实际情况，选择不同层次的内容开设实验。

　　新形势下，实验课程除了注重学生专业能力的培养，还要承担育人责任，即立德树人。本书结合实验内容，巧妙增加了思政元素，课堂随时融入，学生可自学，也可以由老师引导，上实验课的同时进行思想熏陶，对学生职业素养、辩证思维、社会责任、家国情怀等方面，不经意间潜移默化引领正确的价值观、世界观，抛砖引玉，以期达到育能同时育德的协同效应。

　　参加编写工作的有：周贵寅（第1章）、傅欣（第2章）、谭平（第3章）、王桂英（实验4.1～4.6、5.1～5.2）、龚亮（实验5.3～5.9）、晋媛（实验5.10、6.1～6.3、7.1～7.3）、唐英（实验8.1～8.8）、巢龙（实验8.9～8.14）、何英（实验8.15～8.17）、陈瑶（实验9.1～9.9）、李青（第10章）。由何英、胡舜钦、唐曾民老师通读整理，何春萍负责实验操作视频制作。

　　在编写过程中，很多老师对课程项目的设置和完善提出了宝贵的意见，湖南工业大学生命科学与化学学院领导给予了大力支持，也引用了不少同类教材（见主要参考文献），在此表示衷心感谢。

　　由于编写水平有限，书中疏漏和不足之处在所难免，恳请广大师生和读者批评指正。

编　者

目　录

第三篇　分析化学实验

第四篇　无机与分析化学综合设计实验

第 一 篇

化学实验基本知识与基本技能

第1章　实验室基本知识

近年,在国家"双一流"建设的推动之下,高校实验室的发展速度加快了,规模也越来越大,使得高校实验室的安全管理工作内容大幅增加,管理难度也越来越大,从而导致近年的实验室安全事故屡有发生。随着高校科研经费和实验室数量的持续增加,尤其是化学类实验室用到的化学品种类越来越多,导致实验室的安全管理正面临着严峻的考验。建立实验室安全相关的规章制度对于确保全程、全员和全方位育人要求的实现有着重要的推动作用。

1.1　实验室安全知识

在化学实验中,使用的仪器、装置大部分是容易破碎的玻璃器皿,许多试剂具有易燃、易爆、有毒或腐蚀性的特点,化学实验室危险具有潜在性、未知性、突发性,每位同学必须认真学习实验室安全知识,遵守实验室规范,确保安全操作,做到不伤害自己、不伤害别人、不被别人伤害,严肃、认真地完成实验。

1.1.1　实验室安全准则

① 学生需通过学校组织的实验室安全基础知识、消防基础知识在线考试后,方可进入实验室进行化学实验。

② 实验前,要认真预习实验内容,熟悉每个实验步骤中的安全操作规定和注意事项。

③ 实验课必须穿实验服,不得穿裙子、拖鞋、凉鞋,过肩长发必须扎起。

④ 实验开始前应检查仪器是否完整无损,装置是否正确稳妥,在征求指导教师同意后,方可进行实验。

⑤ 实验进行时,不得擅自离开岗位,要注意观察反应进行情况及装置是否漏气、破损等情况。

1.1.2　防火安全

① 了解实验室环境,熟悉气体阀门、灭火器材的放置地点和使用方法。防止易燃气体漏气,使用完后,要把阀门关好,如发现室内有气体泄漏,应立即开窗,禁止明火。

② 实验室内存放的一切易燃、易爆物品(如氢气、氮气、氧气等)必须与火源、电源保持一定距离,不得随意堆放。

③ 对于易燃有机溶剂,实验室不得存放过多,切不可直接倒入下水道,以免集聚引起火灾。

④ 金属钠、钾、铝以及金属氢化物要注意使用和存放,尤其不宜与水直接接触。

⑤ 实验室内不可抽烟,不可使用明火取暖。

1.1.3 防毒

① 在实验开始之前,应对要使用的化学试剂的性质有全面的了解。

② 操作有毒气体(如 Cl_2、H_2S、NO_2、Br_2、HF、浓 HCl、乙醚、硝基苯等)时,应在通风橱里进行实验,必要时佩戴防护眼镜、面罩。

③ 使用有毒试剂(如氰化物、高汞盐、重金属盐、砷化物等)时,应采取必要的安全措施,如戴橡胶手套等,避免直接与皮肤接触。

④ 严禁将食物带入实验室,禁止在实验室内喝水、吃东西,实验结束后要洗手。

1.1.4 用电安全

① 实验前先检查用电设备,再接通电源;实验结束后,先关仪器设备,再关闭电源。

② 实验室内未经批准、备案,不得使用大功率用电设备,以免超出用电负荷。

③ 不使用水槽附近的电源,电器和电线保持干燥。

④ 电气设备在未验明无电时,一律认为有电,不能盲目触及。

⑤ 在有电加热、电动搅拌、磁力搅拌及其他电动装置参与的化学反应运行过程中,实验人员不得擅自离开。

⑥ 烘箱、马弗炉、搅拌器、电加热器、冷却水等原则上不准过夜。确需过夜的,须经研究所安全员同意,并有专人值班。

⑦ 实验室内的专业人员必须掌握本室的仪器、设备的性能和操作方法,严格按操作规程操作。

1.2 实验室用水知识

1.2.1 用水准则

① 节约用水,杜绝浪费。

② 根据实验需求选择实验用水,洗涤器皿使用自来水,最后用蒸馏水或去离子水冲洗;色谱、质谱及生物实验选择超纯水。

③ 蒸馏水、去离子水随用随取,避免长期储存。

④ 使用完毕后,切记关闭水源。

1.2.2 常用水的分类

① 蒸馏水:蒸馏水能去除自来水内大部分的污染物,但挥发性的杂质无法去除,如二氧化碳、氨气、二氧化硅以及一些有机物。

② 去离子水:去除了水中的阴离子和阳离子,但水中仍然存在可溶性的有机物,会污染离子交换柱,从而降低其功效。去离子水存放过程中,也会引起细菌繁殖。

③ 反渗水:去除水中的溶解盐、胶体、细菌、病毒、细菌内毒素和大部分有机物等杂质。

④ 超纯水:其标准是水电阻率为 18.2 $M\Omega/cm$。具体标准要根据实验的要求来确定。

1.3　试剂规格及存放

1.3.1　试剂规格

试剂规格又称试剂级别或类别。一般按实际的用途或纯度、杂质含量来划分规格标准。国外试剂厂生产的化学试剂的规格趋向于按用途划分。主要的化学试剂分类如下:

优级纯(Guaranteed Reagent,GR),标签为浅绿色,用于精密分析实验。

分析纯(Analytical Reagent,AR),标签为红色,用于科学研究和重要的测定。

化学纯(Chemical Pure,CP),标签为蓝色,用于工矿及学校一般化学实验。

实验试剂(Laboratory Reagent,LR),标签为黄色,用于普通的定性实验。

生化试剂(Biochemical Reagent,BC),标签为咖啡色。

工业用试剂(Technical Grade,Tech),标签为黑色。

指示剂(Indicator,Ind),标签为红色。

基准试剂(Primary Reagent,PT),标签为绿色。

光谱纯(Spectrum Pure,SP),标签为黄色或蓝色。

以上为常用的化学试剂规格。此外,还有供各个领域使用的其他规格试剂,都对某种杂质含量要求较高,如微生物用、显微镜用、精密分析用等。

1.3.2　试剂的存放

① 试剂应有分类,有机试剂、固体试剂、酸碱等分类放置;有挥发性的试剂,储存时应注意密封性。

② 试剂瓶上的标签应该清晰,写明试剂的名称、规格、质量。分装或配置试剂后,应立即贴上标签,写明浓度和配制日期。不可在瓶中装上不是标签指明的物质。

③ 无标签、标签遗失的试剂要慎重处理,不可随意丢弃。可以通过外观或是用一些合适的试剂大致鉴别。

④ 实验中产生的有毒/污染试剂等废料不可直接倒入下水道中,应统一分类储存、处理(见1.4节三废处理)。

⑤ 易燃易爆试剂应储于顶部有通风口的铁柜。不可在实验室存放大体积瓶装易燃液体。

⑥ 剧毒品,如氰化钾等,应锁在专门的毒品柜中,交由保卫人员管理,领用时至少有两人签字,并做好登记(日期、用量)。

⑦ 进入试剂室时,排风机应及时打开。

1.4　三废处理

为防止实验室污染物的扩散,实验室"三废"的处理原则:实验室要安排专人负责废弃物的登记、收集和处理。分类存放,定期分别集中处理。尽可能采用废物回收以及固化、焚烧处理,在实际工作中选择合适的方法进行检测,尽可能减少废物量、减少污染。排放应符合国家有关环境排放标准。

实验室中"三废",由于其排污量都比较分散、排污量小,而且成分复杂,不同的成分采用的方法也有所不同。根据排污特点和国家环境保护有关规定,特制定实验室的"三废"处理要求进行处理。

1.4.1　废气

当实验过程中会使用或产生少量有毒有害气体,如 HCl、NO_2、SO_2、Cl_2、H_2S 等,其操作需在通风橱中进行,经排气管道排放到室外高空大气中进行稀释。而对于可能产生毒害性较大的气体的实验,通过与氧气充分燃烧或吸收瓶吸收转化处理、稀释排放。如 SO_2、H_2S 等酸性气体需用碱液吸收后处理。

1.4.2　固体废弃物

实验室固体废弃物主要包括多余样品、分析产物、消耗的实验用品或失效的化学试剂。固体废弃物不能随便乱放,不能丢进废品箱内和排进废水管道中,以免导致严重的污染事故,应存放至有害固体废弃物专用桶,并注意废弃物的分类,以免发生化学反应。达到一定量时,统一交由专门公司回收处理。碎玻璃和其他有棱角的锐利废料不能丢进废纸篓内,要收集于特殊废品箱内处理。

1.4.3　废液

化学实验中产生最多的就是各种废液,废液又分为有机废液、重金属离子废液、废酸和废碱等。废液在处理前需标明主要成分、危险情况、安全措施等信息并存放,再根据其化学成分来进行分类处理。对于有机废液、含卤有机废液、重金属废液,需交由专门废液处理公司进行回收处理。对于实验室常见的酸碱废液,可两者中和、稀释,达到排放标准后排放。

> 现代社会,国内外化学品爆炸事故偶有发生。2001 年,法国工业重镇图卢兹化工厂发生强烈爆炸事故;2013 年,美国得克萨斯州韦斯特化肥厂发生爆炸;2015 年,天津市滨海新区瑞海公司危险品仓库发生火灾爆炸事故。这些事故原因均为化工物质胡乱堆放、超量堆放,背后更有公司安全管理意识薄弱和地方监管部门工作落实不到位等更深层次的原因。远离化学就安全了吗? 并不是。奶奶给孙子喝自制葡萄酒被喷射而出的气体击中;吃火锅因加酒精起火被烧身,生活中不幸的事情也偶有发生。化学以及化学物质是自然界的一部分,有自身的发展规律,本身并没有错,错的是没有正确地使用它们的人。只有认识事物,遵循事物的客观规律,警钟长鸣,才能更有效保护自己、保护家人。

第2章　无机化学实验基本操作

　　化学是一门实践的科学,不仅仅有理论的推导,甚至有些理论是由实验现象总结归纳出来的。当年孙承锷教授在给北大化学系新生的入学专业教育发言中曾经指出,要培养学生"三严"科学习惯:严肃的科学态度;严谨的科学作风;严格的科学操作。其中,严格的实验操作是非常重要的一条。不准确的实验数据将导致后续的研究走无穷无尽的弯路,在这方面,老一辈的生物学家童第周是我们学习的楷模。

　　我国生物学家童第周当年去布鲁塞尔大学留学时,并不起眼,他沉默地在生物学的天地里努力着。那段时间,他的导师达克教授正在做青蛙卵子试验,需要把卵子外面的一层薄膜剥掉。在显微镜下,达克教授和助手们怎么也去不掉那层膜,最后助手们纷纷放弃。童第周在慢慢摸索了几个月后终于找到了方法:到显微镜下拿针把卵膜刺一下,卵瘪下去了,一下就剥开了。达克教授从此注意到这个中国学生。童第周最终顺利博士毕业,学成回来报效祖国。

2.1　常用仪器的介绍

2.1.1　玻璃器皿

1. 量筒和量杯

　　量筒和量杯是容量精度不太高的玻璃量器。量筒分为量出式和量入式两种,如图 2 - 1(a)、(b)所示。量入式有磨口塞子。量杯的外形如图 2 - 1(c)所示。量出式在基础化学实验中普遍使用,量入式用得不多。

　　向量筒里注入液体时,左手拿住量筒,使量筒略倾斜,右手拿试剂瓶,使瓶口紧挨着量筒口,使液体缓缓流入。待注入的量比所需要的量稍少时,把量筒放平,改用胶头滴管滴加到所需要的量。依据所需量取体积选择合适规格的量筒(不可大量筒量小体积,也不可小量筒多次量取液体加和)。量筒内自然残留的液体不可洗涤转移出来。

　　量筒不能直接加热;不能在量筒里进行化学反应。量筒一般只能用于精度要求不很严格的实验。量筒一般不需估读,通常应用于定性分析方面,一般不用于定量分析。

2. 烧杯

　　烧杯是实验室的常用器皿,材质常用玻璃和塑料,规格从 5 mL 到 5 000 mL 有多种。常温

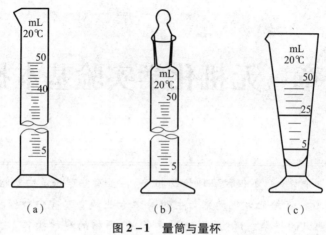

图 2-1 量筒与量杯

(a)量出式;(b)量入式;(c)量杯

或加热条件下作为大量物质反应的容器及用于配制溶液。烧杯外壁有刻度时,可估算溶液体积,烧杯外壁下方的白色毛边区内,可标示内容物质名称。

使用方法与注意事项:反应液体不超过容量的 2/3,以免搅动时液体溅出或沸腾时溢出。玻璃烧杯加热前要将烧杯外壁擦干,加热时烧杯底要垫石棉网,以免受热不均匀而破裂。

3. 烧瓶

圆底烧瓶可供试剂量较大的物质在常温或加热条件下反应,优点是受热面积大而且耐压。平底烧瓶可配制溶液或加热用,因平底放置平稳。

使用方法与注意事项:盛放液体的量不超过烧瓶容量的 2/3,也不能太少,避免加热时喷溅或破裂。固定在铁架台上,下垫石棉网再加热,不能直接加热,加热前外壁要擦干,避免受热不均而破裂。放在桌面上,下面要垫木环或石棉环,防止滚动。

4. 锥形瓶

锥形瓶又名三角烧瓶,一般在滴定实验中作为反应容器,也可用于制取气体,体积从 50 mL 至 500 mL 不等。锥形瓶分为具塞锥形瓶和普通锥形瓶,按口径大小,可分为标准口、广口及小口锥形瓶。对应不同的实验要求按需选择。锥形瓶在使用前应检查是否漏水;外壁干燥才可电炉加热;反应过程中,溶液不超过锥形瓶体积的一半,不可用于长期储存溶液。

5. 试剂瓶与胶头滴管

试剂瓶按口径大小,分为广口瓶与小口瓶,一般广口瓶存固体,小口瓶存液体。按瓶体颜色,分为白色瓶与棕色瓶,白色瓶存放普通试剂,棕色瓶储存需避光/易分解/易挥发的试剂。储存强碱性试剂时,不可用玻璃塞,而要用胶塞。胶头滴管与小口试剂瓶配套使用。

6. 球形干燥器

球形干燥器的粗端为进口,细端为出口,内部填充固体干燥剂来干燥、净化气体。填充操作时,先在细端内口塞一团脱脂棉,然后填充干燥剂至充满,再塞一团疏松的脱脂棉,防止内外固体物质进出,如图 2-2 所示。干燥管可以单只使用,如果干燥的效果不理想,则可以两只或更多只做串联使用,但在串联使用时,最好装入不同的干燥剂,以提高干燥的效果。

7. 漏斗

漏斗常用于过滤操作,过滤之前须将液体静置,使固体和液体充分分离,操作注意"一贴二低三靠"(图 2 - 3):滤纸贴紧漏斗内壁,滤纸边缘应略低于漏斗的边缘,所倒入的滤液的液面应略低于滤纸的边缘。漏斗颈的末端要靠在承接滤液的烧杯壁上,使用玻璃棒靠在滤纸上,添加滤液的烧杯嘴要靠在玻璃棒上引流。

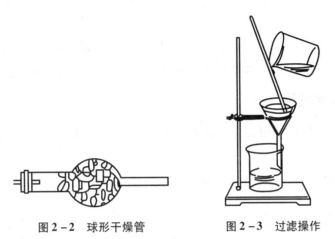

图 2 - 2　球形干燥管　　　　　图 2 - 3　过滤操作

8. 分液漏斗

主要用于互不相溶的液 - 液分离。不能加热,防止玻璃破裂。仪器使用前,先将旋塞芯取出,涂上凡士林(不可太多,以免阻塞流液孔),试漏。分液时,下层液体从漏斗管流出,上层液从上口倒出,防止分离不清。使用完后,洗净分液漏斗,在塞芯与塞槽之间放一纸条,并用皮筋套住活塞,以防磨砂处粘连、打破。

2.1.2　其他器皿

1. 试管与试管夹

试管与试管夹是化学实验室常用配套使用的仪器,常用于性质鉴定或少量试剂的反应容器,试管可分为普通试管、具支试管、离心试管等多种。加热试管内液体时,液体体积为试管容积的 1/3 左右,擦干试管外壁,用试管夹夹住,加热前应先预热,且试管口不可对着人或其他试剂。

干燥器的使用

2. 研钵

主要用于研碎固体物质、混匀固体物质。使用时注意按固体的性质和硬度选用不同的研钵,不能加热或做反应容器用,盛固体物质的量不宜超过研钵容积的 1/3,避免物质甩出。

3. 温度计

使用时应注意被测温度不得高于温度计的量程。测量液体温度时,温度计水银球应在被测液面以下,且不可触碰底部、容器壁;测量蒸气温度时,应该放在支管口处。温度计不可用于搅拌。

2.2 仪器的洗涤

实验中经常使用各种玻璃仪器。用不干净的仪器进行实验,往往由于污物和杂质的存在而得不到准确的结果,甚至造成实验失败。因此,在进行实验时,必须先把仪器洗涤干净。

一般来说,附着在仪器上的污物有尘土和其他不溶性物质、可溶性物质、有机物和油垢。针对这些不同污物,可以选用下列不同方法进行洗涤。

2.2.1 自来水洗涤

用自来水和试管刷刷洗,可以除去仪器上的尘土、不溶性物质和可溶性物质。

仪器的洗涤

2.2.2 去污粉、洗衣粉和合成洗涤剂洗涤

去污粉、洗衣粉和合成洗涤剂可以洗去油污和有机物。若油污和有机物仍然洗不干净,则可用热的碱液洗。

2.2.3 洗液洗涤

坩埚、称量瓶、吸量管、滴定管等不宜用试管刷刷洗,可用铬酸洗液洗涤,必要时可加热洗液。铬酸洗液是浓硫酸与饱和重铬酸钾溶液的混合物,有很强的酸性和氧化性。使用洗液时,应避免引入大量的水和还原性物质(如某些有机物),以免洗液冲稀或变绿而失效。铬酸洗液可反复使用,直至洗液完全变绿为止(CrO_4^{2-}被还原成Cr^{3+})。洗液具有很强的腐蚀性,用时必须注意。

铬酸洗液的配制:将 25 g 固体 $K_2Cr_2O_7$ 研细,在加热条件下溶于 50 mL 水中,然后再向溶液中加入 450 mL 浓硫酸,边加边搅拌(注意,切勿将 $K_2Cr_2O_7$ 溶液加到浓硫酸中)。

2.2.4 特殊试剂洗涤

特殊的沾污应选用特殊试剂洗涤。如仪器上沾有较多 MnO_2,可用酸性硫酸亚铁溶液洗涤,效果会更好些。

已洗净的仪器壁上不应附着不溶物、油垢,这样的仪器可以被水完全湿润。把仪器倒转过来,如果水沿仪器壁流下,器壁上只留下一层既薄又均匀的水膜,而不挂水珠,则表示仪器已经洗净。

在实验中洗涤仪器的方法,要根据实验的要求、脏物的性质、弄脏的程度来选择。在定性、定量实验中,由于杂质的引入会影响实验的准确性,对仪器洗净的要求比较高,除一定要求器壁上不挂水珠外,还要用分子水荡洗三次。在有些情况下,如一般无机物制备,仪器的洗净要求可低一些,只要没有明显的脏物存在就可以了。已洗净的仪器不能再用布或纸擦,因为布或纸上的纤维会留在器壁上,从而弄脏仪器。

2.3　加热与干燥

2.3.1　直接加热用仪器

在实验室中加热仪器常用的是酒精灯、酒精喷灯、电炉、电热板、电热套等。

1. 酒精灯

提供的温度不高。酒精易燃,使用时要特别注意安全。必须用火柴点燃,决不能用另一燃着的酒精灯来点燃,否则会把酒精洒在外面而引起火灾或烧伤;不用时将灯罩罩上,火焰即熄灭,不能用嘴吹。酒精灯温度通常可达 400~500 ℃。

2. 酒精喷灯

使用前,先在预热盆上注入酒精至满,然后点燃盆内的酒精,以加热铜质灯管。待盆内的酒精将近燃完时,开启开关,这时酒精在灼热燃管内气化,并与来自气孔的空气混合,用火柴在管口点燃,温度可达 700~1 000 ℃。调节开关螺丝,可以控制火焰的大小。用毕,向右旋紧开关,可使灯焰熄灭。应该注意,在开启开关、点燃以前,管灯必须充分灼烧,否则酒精在灯管内不会全部气化,会有液态酒精由管口喷出,形成"火雨",甚至会引起火灾。不用时,必须关好储罐的开关,以免酒精漏失,造成危险。

3. 电炉

根据发热量不同,有不同规格,如 800 W、1 000 W 等。使用时注意以下几点:
① 电源电压与电炉电压要相符。
② 加热容器与电炉间要放一块石棉网,以使加热均匀。
③ 耐火炉盘的凹渠要保持清洁,及时清除烧灼焦煳的杂物,以保证炉丝传热良好,延长使用寿命。

4. 电热板、电热套

电炉做成封闭式,称为电热板。由控制开关和外接调压变压器调节加热温度。电热板升温速度较慢,其受热是平面的,不适合加热圆底容器,多用作水浴和油浴的热源,也常用于加热烧杯、锥形瓶等平底容器。电热套(包)是专为加热圆底容器而设计的,使用时应根据圆底容器的大小选用合适的型号。电热套相当于一个均匀加热的空气浴。为有效地保温,可在包口和容器间用玻璃布围住。

2.3.2　间接加热用仪器

需要严格控制实验温度或者需要长时间控温加热的实验,一般采用间接加热,如水浴、油浴等。

加热介质按需选择:加热温度不超过 100 ℃时,一般使用水浴,300 ℃以下选择油浴,常用油有甘油、石蜡油、硅油、真空泵油或一些植物油。容积为使用容器的 2/3 为宜。介质油在使用前应首先加热蒸去所吸的水分,之后再用于油浴。使用时,先按需要的容量加油,以缩短加热的时间。(注意,加油不可过多,以免沸腾时油溢出锅外;锅内油量也不能过低,以免锅内电热管露出油面,烧坏电热管,造成漏油。)

在使用油时,如果加热油使用时间较长,应及时更换,否则易出现溢油着火。在使用植物油时,由于植物油在高温下易发生分解,可在油中加入1%对苯二酚,以增加其热稳定性。在油浴加热时,必须注意采取措施,不要让水溅入油中,否则,加热时会产生泡沫或引起飞溅。在油浴锅的使用过程中,应有固定人员值守,以免发生意外。

2.3.3　干燥用仪器

干燥箱(电烘箱)的工作原理是:电热鼓风烘箱内装有鼓风机,利用鼓风机强制空气流动,使箱内温度均匀,借助自动控制系统使温度恒定,常用的温度范围为室温至250 ℃。干燥箱(电烘箱)是实验室中常用的仪器设备。其优点是能使箱内被烘物迅速干燥,常用来烘干玻璃仪器和固体试剂。使用时注意以下几点:

① 洗净的仪器放进烘箱前尽量把水倒干净,外壁的水擦干,并使口朝下。烘箱底部放搪瓷盘承接从仪器上滴下的水,避免滴到电热丝上。

② 放入箱内的物品不应过多、过挤。

③ 易燃、挥发物不能放进烘箱,以免发生爆炸。

④ 对玻璃器皿进行高温干燥时,须等箱内温度降低之后,才能开门取出,以免玻璃骤然遇冷而炸裂。

⑤ 干燥后的试剂要防止再次吸潮,一般需要密闭保存,最好是放在干燥器内。

⑥ 为避免试剂在干燥过程中高温分解,可使用真空干燥的办法,常用的设备是真空干燥箱。对于受热易分解变质的试剂,则可将其敞开放在普通干燥器中数天,使其水分被干燥剂吸收。

2.3.4　灼烧用仪器

灼烧除用电炉外,还常用高温炉。高温炉利用电热丝或硅碳棒加热,温度可以调节。用电热丝加热的高温炉最高使用温度约为9 500 ℃。用硅碳棒加热的高温炉最高使用温度可达1 300 ~ 1 500 ℃。高温炉根据形状分为箱室和管室,箱式又称马弗炉。高温炉的温度测量不能用温度计,而是高温计,它由一对热电偶和一只毫伏计组成。热电偶是由两根不同的金属丝焊接一端制成的,把末端焊接的那一端连接到毫伏计的(＋)(－)极上。将热电偶的焊接端伸入炉膛中,炉子温度越高,金属丝产生的热电势也越大,毫伏计的指针偏离零点就越远。这就是高温计指示炉温的简单原理。

以武汉亚华电炉生产的SX5 – 15 – 70型马弗炉(图2 – 4)为例,简单介绍其操作方法:

① 正确连接好电源及各连接线,检查接线无误后,便可通电升温。

② 按"启动"按钮,再按 RUN 键运行,电炉开始升温。

图2 – 4　SX5 – 15 – 70型马弗炉

③ 根据需要设定好升温程序,并将其输入温度控制仪中。

编制升温程序操作步骤如下:

① 按 SEL 键 10 s 左右,进入二级菜单。

② 按一次 SEL 键,SV 窗显示 P,按 ∧ 或 ∨ 键,使 P 值设定为 10。

③ 按一次 SEL 键,SV 窗显示 I,按 ∧ 或 ∨ 键,使 I 值设定为 8。

④ 按一次 SEL 键,SV 窗显示 D,按 ∧ 或 ∨ 键,使 D 值设定为 0。

⑤ 按一次 SEL 键,SV 窗显示 02,表示选用的热电偶铂铑电极。

⑥ 按 PRG 键打开编程区:

ⅰ. 按一次 SEL 键进入温度设定值,PV 窗显示 00T,SV 窗显示 0000;PV 窗显示的是升温段数(第一次是 0 段,第二段是 1 段,第三次是 2 段,依此类推),SV 窗显示的是温度值的代码,按 ∧ 或 ∨ 键设置温度数值。注意,0 段的温度一定是 0。

ⅱ. 按一次 SEL 键进入时间设定值,PV 窗显示 00T,SV 窗显示 0000;PV 窗显示的是升温段数,SV 窗显示的是时间值的代码,按 ∧ 或 ∨ 键设置时间数值。注意,最后段的时间一定是 0。

ⅲ. 按一次 SEL 键进入功率偏置 U 设定,PV 窗显示 00U,SV 窗显示 0000;PV 窗显示的是升温段数,SV 窗显示的是功率偏置 U 的代码,按 ∧ 或 ∨ 键设置功率数值。注意,最后段的功率偏置一定是 −50。

ⅳ. 按一次 SEL 键进入功率振幅 F 设定,PV 窗显示 00F,SV 窗显示 0000;PV 窗显示的是升温段数,SV 窗显示的是功率振幅的代码,按 ∧ 或 ∨ 键设置功率振幅的百分比的值。

ⅴ. 按 SEL 键进入下一段,依上述设置温度、时间、功率设置、振幅 F 设定四种参数。

ⅵ. 按 SEL 键自动返回第 0 段。

⑦ 按 PRG 键退出编程区。

⑧ 按"启动"按钮,接通主回路。

⑨ 按 RUN 键,程序启动。

⑩ 按 SEL 键 10 s 左右进入下一级菜单,可观察程序设定温度,实测温度。编制过程举例,见表 2−1。

表 2−1　SX5−15−70 型马弗炉编制过程

短号	温度 $T/℃$	时间 t/min	功率偏置 U	功率振幅 F
0	0	24	20	35
1	200	40	20	38
2	520	40	20	45
3	840	30	25	50
4	1 080	40	30	65
5	1 400	20	30	68
6	1 560	20	30	68
7	1 560	0	−50	68 −

注意事项:

① 高温炉应放置在水泥台上,不可放置在木质桌面上,以免引起火灾。

② 炉膛内应保持清洁,炉周围不要放置易燃物品,也不可放置精密仪器。

③ 为确保使用安全,必须加装地线,并良好接地。

④ 查看高温炉所接电压是否与电炉所需电压相符。热电偶是否与测量温度相符,热电偶正负极是否接对。

⑤ 灼烧完毕,关闭电源,不可立即打开炉门,以免炉膛巨冷破裂。一般当温度降至 200 ℃ 以上时方可打开炉门。用坩埚钳取出样品。

⑥ 使用时,炉门要轻关轻开,取放药品要轻拿轻放,以防损坏机件。

2.3.5 玻璃仪器的烘干

实验过程中,有些要求用干燥的玻璃器皿,可根据不同的情况,采用适宜方法将已洗净的仪器进行干燥。

1. 晾干

实验结束后,可将洗净的仪器倒置在干燥的实验柜内(倒置后,不稳定的仪器应平放)或在仪器架上晾干,以供下次实验使用。

2. 烤干

烧杯和蒸发皿可以放在石棉网上用小火烤干。试管外壁擦干后,用试管夹夹住,直接在酒精灯上小火烤干,操作时应将管口稍向下倾斜,并不时来回移动试管使受热均匀,待水珠消失后,将管口朝上,以方便水汽逸出。

3. 吹干

将烧杯或试管口稍向下倾斜,然后用电吹风的热风将烧杯或试管吹干。

4. 烘干

先把玻璃仪器内的水沥干,再将洗净的仪器放进烘箱中烘干(控温在 105 ℃),放置仪器时,仪器的口应朝下倾斜。

5. 气流烘干

将洗净的仪器倒挂在气流烘干器排气管上,通过气流烘干器产生的热气流将仪器内壁所带水分蒸发掉。

6. 有机溶剂法

在洗净仪器内加入少量有机溶剂(最常用的是乙醇和丙酮),转动仪器,使其中的水与有机溶剂混合,倾出混合液(回收),晾干或用电吹风将仪器吹干(不能放烘箱内干燥)。

容器类仪器可以使用上述各种干燥方法;量器类仪器不能用加热的方法进行干燥,一般可采用晾干或有机溶剂法干燥,用电吹风吹干时,宜用冷风。

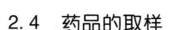

2.4　药品的取样

2.4.1　固体药品的取样

1. 直接取样

有些块状的药品,可用镊子直接夹取。把密度较大的块状固体或金属颗粒放入玻璃容器时,应做到"一斜二放三滑":应先把容器倾斜,把药品或金属颗粒放入后,再把容器扶正,使药品或金属颗粒慢慢滑入底部,以免打破容器。粉末状固体取用时,使用药品匙,应注意"一横二送三直立",左手平拿试管,把盛有药品的药品匙小心地送至试管中后部,然后竖立试管即可。

2. 间接取样

对于有些有腐蚀的、在空气中易发生反应的药品,我们用间接取样法。首先称取容器与药品的质量,快速取样,妥善放置后,再称取容器与剩余药品的质量,差减计算得出取样量。

2.4.2　液体药品的取样

液体药品通常保存在试剂瓶中,直接倾倒时,先取下瓶塞,仰放在实验台上,防止异物沾染;标签对手心,防止淌下液体腐蚀标签;瓶口对容器口缓慢倒入,必要时应用玻璃棒引流。

取少量的液体,也可以使用胶头滴管、量筒、量杯等玻璃器皿。从滴瓶中取用少量试剂时,先提起滴管,使管口离开液面,用手指捏紧滴管上部的橡皮头排去空气,再把滴管伸入试剂瓶中吸取试剂,切勿在滴瓶内驱气鼓泡,以免溶液变质。

向容器内滴加试剂时,只能把滴管尖头放在试管口的上方滴加,严禁将滴管伸入试管内,防止污染试剂。

滴瓶中的滴管取完试剂后,应立即插回原来的滴瓶中,切忌"张冠李戴",胶头滴管吸取液体后不可倒置,防止液体流入腐蚀胶头,污染溶液。

2.4.3　药品取样的注意事项

在取用试剂前,要核对标签,确认无误后才能取用。

在任何情况下均禁止用手直接拿取试样。

实验过程中,严格按量取用药品。"少量"固体试剂,对一般常量实验来说,指半个黄豆粒大小的体积;对微型实验,为常量的 $1/10 \sim 1/5$ 体积。多取试剂不仅浪费,往往还影响实验效果。如果取多,可放在指定容器内或给他人使用,一般不许倒回原试剂瓶中。有毒的应回收到废液桶中。

取出试剂后,应立即盖上瓶盖,以免试剂受到污染。

取用易挥发的试剂,如浓盐酸、浓硝酸、溴等,应在通风橱中操作,防止污染室内空气;取用剧毒及强腐蚀性药品时,要注意安全,不要碰到手上,以免发生伤害事故。

2.5 溶解、结晶、固液分离

2.5.1 固体的溶解

当固体物质溶解于溶剂时,如固体颗粒太大,可先在研钵中研细。对一些溶解度随温度升高而增加的物质来说,加热对溶解过程有利。加热时,要盖上表面皿,要防止溶液剧烈沸腾和迸溅。加热后,要用蒸馏水冲洗表面皿和烧杯内壁,冲洗时也应使水流顺烧杯壁流下。

搅拌可加速溶质的扩散,从而加快溶解速度。搅拌时,注意玻璃棒不要碰撞容器底部及器壁。

在试管中溶解固体时,可用振荡试管的方法加速溶解,振荡时不能上下,也不能用手指堵住管口来回振荡。

2.5.2 结晶

1. 蒸发(浓缩)

当溶液很稀而所制备的物质的溶解度又较大时,为了能从中析出该物质的晶体,必须通过加热,使水分蒸发、溶液浓缩到一定程度时冷却,方可析出晶体。若物质的溶解度较大时,必须蒸发到溶液表面出现晶膜时才可停止;若物质的溶解度较小或高温时溶解度较大而室温时溶解度较小,则不必蒸发到液面出现晶膜就可冷却。蒸发在蒸发皿中进行。

蒸发浓缩时,视溶质的性质选用直接加热或水浴加热的方法进行。若无机物对热是稳定的,可以用煤气灯直接加热(应先预热),否则用水浴间接加热。

2. 结晶与重结晶

析出晶体的颗粒大小与结晶条件有关。如果溶液的浓度较高,溶质在水中的溶解度是随温度下降而显著减小的,冷却得越快,析出的晶体就越细小,否则就得到较大颗粒的结晶。搅拌溶液和静止溶液,可以得到不同的效果,前者有利于细小晶体的生成,后者有利于大晶体的生成。若溶液容易发生过饱和现象,可以用搅拌、摩擦器壁或投入几粒小晶体(晶种)等办法,使其形成结晶中心而结晶析出。

如果第一次结晶所得物质的纯度不合要求,可进行重结晶。其方法是在加热情况下使纯化的物质溶于一定量的水中,形成饱和溶液,趁热过滤,除去不溶性杂质,然后使滤液冷却,被纯化物质即结晶析出,而杂质则留在母液中,过滤便得到较纯净的物质。若一次重结晶达不到要求,可再次结晶。重结晶是使不纯物质通过重新结晶而获得纯化的过程,它是提纯固体物质常用的重要方法之一,适用于溶解度随温度有显著变化的化合物。

2.5.3 固液分离及沉淀的洗涤

溶液与沉淀的分离方法有三种:倾析法、过滤法、离心分离法。

1. 倾析法

当沉淀的相对密度较大或结晶的颗粒较大,静止后能很快沉降至容器底部时,可用倾析法将沉淀上部的溶液倾入另一容器中而使沉淀与溶液分离。操作如图 2 - 5 所示。如需洗涤沉淀,则向盛沉淀的容器内加入少量水或洗涤液,将沉淀搅动均匀,待沉淀沉降到容器的底部后,再用倾析法分离。反复操作两三次,即能将沉淀洗净。要把沉淀转移到滤纸上,可先用洗涤液将沉淀搅起,将悬浮液倾到滤纸上,这样大部分沉淀就可从烧杯中移走,然后用洗瓶中的水冲下杯壁和玻璃棒上的沉淀,再进行转移。此操作如图2-6所示。

图2-5　倾析法过滤沉淀　　　　　　　　图2-6　冲洗沉淀转移的方法

2. 过滤法

过滤法是固液分离较常用的方法之一。溶液和沉淀的混合物通过过滤器(如滤纸)时,沉淀留在过滤器上,溶液则通过过滤器,过滤后所得的溶液叫作滤液。溶液的黏度、温度、过滤时的压力及沉淀物的性质、状态、过滤器孔径大小都会影响过滤速度。溶液的黏度越大,过滤越慢。热溶液比冷溶液容易过滤。减压过滤比常压过滤快。如果沉淀呈胶体状态,则易穿过一般过滤器(滤纸),应先设法将胶体破坏(如用加热法)。常用的过滤方法有常压过滤、减压过滤和热过滤三种。

(1)常压过滤

使用玻璃漏斗和滤纸进行过滤。滤纸按用途,分为定性和定量两种;按滤纸的空隙大小,又分为"快速""中速""慢速"三种。过滤时,把一圆形或方形滤纸对折两次成扇形(方形滤纸需剪成扇形),展开使呈锥形,恰能与60°的漏斗相密合。如果漏斗的角度大于或小于60°,应适当改变滤纸折成的角度,使之与漏斗相密合。滤纸边缘应略低于漏斗边缘(图2-7)。然后在三层滤纸的那边将外两层撕去一小角,用食指把滤纸按在漏斗内壁上,用少量蒸馏水润湿滤纸,再用玻璃棒轻压滤纸四周,赶走滤纸与漏斗壁间的气泡,使滤纸紧贴在漏斗壁上。过滤时,漏斗要放在漏斗架上,并使漏斗管的末端紧靠接收器内壁。先倾倒溶液,后转移沉淀,转移时应使用玻璃棒,应待溶液转移完毕,再将少量洗涤液倒在沉淀上,然后用玻璃棒充分搅动。静止放置一段时间,待沉淀下沉后,将上清液倒入漏斗。应使玻璃棒接触三层滤纸处,漏斗中的液面应低于滤纸边缘。如果沉淀需要洗涤(图2-8),洗涤两三遍,最后把沉淀转移到滤纸上。

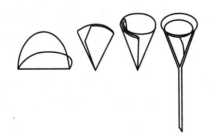  

图2-7　滤纸的折叠方法　　　　　　　图2-8　沉淀的洗涤

（2）减压过滤（简称"抽滤"）

减压过滤装置如图2-9和图2-10所示，联合组装。减压过滤可缩短过滤时间，并可把沉淀抽得比较干燥，但它不适用于胶状沉淀和颗粒太细的沉淀的过滤。利用水泵中急速的水流不断将空气带走，从而使吸滤瓶内的压力减小，在布氏漏斗内的液面与吸滤瓶之间造成压力差，提高了过滤的速度。在连接水泵的橡皮管和吸滤瓶之间安装一个安全瓶，用于以防止因关闭水阀或水泵后流速的改变引起自来水倒吸入吸滤瓶将滤液法污。在停止过滤时，应先放空气进去再关闭电源，以防止自来水倒吸入瓶内。抽滤用的滤纸应比布氏漏斗的内径略小，但又能把瓷孔全部盖没。将滤纸放入并润湿后，先稍微抽气使滤纸紧贴，然后用玻璃棒往漏斗内转移溶液。注意，加入的溶液不要超过漏斗容积的2/3。等溶液抽完后，再转移沉淀。用玻璃棒轻轻揭起滤纸边缘，取出滤纸和沉淀。滤液则由吸滤瓶的上口倾出。

图2-9　减压过滤装置

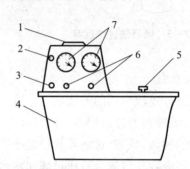

1—电动机；2—指示灯；3—电源开关；4—水箱；
5—水箱盖；6—抽气管口；7—真空表。

图2-10　循环水泵

有些浓的强酸、强碱和强氧化性溶液，过滤时不能用滤纸，可用石棉纤维来代替，也可用玻璃砂漏斗，这种漏斗是玻璃质的，可以根据沉淀颗粒的不同选用不同的规格。这种漏斗不适用于强碱性溶液的过滤，因为强碱会腐蚀玻璃。

（3）热过滤

当溶质的溶解度对温度极为敏感，易结晶析出时，可用热滤漏斗过滤（热过滤）。把玻璃漏斗放在金属制成的外套中，底部用橡皮塞连接并密封，夹套内充水至约2/3处。灯焰放在夹套支管处加热。这种热滤漏斗的优点是能够使待滤液一直保持或接近其沸点，尤其适用于滤去热溶液中的脱色炭等细小颗粒的杂质。缺点是过滤速度慢。

3. 离心分离法

当被分离的沉淀量很少时，使用一般的方法过滤后，沉淀会粘在滤纸上，难以取下，这时可以用离心机分离。实验室内常用电动离心机进行分离。使用时，将装试样的离心管放在离心机的套管中，套管底部先垫些棉花，为了使离心机旋转时保持平稳，几个离心管放在对称的位置上，如果只有一个试样，则有对称的位置上放一支离心管，管内装等量的水。电动离心机转速极快，要注意安全。放好离心管后，应盖好盖子。先慢速后加速，停止时应逐步减速，最后任其自行停下，决不能用手强制它停止。离心沉降后，要将沉淀和溶液分离时，左手斜持离心管，右手拿毛细滴管，把毛细管伸入离心管，末端恰好进入液面，取出清液。在毛细管末端接近沉淀时，要特别小心，以免沉淀也被取出。沉淀和溶液分离后，沉淀表面仍含有少量溶液,必须经过洗涤才能得到纯净的沉淀。为此,往盛沉淀的离心管中加入适量的蒸馏水或洗涤用的溶液,用玻璃棒充分搅拌后,进行离心分离。用毛细管将上层清液取出,再用上法重复操作 2～3 遍。

2.6 气体的获取、收集与净化

2.6.1 气体的发生

1. 少量气体的实验室制备

实验中需要少量气体时,可在实验室中制备。在实验室常常利用启普发生器来制备 H_2、CO_2 和 H_2S 等气体。启普发生器室由一个葫芦状的玻璃容器、球形漏斗和带有玻璃旋塞的导气管三部分组成,如图 2-11 所示。

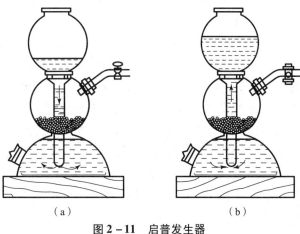

图 2-11 启普发生器
(a)装试剂;(b)使用过程

启普发生器的安装和使用:

(1)安装

将球形漏斗颈、半球部分玻璃塞及导管的旋塞磨砂部分均匀涂一薄层凡士林,插好球形漏斗和旋塞,转动几次,使装置严密。

(2)检查气密性

开启旋塞,从球形漏斗口注水至充满半球体时,关闭旋塞。继续加水,待水从漏斗管上升到漏斗球体内,停止加水。在水面处做一记号,静置观察片刻,若水面不下降,则证明不漏气,可以使用。从下面废液出口处将水放掉,再塞紧下口塞,备用。

(3)加试剂

在发生器圆球底部与球形漏斗颈部之间的间隙先放些玻璃棉或橡胶垫圈(玻璃棉或橡皮垫圈的作用是避免固体掉入半球体底部),然后由气体出口加入固体药品。加入固体的量不要太多,以不超过中间球体容积的 1/3 为宜,塞好塞子并固定。液体试剂从球形漏斗加入,先打开导气管旋塞,待加入的液体与固体接触时,立即关闭导气管的旋塞,继续加入液体试剂,加入量以漏斗体积的 1/2 为宜。

(4)发生气体(暂停)

制气时,打开旋塞,由于中间球体内压力降低,溶液即从底部通过狭缝进入中间球体与固体接触而产生气体。若停止制气,则关闭旋塞,继续反应的气体会把液体从中间球内压入下球及球形漏斗内,使固体与液体不再接触而停止反应。

(5)添加或更换试剂

当发生器中的固体快用完或液体试剂太稀时,反应变缓慢,产生的气体量不够,应补充固体或更换液体试剂。先关闭旋塞,让球内液体压至球形漏斗中,使其与固体脱离接触。用橡皮塞将球形漏斗上口塞紧。更换固体时,拔下导气管上的橡胶塞,即可从侧口更换或添加固体;更换液体时,把启普发生器仰放在废液缸上,把液体出口的塞子拔下,把启普发生器下倾,慢慢松开球形漏斗的橡胶塞,控制空气的进入速度,让废液慢慢流出后,将葫芦容器洗净,把下口塞子塞好,向球形漏斗中添加液体。

使用注意事项:

① 所有固体必须是颗粒较大或块状的。

② 移动(或拿取)启普发生器时,应一手握住"蜂腰"部位,一手托住平底,切勿只握住球形漏斗,以免葫芦状容器落下而打碎。

③ 实验结束,将仪器洗净后,在球形漏斗与球形容器连接处、液体出口与玻璃旋塞之间夹上纸条,以免长时间不用时磨口粘连在一起而无法打开。

2. 气体钢瓶供气

如果需要大量气体或者经常使用气体时,可以从压缩气体钢瓶中直接获取气体。高压钢瓶一般使用无缝合金钢管或碳素钢管制成,容积一般为 40 ~ 60 L,最高工作压力为 15 MPa,最低的也在 0.6 MPa 以上。气体钢瓶中的气体是在一些工厂中充入的,如氧气、氮气来源于液态空气的分馏,氢气来源于水的电解,氨气来源于合成氨工厂,氯气来源于烧碱工厂。为了便于区分各种不同的气体钢瓶,保证运输和存储安全,钢瓶瓶身漆有不同的颜色,并带不同颜色的横条以示区别。如氮气钢瓶是黑色(棕色横幅)的、氧气钢瓶是蓝色的、氢气钢瓶是深绿色的(红色横幅)、氯气钢瓶是草绿色的(白色横幅)、氨气钢瓶是黄色的等。

由于钢瓶内压很大,而且有些气体易燃或有毒,所以一定要正确使用钢瓶,应注意以下几点:

① 钢瓶应存放在阴凉、干燥、无易燃易爆品、远离热源的地方。盛有可燃性气体的钢瓶需与氧气钢瓶分开存放。

② 搬放时,要稳拿轻放,避免撞击。

③ 使用钢瓶时,要用减压阀,减压阀要专用。可燃性气体钢瓶的气门是逆时针拧紧的,不燃或助燃性气体钢瓶的气门是顺时针拧紧的。打开钢瓶总阀前,减压阀处于关闭状态(拧松),逐渐拧紧减压阀到所需压力。

④ 钢瓶中的气体绝不可全部用完,至少保留 0.05 MPa 以上的残留压力,可燃性气体(如乙炔)应剩余 0.2 ~ 0.3 MPa,以防低压下其他气体进入瓶内污染钢瓶甚至引发爆炸。

3. 气体的净化与干燥

实验室制备的气体常带有酸雾和水汽,所以在要求高的实验中就需要净化和干燥。通常是先除酸雾再干燥。酸雾可用水或玻璃棉除去,水汽可用浓硫酸、无水氯化钙、固体氢氧化钠或硅胶等吸收。一般情况下,使用洗气瓶、干燥塔、U 形管或干燥管等装置。液体(如水、浓硫酸等)一般装在洗气瓶内。固体(如氯化钙、硅胶等)装在干燥塔或 U 形管内,玻璃棉装在 U 形管或干燥管内,如图 2-12 所示。

洗气瓶进、出气口不能接错,进口管一定要通到吸收液中,出口管接在不接触吸收液的短管上。容器中的洗涤液量不超过容积的 1/2。干燥管较粗的一端为气体入口,细端为气体出口。干燥塔从下端进气,上端出气。U 形管中的干燥剂粒度较干燥塔中的小,填充不要超过支管口。

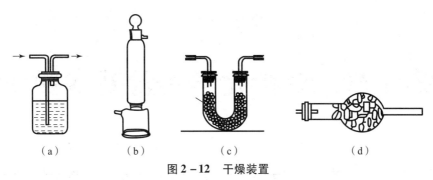

图 2－12　干燥装置

(a)洗气瓶；(b)干燥塔；(c)U 形管；(d)干燥管

　　气体如还有其他杂质,则应根据具体情况选用不同试剂吸收。如用锌粒与酸作用制备氢气时,由于制备氢气的锌粒中含有硫、砷等杂质,所以产生的氢气中就有硫化氢、砷化氢等气体。它们可以通过高锰酸钾和醋酸铅溶液除去。

　　4. 气体的收集

　　实验室收集气体的方法有排水集气法(图 2－13)和排气集气法(图 2－14、图 2－15)。

图 2－13　排水集气法　　图 2－14　平口向上排气集气法　　图 2－15　平口向下排气集气法

　　① 排水集气法适用于收集在水中溶解度很小又不与水起反应的气体,如氧气、氢气、氮气等。

　　② 易溶于水而密度比空气小的气体,如氨气等,可用排气收集法收集,集气瓶瓶口朝下。

　　③ 易溶于水而密度比空气大的气体,如二氧化碳等,可用排气收集法收集,集气瓶瓶口朝上。

　　法国昆虫学家法布尔一生坚持自学,为了完成自己的研究,十数年隐居在荒石园,专心观察、记录昆虫的习性。专著《昆虫记》中精确地记录了法布尔进行的试验,揭开了昆虫生命与生活习惯中的许多秘密。

　　"书山有路勤为径,学海无涯苦作舟",任何人想要在科学道路上有所成就,都要付出多年坚持不懈的努力,厚积薄发。这就是马克思曾经说过的话:"在科学的道路上没有平坦的大路可走,只有在崎岖小路的攀登上不畏劳苦的人,才有希望到达光辉的顶点。"

第3章 分析化学实验基本操作

　　著名科学家门捷列夫有一句名言:"没有测量,就没有科学。"测量广泛存在于现代科技、社会和经济的各个领域中。化学测量可以说是"人类深入认识物质世界的眼睛"。它包括物质的分析检测和理化参数测量等,是整个测量科学的重要组成部分,也是生命科学、材料科学、信息科学、能源科学和环境科学等众多学科领域研究和创新的重要基础。我国化学界先驱徐寿在译著《化学考质》与《化学求数》中写道:"考质求数之学,乃格物之大端,而为化学之极致也。"对分析化学在化学中的地位给予了高度评价。

3.1 分析化学实验及实验报告基本要求

　　以色列科学家达尼埃尔·谢赫特曼(D. Schectman)在霍普金斯大学做 Al – Mn 合金的电子衍射分析时,发现 Al – Mn 合金的电子衍射花样具有五次对称性,与传统结晶学中晶体没有五次对称轴的理论相矛盾。但谢赫特曼尊重实验事实,坚信自己的实验数据和结果的正确性,因而遭到歧视和排斥,为此,他不得不离开霍普金斯大学而回到以色列理工大学工作,两年后该成果以以色列理工大学的名义发表在国际著名物理学期刊 *Physical Review Letters* 上。随后,包括我国科学家在内的多国科学家都相继在合金中发现五次对称性的存在,导致了准晶体科学的诞生。2011 年,谢赫特曼因此被授予诺贝尔化学奖。实事求是、勇于创新,才不会与伟大的发现失之交臂。

3.1.1 分析化学实验上课前的要求

　　实验前必须对实验内容进行认真、充分的预习,结合理论,领会实验原理,了解实验步骤,了解所使用仪器的结构、功能及使用方法,对实验中的关键点做到心中有数,并写好预习报告。实验预习报告简单明了,忌照书抄写。

　　格式如下:

实验项目名称(居中)

一、实验目的(略写,但心中有数)。
二、实验原理(充分理解实验教材上的原理,用自己的话概括,忌照书抄写)。

三、需要事先计算的数据(根据原理、方程式、实验内容,把有些事先应该知道的数据计算出来,如需要称取基准物质的质量)。

　　四、设计数据表格(附"醋酸总酸度测定"数据表格,其他实验项目表格自己设计。能设计出科学合理的表格是分析化学实验内容之一)。

附数据和表格参考:
醋酸总酸度的测定

需要事先计算的数据:

配制:配制 $0.1\ mol\cdot L^{-1}$ NaOH 溶液 300 mL,需称取 NaOH 1.2 g。(可以注明所用器皿)

计算表达式:

$$m = c_{NaOH}V_{NaOH}M_{NaOH}$$

标定:标定 $0.1\ mol\cdot L^{-1}$ NaOH 标准溶液,每次滴定消耗 NaOH 溶液 20~25 mL,需称取邻苯二甲酸氢钾的质量范围为 0.41~0.51 g。

计算表达式:

$$m = c_{NaOH}V_{NaOH}M_{邻苯二甲酸氢钾}$$

设计数据表格(表 3－1、表 3－2):

表 3－1　NaOH 溶液的标定数据

项　　目	1	2	3
邻苯二甲酸氢钾的质量/g			
NaOH 标液最初读数/mL			
NaOH 标液最后读数/mL			
消耗 NaOH 标液的体积/mL			
c_{NaOH} 计算式			
$c_{NaOH}/(mol\cdot L^{-1})$			
$\bar{c}_{NaOH}/(mol\cdot L^{-1})$			
相对平均偏差/%			

指示剂:酚酞

终点变色:由_____色变为_____色

表 3－2　食用白醋含量的测定数据

项　　目	1	2	3
$c_{NaOH}/(mol\cdot L^{-1})$			
稀释后样品体积/mL			

续表

项　　目	1	2	3
NaOH 标液最初读数/mL			
NaOH 标液最后读数/mL			
消耗 NaOH 标液的体积/mL			
白醋中醋酸含量表达式		$\rho_{HAc}(g \cdot L^{-1}) =$	
白醋中醋酸含量/$(g \cdot L^{-1})$			
白醋中醋酸含量平均值/$(g \cdot L^{-1})$			
相对平均偏差/%			

3.1.2　分析化学实验上课中的要求

① 每次实验均需带上实验教材或讲义、实验预习报告、笔等相关学习用具,着白色工作服、半底鞋,束发。禁喷香水、禁吸烟,严禁穿拖鞋、高跟鞋、背心、短裤进入实验室。

② 实验室保持肃静,禁止嘻哈、喧哗、打闹。

③ 分配实验桌面后,首先按照清单清点柜内物品,清洗用到的玻璃器皿。

④ 实验操作要严格、规范,仔细观察并及时、认真做好记录,所有的原始数据要记在实验预习报告本的表格中。记录数据时,应注意其有效数字的位数。用万分之一的天平称量时,要求记录到 0.000 1 g;常量滴定管及吸量管的读数,应记录至 0.01 mL;实验记录上的每一个数据都是测量结果,平行测量即使数据完全相同,也都要记录下来。实验中,如发现数据算错、测错或读错而需要改动时,将该数据用删除线划去,并在其上方写上正确的数字。

⑤ 实验过程中,打碎玻璃器皿立即清扫干净,登记损坏仪器数量规格,并告诉老师及时补充。

⑥ 实验过程中要细心谨慎,又要大胆高效,不慌乱或急躁。严格按照仪器操作规程进行操作,服从指导老师和实验技术人员的指导。

⑦ 保持实验台和整个实验室整洁、安静,爱护仪器,树立环保意识,在保证实验要求的前提下,尽量节约试剂和用水。

⑧ 实验完毕,清洗自己使用过的仪器,规范放好,台面清理干净,抹布洗干净放好,经验收合格后填写原始数据,签字后方可离开。

3.1.3　分析化学实验课后的要求

1. 实验结束后及时完成实验报告

实验报告格式参考如下:

实验名称:醋酸总酸度的测定

实验时间:＿＿＿年＿月＿日

一、实验目的

二、实验原理

三、数据处理及结果

1. NaOH 溶液的配制与标定

配制:配制 $0.1\ mol \cdot L^{-1}$ NaOH 溶液 300 mL,需称取 NaOH 1.2 g。

标定:标定 $0.1\ mol \cdot L^{-1}$ NaOH 标准溶液(表 3 - 3),每次滴定消耗 NaOH 溶液 20 ~ 25 mL,需称取邻苯二甲酸氢钾的质量范围为 0.41 ~ 0.51 g。

计算表达式:

$$m = c_{NaOH}V_{NaOH}M_{邻苯二甲酸氢钾}$$

表 3 - 3　NaOH 溶液的标定

项　目	1	2	3
邻苯二甲酸氢钾的质量/g	0. ****	0. ****	0. ****
NaOH 标液最初读数/mL	0. **	0. **	0. **
NaOH 标液最后读数/mL	**. **	**. **	**. **
消耗 NaOH 标液的体积/mL	**. **	**. **	**. **
c_{NaOH} 计算式			
$c_{NaOH}/(mol \cdot L^{-1})$	0. ****	0. ****	0. ****
c_{NaOH} 平均值/$(mol \cdot L^{-1})$	0. ****		
相对平均偏差/%	*. *		

指示剂:酚酞

终点变色:由无色变为微红色

2. 醋酸样品的分析

(1)样品的准备

准确移取样品 20.00 mL 于 100 mL 容量瓶中,加水稀释至刻度,摇匀。

(2)醋酸含量的测定(表 3 - 4)

表 3 - 4　醋酸含量的测定

项　目	1	2	3
$c_{NaOH}/(mol \cdot L^{-1})$	0. ****		
稀释后样品体积/mL	20.00	20.00	20.00

续表

项　目	1	2	3
NaOH 标液最初读数/mL	0. **	0. **	0. **
NaOH 标液最后读数/mL	**. **	**. **	**. **
消耗 NaOH 标液的体积/mL	**. **	**. **	**. **
白醋中醋酸含量表达式			
白醋中醋酸含量/$(g \cdot L^{-1})$	**. **	**. **	**. **
白醋中醋酸含量平均值/$(g \cdot L^{-1})$	**. **		
相对平均偏差/%	0. **		

四、问题与讨论

回答课后思考题,对实验中出现的问题进行讨论,提出自己的见解。

2. 实验数据的图形处理要求

实验数据用图形表示,可以使测量数据间的相互关系表达得更加简明直观,易显出最高点、最低点和转折点等,还可直接或间接求得分析结果,如分光光度法中吸光度与浓度关系的标准曲线可直接用来确定未知组分含量。正确地标绘图形是实验后数据处理的重要环节。标绘图形时,选择合适的坐标纸和合适的比例尺(坐标标度)。比例尺的选择要能表示全部有效数字,以便从图形上读出的量的准确度与测量的准确度相适应。绘出的直线或近乎直线的曲线,应使它的倾斜角度在 45°以内。在纵轴的左面和横轴的下面注明该轴所代表的变量名称和单位,并每隔一定距离标明变量的数值,即分度值,以便作图及读数。分度值的有效数字一般应与测量数据的有效数字相同。在坐标纸上可用小圆圈或小圆点标出测得数据的位置,再连成一条平滑的曲线。绘好图后,标上图名和测量的主要条件。

3.2　准确度量液体体积的器皿及方法介绍

"艰苦奋斗,勤俭节约"的思想永远不能丢,在分析实验中,我们要节约用水,对仪器清洗要遵循少量多次的原则;加热步骤完成后,及时关闭电源。节约资源,降低污染,从一点一滴的小事做起。

3.2.1　移液管和吸量管

移液管是实验室中日常检验常用的玻璃仪器,用于准确量取一定体积溶液的量出式玻璃量器,全称为"单标线吸量管",习惯称为移液管。如图 3-1 所示,管颈上部刻有一标线,此标线的位置是由放出纯水的体积决定的。其容量定义为:在 20 ℃时按下述方式排空后所流出纯水的体积。单位为 cm^3(mL)。

1. 移液管的使用

（1）检查

使用前,先检查喷嘴和尖端是否损坏或堵塞,如果有,则不能使用。

移液管的使用

（2）润洗

移液管使用前用铬酸洗液将其洗干净,使其内壁及下端的外壁不挂水珠。移取溶液前,用待取溶液涮洗 3 次。

（3）取液

移取溶液的正确操作姿势如图 3 – 2 所示。移液管插入烧杯内液面以下 1～2 cm 深度,左手拿吸耳球,排空空气后紧按在移液管管口上,然后借助吸力使液面慢慢上升,管中液面上升至标线以上时,迅速用右手食指按住管口,左手持烧杯并使其倾斜 30°,将移液管流液口靠到烧杯的内壁,稍松食指并用拇指及中指捻转管身,使液面缓缓下降,直到调定零点,使溶液不再流出。将移液管插入准备接收溶液的容器中,仍使其流液口接触倾斜的器壁,松开食指,使溶液自由地沿壁流下,再等待 15 s,拿出移液管。吸液时,移液器插入的液面不宜过深或过浅,可能造成吸空(吸空不仅会污染洗耳球,如果吸入强酸、强碱等有毒试剂,则还会溅出液体,非常危险),过深会造成管壁外粘有更多液体,影响精度。

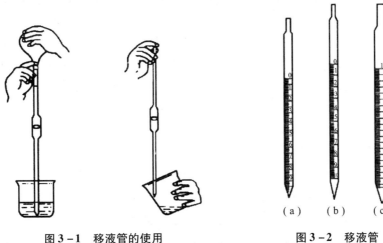

图 3 – 1　移液管的使用　　　　　图 3 – 2　移液管

吸量管的全称是分度吸量管,是带有分度线的量出式玻璃量器(图 3 – 2),用于准确移取非固定量的溶液。有以下几种规格:

① 完全流出式,有两种形式:零点刻度在上面,如图 3 – 2(a)所示;零点刻度在下面,如图 3 – 2(c)所示。

② 不完全流出式,零点刻度在上面,如图 3 – 2(b)所示。

③ 规定等待时间式,零点刻度在上面,如图 3 – 2(a)所示。使用过程中,液面降至流液口处后,要等待 15 s,再从受液容器中移走吸量管。

④ 吹出式,有零点在上和零点在下两种,均为完全流出式。使用过程中,液面降至流液口并静止时,应随即将最后一滴残留的溶液一次吹出。

目前,还有单道移液器和多道移液器,其中有固定式和可调式,由于是数字显示,操作更简便快捷。

2. 吸量管的使用

① 右手持吸量管,左手握洗耳球,吸样后用滤纸片擦去管尖外面的多余液体。

② 读数时,视线应与吸管内液体弯月凹面在同一水平面上。

③ 排液时,应将吸量管紧贴容器内壁(容器与水平面约成 45°角倾斜),徐徐放出,最后在器壁上停留 15 s 即可。操作过程中,手指不得接触吸管下端。

3.2.2 容量瓶

容量瓶的使用

容量瓶的主要用途是配制准确浓度的溶液或定量地稀释溶液。形状是细颈梨形平底玻璃瓶,由无色或棕色玻璃制成,带有磨口玻璃塞或塑料塞,颈上有一标线。容量瓶均为量入式,其容量定义为:在 20 ℃时,充满至标线所容纳水的体积,以 cm^3 计。通常有 10 mL、25 mL、50 mL、100 mL、250 mL、500 mL、1 000 mL 等数种规格。

1. 容量瓶的使用

① 检查瓶口是否漏水。在瓶中放水到标线附近,塞紧瓶塞,使其倒立 2 min,用干滤纸片沿瓶口缝处检查,看有无水珠渗出。如果不漏,再把塞子旋转 180°,塞紧,倒置,试验这个方向有无渗漏。

② 将固体物质(基准试剂或被测样品)配成溶液时,先在烧杯中将固体物质全部溶解后,再转移至容量瓶中。转移时,要使溶液沿玻璃棒缓缓流入瓶中,如图 3-3 所示。烧杯中的溶液倒尽后,烧杯不要马上离开玻璃棒,而应在烧杯扶正的同时使杯嘴沿搅拌棒上提 1~2 cm,随后烧杯离开玻璃棒(这样可避免烧杯与玻璃棒之间的一滴溶液流到烧杯外面),然后用少量水(或其他溶剂)涮洗 3~4 次,每次都用洗瓶或滴管冲洗杯壁及玻璃棒,按同样的方法转入瓶中。当溶液达 2/3 容量时,可将容量瓶沿水平方向摆动几周,以使溶液初步混合。再加水至标线以下约 1 cm 处,等待 1 min 左右,最后用洗瓶(或滴管)沿壁缓缓加水至标线。塞紧瓶塞,左手捏住瓶颈上端,食指压住瓶塞,右手三指托住瓶底,将容量瓶颠倒 15 次以上,并在倒置状态时水平摇动几周。

图 3-3 移液管

③ 对容量瓶材料有腐蚀作用的溶液,尤其是碱性溶液,不可在容量瓶中久储,配好以后应转移到其他容器中存放。

④ 容量瓶用毕应及时洗涤干净,塞上瓶塞,并在塞子与瓶口之间夹一条纸条,防止瓶塞与

瓶口粘连。

3.2.3　滴定管

滴定管的使用

滴定管一般分为具塞和无塞两种(即习惯称的酸式滴定管和碱式滴定管)。具塞普通滴定管不能长时间盛放碱性溶液(避免腐蚀磨口和活塞),所以惯称为酸式滴定管。它可以盛放非碱性的各种溶液。无塞普通滴定管由于可盛放碱性溶液,故通常称为碱式滴定管。对于易见光分解的溶液,有棕色滴定管。滴定管容量刻度的每一大格为 1 mL,每一大格又分为 10 小格,读数时还要估读一位,即可精确到 0.01 mL。现在,我们实验室用的是聚四氟乙烯塞滴定管,它可以盛放酸性或碱性的各种溶液,操作时,除了不用涂凡士林,其余与酸式滴定管相同。

1. 滴定管的使用

① 洗涤:选择合适的洗涤剂和洗涤方法。通常滴定管可用自来水或管刷蘸洗涤剂洗刷(避免使用去污粉),而后用自来水冲洗干净,蒸馏水润洗;有油污的滴定管要用铬酸洗液洗涤。

② 涂凡士林:酸式滴定管洗净后,玻璃活塞处要涂凡士林(起密封和润滑作用)。涂凡士林的方法(图 3-4)是:将管内的水倒掉,将管平放在台上,抽出活塞,用滤纸将活塞和活塞套内的水吸干,再换滤纸反复擦拭干净。将活塞上均匀地涂上薄薄一层凡士林(涂量不能多),将活塞插入活塞套内,旋转活塞几次直至活塞与塞槽接触部位呈透明状态,否则,应重新处理。为避免活塞被碰松动脱落,涂凡士林后的滴定管应在活塞末端套上小橡皮圈。

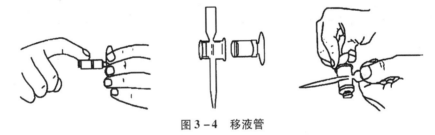

图 3-4　移液管

③ 检漏:检查密合性,管内充水至最高标线,垂直挂在滴定台上,10 min 后观察活塞边缘及管口是否渗水;转动活塞,再观察一次,直至不漏水为准。

④ 装入操作溶液:关闭活塞,加入 10 mL 左右的待测溶液,双手持平滴定管,转动使管内壁都接触到待测溶液,从管尖嘴处放空溶液,重复 3 次完成润洗过程。将待测溶液装入滴定管,读数前要将管内的气泡赶尽、尖嘴内充满液体(图 3-5),并调定零点。

图 3-5　滴定管排气法

2. 滴定操作(读数)时注意事项

① 滴定管要垂直,操作者要坐正或站正,读数时,视线、刻度、液面的凹面最低点在同一水

平线上。为了使弯液面下边缘更清晰,调零和读数时,可在液面后衬一纸板。

② 深色溶液的弯液面不清晰时,应观察液面的上边缘;在光线较暗处读数时,可用白纸板作后衬。

③ 使用碱式滴定管时,把握好捏胶管的位置。位置偏上,调定零点后手指一松开,液面就会降至零线以下;位置偏下,手一松开,尖嘴(流液口)内就会吸入空气。这两种情况都直接影响滴定结果。滴定读数时,若发现尖嘴内有气泡,必须小心排除。

④ 滴定操作如图3－6所示。通常滴定在锥形瓶中进行,右手持瓶,使瓶内溶液不断旋转;溴酸钾法、碘量法等则需在碘量瓶中进行反应和滴定。碘量瓶是带有磨口塞和水槽的锥形瓶(图3－7),喇叭形瓶口与瓶塞柄之间形成一圈水槽,槽中加入纯水便形成水封,可防止瓶中溶液反应生成的气体遗失。反应一定时间后,打开瓶塞,水即流下并可冲洗瓶塞和瓶壁,接着进行滴定。无论哪种滴定管,都要掌握好加液速度(连续滴加、逐滴滴加、半滴滴加),终点前,用蒸馏水冲洗瓶壁,再继续滴至终点。

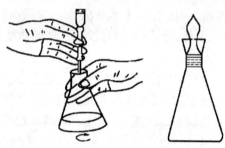

图3－6 滴定管排气法   图3－7 滴定管排气法

实验完毕后,滴定溶液不宜长时间放在滴定管中,应将管中的溶液倒掉,用水洗净后再装满纯水挂在滴定台上,然后盖上小塑料盖。

3.3 分析天平

质量单位千克是七个国际单位中的一个,属于度量衡的范畴。秦始皇很伟大,在全国统一了度量衡,使得商品流通方便了许多,根本上促进了经济的发展。以前的秤是16两秤,半斤八两,半斤就是八两。中药房里的秤非常精密,据说可以测到半钱,古人能把一个小物件做得如此精致,不禁感叹我国劳动人民的智慧和力量。

3.3.1 分析天平的原理及使用方法

分析天平是定量分析中常用的主要精密仪器。正确的称量是得到准确测定结果的基本保证。因此,必须了解分析天平的结构并掌握正确的使用方法。常用的分析天平有等臂(双盘)分析天平、不等臂(单盘)分析天平和电子分析天平三类。前两者是利用杠杆原理实现力矩的平衡,后者是利用电子装置完成电磁力补偿的调节,使物体在重力场中实现力的平衡,或通过电磁力矩的调节,使物体在重力场中实现力矩的平衡。

电子天平有及时称量、不需砝码、达到平衡快、直显读数、性能稳定、操作简便等特点。此外,电子天平还有自动校准、扣除皮重、输出打印及数据处理等功能。因此,电子天平具有机械天平无法比拟的优点,近年来机械天平已逐渐被电子分析天平取代。

常用的有 LE204 型电子天平(图 3 - 8),下面以其为例,简要介绍电子天平的使用方法。

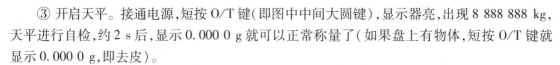

图 3 - 8　LE204 型电子天平

① 水平调节。使用前观察水平仪,如水平仪的小气泡偏移,需调整水平调节脚,使小气泡位于水平仪圆圈类(只能由老师调节)。

② 预热。端坐天平前方,用小刷子清扫天平内和称量盘上的灰尘或粉末。接通电源,预热 15 min 后可以使用。

③ 开启天平。接通电源,短按 O/T 键(即图中中间大圆键),显示器亮,出现 8 888 888 kg,天平进行自检,约 2 s 后,显示 0.000 0 g 就可以正常称量了(如果盘上有物体,短按 O/T 键就显示 0.000 0 g,即去皮)。

④ 灵敏度的选择。短按左边的 C 键,即可选择仪器称量的准确程度(即 1/1 000 g 或 1/10 000 g 的换挡)。

⑤ 天平校准。新安装好的天平及存放较长时间未使用的天平,在使用前应进行校准。此外,天平的位置发生移动、环境发生变化,或为了能准确称量,在使用前也应对天平进行校准。本天平采用外校准,长按 O/T 键显示 200 g(供仪器外部砝码校正,每台仪器自带 200 g 校正砝码)。

⑥ 称量完毕,取下被称物,长按 O/T(OFF)键即关闭显示屏的电源。再拔下电源。

3.3.2　分析天平的称量方法

常用的称量方法有直接称量法和差减称量法。

1. 直接称量法

此法适于称量洁净干燥、不易潮解或升华的、性质稳定的粉末试样或小颗粒试样。

直接称量法如图 3 - 9 所示。将一洁净的表面皿(或小烧杯)放到称量盘中央,数字显示稳定后短按 O/T 键去皮,显示 0.000 0 g 后,慢慢加试样至所加量与需要量相同。

2. 差减称量法

此法适用于称量一定质量范围的样品或试剂。在常量组分测定的滴定分析中称取试样或试剂的质量范围一般是根据消耗 20 ~ 25 mL 滴定剂进行初步计算确定的。此法适用于称取在称量过程中易吸水、易氧化或易与 CO_2 反应的试样。需平行多次称取某试剂时,也常用此方法。具体称量步骤如下:

图 3 - 9　直接称量法

① 从干燥器中用纸条夹取一清洁、干燥的称量瓶(注意:手不要直接触及称量瓶和瓶盖),如图 3 - 10 所示,用纸片夹住称量瓶盖柄,打开瓶盖。将试样轻轻敲入称量瓶中(一般为称一份试样的整数倍),盖好瓶盖,放到称量盘中央,关好天平门,称出称量瓶加试样后的准确质量(g_1)(也可按 O/T 键清零,使其显示 0.000 0 g)。

② 取出称量瓶,小心地把试样的一部分转移至小烧杯中。转移时,左手拿称量瓶(用纸条),右手拿称量瓶盖(用小纸片),将称量瓶斜拿(瓶口略低于瓶底)于小烧杯上,用瓶盖轻轻敲击称量瓶口的前上方,使试样落入杯中,如图 3-11 所示。然后,小心竖起称量瓶,继续轻轻敲击,使瓶口试样下落,见瓶口没有试样时再盖好盖子(注意,只有这时才能将称量瓶离开小烧杯)。试称称量瓶的质量。若所取试样不够,可重复上述操作,再次敲击,直至所取量在要求的一定质量的范围之内,记下剩余试样 + 称量瓶的质量(g_2)。$g_1 - g_2$ 即为试样质量(若先清了零,则显示值即为试样质量)。按上述方法连续递减,可称取多份试样。

图 3-10　称量瓶拿法

图 3-11　从瓶中倾出样品

3.3.3　分析天平使用注意事项

① 开、关天平门,放、取被称量物,都要轻、缓,切不可用力过猛、过快,以免损坏天平。

② 称量时应从侧门取放物质,清零和读取称量读数时,应关闭天平门,并立即将读数记录在实验报告中。天平前门、顶门仅供安装、维修和清洁时使用。

③ 对于过热或过冷的被称量物,应置于干燥器中,直至其温度同天平室温度一致后才能进行称量。

④ 电子分析天平若长时间不使用,则应定时通电预热,每周一次,每次预热 2 h,以确保仪器始终处于良好使用状态。

⑤ 注意保持天平、天平台和天平室的安全、整洁和干燥,天平箱内应放置吸潮剂(如变色硅胶),当吸潮剂吸水变色(红色)后,应及时更换。

⑥ 挥发性、腐蚀性、强酸强碱类物质应盛于带盖称量瓶内称量,防止腐蚀天平。每次使用完后,及时清理天平内外可能洒落的物体。

3.4　酸　度　计

2020 年 12 月 17 日,"嫦娥五号"返回器成功降落,带回凝聚了无数航天人心血与智慧的 1 731 g 珍贵月壤样品。针对月壤样品的珍贵性和特殊性,需要完善分析方法,提高相应仪器的灵敏度和分辨率,研发新技术、新方法;当前的新冠肺炎疫情,新型冠状病毒核酸序列需要快速分析及检测方法。在新时代的背景下,分析化学面临许多新的挑战和发展机遇,待我们去探讨。

3.4.1　酸度计的原理

酸度计(又称 pH 计或离子计)是用来测量溶液中离子活度的仪器。它主要由电极和电位差测量部分组成。电极与试液组成工作电池;电池产生的电位差由电位差测量部分进行放大和测量,最后显示出溶液的 pH。多数酸度计还兼有毫伏挡,可直接测量电极电位。若采用其他的离子选择电极,还可以测量溶液中某相应离子的浓度(活度)。

酸度计是以对溶液中氢离子敏感的玻璃电极为指示电极(图 3 – 12),其下端是由特殊成分的玻璃吹制而成的球状薄膜,玻璃管内装有 pH 为一定值的内参比溶液,其中插入 Ag/AgCl 电极作为内参比电极。玻璃电极的电极电位随溶液的 pH 的变化而改变。参比电极一般为饱和甘汞电极(图 3 – 13)或 Ag/AgCl 电极,它们的电极电位不随溶液的 pH 的变化而变化。测试时,经玻璃电极与外参比电极组成两电极系统,浸入被测溶液中,测得电池的电动势是 pH 的直线函数:

$$E = K' + \frac{2.303RT}{F}\text{pH}$$

由测得的电动势 E 就能计算被测溶液的 pH。上式中,K' 为常数,但实际不易求得,因此在实际工作中,用酸度计测溶液的 pH 时,首先必须用已知 pH 的标准溶液来校正酸度计(也叫定位);T 为被测溶液的温度(℃),可通过温度补偿使其与实际温度一致。

现在实验室常用复合电极,它是由玻璃电极与 Ag/AgCl 外参比电极复合而成的,如图 3 – 14 所示。它结构紧凑,比两支分离的电极用起来更方便,也不容易破碎。将温度探头与复合电极组合在一起,称为三合一电极,用这种电极测量 pH 时,无须连接单独的温度电极以进行温度补偿。

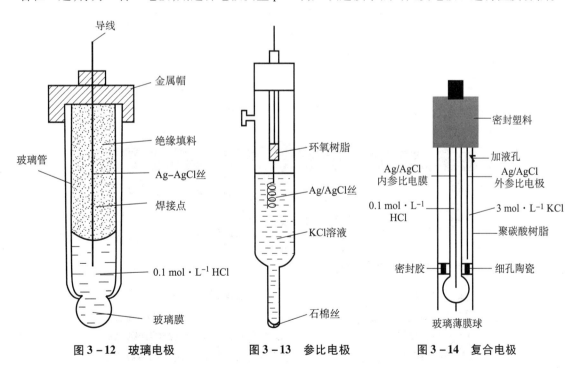

图 3 – 12　玻璃电极　　　图 3 – 13　参比电极　　　图 3 – 14　复合电极

3.4.2 酸度计的使用

酸度计型号很多,目前实验室广泛使用的有 pHS-2 型、pHS-3B 型、pHS-3C 型和梅特勒 320-SpH 型,它们的结构、功能和使用方法大同小异。现以 S220 多参数测试仪为例讲述其使用方法。

1. 安装电极

如图 3-15 所示,首先拆下仪表接口 pH 插孔位置的橡胶密封盖,然后将复合电极插头正确插入 pH 插孔(或玻璃电极插入 pH 插孔,参比电极接入 Ref 插孔)。如果使用带内置温度探头或独立温度探头的电极,则将另一根电缆连接到 ATC 插孔。

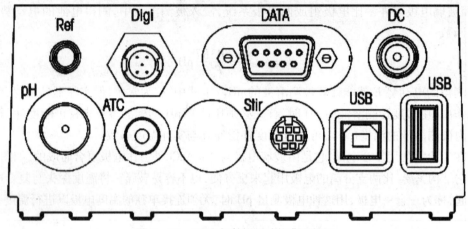

图 3-15 S220 多参数测试仪背面接口

2. 开机

将仪器电源线插头插入仪器电源插口,再将三相插头插到电源插座上。按"ON/OFF"键,电源接通,显示屏亮,显示上次测量状态(图 3-16)。预热 15 min。

图 3-16 S220 多参数测试仪测试界面

3. 参数选择

按"模式"键至屏幕出现 pH(如果是测离子,按"模式"至出现 mV)。标准溶液选(1.680,
4.003,6.864,9.182,12.460)这组。方法如下:选择"菜单"→"标准设置"→"选择"→"缓
冲溶液组/标准液"→"选择"→1.680,4.003,6.864,9.182,12.460(Ref,25 ℃)→"选择",再按
"退出"键,一直按到退回到测量状态。

4. 校正

仪器使用前需要标定。25 ℃时,标定的缓冲溶液第一次应用 pH = 6.86 的缓冲溶液,第二
次应用接近被测溶液 pH 的标准溶液。如果被测液为酸性,应选 pH = 4.00 的缓冲溶液;若呈
碱性,则选 pH = 9.18 的缓冲溶液。

① 取下复合电极电极帽,电极用 pH = 6.86 标准溶液冲洗 1~2 次,然后将电极放入装有
该标准溶液的小烧杯中(注意,电极的敏感玻璃球需完全进入溶液中),轻轻摇动烧杯,以加速
响应。显示窗的右下角会出现"CAL1",同时数字和"A"都在闪烁,这时离子交换未达到平衡。
待数值稳定后,会出现 $\sqrt{A}$,仪器显示该标准溶液的 pH 及温度。我国目前使用的几种 pH 标准
缓冲溶液在不同温度下的 pH 见表 3 - 5。常用的几种 pH 标准缓冲溶液的组成和配置方法见
表 3 - 6。

表 3 - 5　不同温度下 pH 标准缓冲溶液的 pH

T/℃	0.05 mol·L^{-1} 四草酸钾溶液	饱和酒石酸氢钾溶液	0.05 mol·L^{-1} 邻苯二甲酸氢钾溶液	0.025 mol·L^{-1} 邻苯二甲酸氢钾溶液和磷酸氢二钠溶液	0.05 mol·L^{-1} 四硼酸氢钠溶液
5	1.67	—	4.01	6.95	9.39
10	1.67	—	4.00	6.92	9.33
15	1.67	—	4.00	6.90	9.28
20	1.68	—	4.00	6.88	9.23
25	1.68	3.56	4.01	6.86	9.18
30	1.68	3.55	4.01	6.85	9.14
35	1.69	3.55	4.02	6.84	9.11
40	1.69	3.54	4.03	6.84	9.07
45	1.70	3.55	4.04	6.83	9.04
50	171	3.55	4.06	6.83	9.02

表 3 - 6　pH 标准缓冲溶液的组成和配置方法

试剂名称	化学式	浓度/(mol·L^{-1})	试剂的干燥与预处理	缓冲溶液的配置方法
四草酸钾	$KH_2(C_2O_4)_2 \cdot 2H_2O$	0.05	(57 ± 2)℃ 下干燥至恒重	12.709 6 g $KH_2(C_2O_4)_2 \cdot 2H_2O$ 溶于适量蒸馏水,定容稀释至 1 L

续表

试剂名称	化学式	浓度/ $(mol \cdot L^{-1})$	试剂的干燥与预处理	缓冲溶液的配置方法
酒石酸氢钾	$KC_4H_5O_6$	饱和	不必预先干燥	$KC_4H_5O_6$ 溶于 (57 ± 3) ℃ 蒸馏水中直至饱和
邻苯二甲酸氢钾	$KHC_8H_4O_4$	0.05	(110 ± 5) ℃ 干燥至恒重	10.211 2 g $KHC_8H_4O_4$ 溶于适量蒸馏水,定容稀释至 1 L
磷酸二氢钾和磷酸氢二钠	KH_2PO_4 和 Na_2HPO_4	0.025	KH_2PO_4 和 Na_2HPO_4 分别在 (110 ± 5) ℃、(120 ± 5) ℃ 下干燥至恒重	3.402 1 g KH_2PO_4 和 3.549 0 g Na_2HPO_4 溶于适量蒸馏水,定容稀释至 1 L
四硼酸钠	$Na_2B_4O_7 \cdot 10H_2O$	0.01	$Na_2B_4O_7 \cdot 10H_2O$ 放在含有 NaCl 和蔗糖饱和溶液的干燥器中	3.813 7 g $Na_2B_4O_7 \cdot 10H_2O$ 溶于适量除去 CO_2 的蒸馏水,定容稀释至 1 L

② 更换下一组与待测溶液 pH 接近的标准缓冲溶液,所有校准步骤操作同上。校准完成后,先按"计算"键,再按"保存"键,就退回到测量状态。

5. 测量

仪器校准完成后,就可以直接测量了。用被测溶液冲洗电极,将电极插入该被测溶液的小烧杯中,稍微摇动小烧杯,混匀该溶液,按"读数"键,出现 $\sqrt{A}$(终点)就可记录数字了,按"退出"键。返回测量状态。

6. 还原仪器

测定完毕后,关闭电源,用蒸馏水清洗电极,用滤纸吸干,套上电极帽(盛有 $3 \ mol \cdot L^{-1}$ KCl 溶液)。

3.4.3 注意事项

① 电极的末端是非常薄的玻璃膜,务必轻拿轻放,避免与硬物接触。任何破损和擦毛都会使电极失效。

② 把电极固定在电极夹上或从夹上取出电极时,应用手托住电极夹,往下插即可固定电极,往上提即可取出电极。电极夹能任意转动和升降。

③ 电极不可长时间干放或浸泡在蒸馏水中,应置于相应的电极存储液中,否则会缩短电极寿命。存储液一般与电极填充液保持一致,如复合电极应存放于 $3 \ mol \cdot L^{-1}$ KCl 溶液中。保存不当的电极可能会出现玻璃膜干涸的情况,对于短期干涸的玻璃膜,可以通过将其浸泡在 $0.1 \ mol \cdot L^{-1}$ HCl 中数小时使其重新恢复功能。长期干涸的玻璃膜使用该方法也可能无法恢复。

④ 保持仪器输入端、电极插头和插孔干燥清洁。

3.5　分光光度计

20 世纪末到 21 世纪初,冶金工业的猛烈发展,迫切需要对钢铁、矿石中的一些微量元素进行快速、简便的分析,分光光度法就迅速地发展了起来。最近 40 年来,光度法已能测定周期表中所有元素,而且在高含量区域也有所突破,目前已能用差示分光光度法测量高含量的组分。20 世纪中叶,比色均在试管内进行。到 20 世纪末,已经有了带滤色片的比色计。随着电子工业的发展,到 1930 年,出现了光电比色计,后来又出现了使用棱镜和光栅作为分光器的分光光度计。近年来,随着电子计算机技术的迅猛发展。又出现了带电脑的单光束、双光束甚至多光束的分光光度计。这些分光光度计不仅可以准确测定溶液的色泽强度,而且可以对混浊液甚至固体粉末样品进行测定,并把光度分析的范围扩大到了紫外和红外部分。任何新方法、新技术和新仪器的产生都不是一朝一夕、一蹴而就的,而是凝聚了几代科学家的智慧和心血,才日臻完善、与时俱进。

分光光度计分为红外、紫外 – 可见、可见分光光度计等几种,也可称为分光光度仪或光谱仪。可见分光光度计基于对单色光的选择性吸收,能在可见光谱区域内对物质做定性或定量分析。该仪器内置微机,实现人机对话,操作简单,功能完善,可广泛应用在石油、化工、医药、环保、教学、材料科学等各个领域。较普遍使用的有 721B 型、722 型、7220 型、723PC 型。下面简单介绍 723PC 型分光光度计。

3.5.1　723PC 型分光光度计的结构

723PC 型分光光度计是以卤钨灯为光源,衍射光栅为色散原件的单光束、数显式仪器。工作波长范围为 325 ~ 1 000 nm,波长精度为 ±1 nm,波长重现性为 0.5 nm,波长宽带为 4 nm,吸光度范围为 0 ~ 2.500 A,试样架可放 4 个样品池。

仪器由光源、单色器、吸收池、检测器和显示装置五部分组成,外形如图 3 – 17 所示。

3.5.2　723PC 型分光光度计的原理

钨卤素灯发出的连续辐射光经滤光片、聚光镜、保护玻璃,汇集在进光狭缝上,入射光被平面

图 3 – 17　723PC 型分光光度计

反射镜反射后,到准直镜后变成平行光束(图 3 – 18),再经光栅色散、准直镜聚光成像在出光狭缝上,出光狭缝选出指定宽度的单色光,通过聚光镜落在试样室被测样品中心,样品吸收后的透射光经光门射向光电管。光电管将光信号转变为电信号,电信号经放大器放大后,经 A/D 转换器将模拟信号转换为数字信号,送往单片机处理,处理结果通过显示屏显示出来。

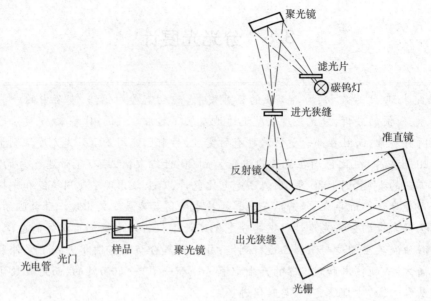

图 3-18 723PC 型分光光度计的光学系统

3.5.3 723PC 型分光光度计使用方法

1. 预热仪器

取下仪器防尘罩。接通电源(220 V,50 Hz)进入自检状态,仪器预热 20 min,直到光源稳定。

2. 选定波长

根据该物质的特征波长设置测试该物质的最大吸收波长时,波长需从短波向长波方向调节。

3. 调满度

按"方式"键选择"透射比"测试方式,将盛有空白(或参比)溶液的比色皿放入样品室比色槽的零位(最靠近测试者的槽位为零位),将比色皿拉至光路,关闭样品室盖(此时光路通)。按"100%"键,使其显示"100.0"。

4. 调零

打开样品室盖(此时光路不通),按"0%"则自动调零,完成后屏幕显示"0.00"。

重复 3 和 4 两项操作,直至仪器显示稳定,方可开始测量。

5. 样品的测定

按"方式"键,选择"吸光度"方式。将盛有样品的比色皿放入样品槽的 1、2、3 位,关闭样品室盖。拉杆推向最内为零位,拉出拉杆,依次为 1、2、3 位,在显示屏上即显示各个溶液的吸光度。

6. 还原仪器

测试完毕后,关闭电源(短时间不用则不必关闭电源,只需打开试样室,即停止照射光电管),拔下电源插头。清洗比色皿(最好用乙醇清洗)、晾干。待仪器冷却后盖上防尘罩。

3.5.4 注意事项

① 开关试样室盖时,动作要轻缓。

② 不要在仪器上方倾倒测试样品,以免样品污染仪器表面或损坏仪器。

③ 拿比色皿时,用手捏住比色皿的毛面,切勿触及透光面,以免透光面被污损。

④ 测定时,应先用待测溶液润洗比色皿内壁 2~3 次。测定一系列溶液的吸光度时,通常按照从稀到浓的顺序进行,以减小误差。

⑤ 被测液以装满比色皿的 3/4 高度为宜。盛好溶液后,外壁的液体用擦镜纸或细软面的吸水纸吸干,以保护透光面。

⑥ 比色皿一般用清水清洗,必要时可用(1+1)或(1+2)的硝酸或盐酸浸泡片刻,再用水冲洗。不能用碱性或强酸性洗涤液清洗,也不能用毛刷刷洗,以免损伤比色皿。

⑦ 仪器光电管室暗室内应装有硅胶或其他干燥剂,以免受潮,干燥剂吸潮变色后,应及时更换。

第 二 篇

无机化学实验

第4章 基本仪器与操作技术

实验4.1 化学实验基本操作练习

实验是科学研究的基本方法,良好的实验习惯是进行科学研究的基础和保证。良好的实验习惯的养成,并非一蹴而就,要靠平时一点一滴积累而成。"冰冻三尺非一日之寒",从大学的第一个实验开始就要严格要求自己,规范实验操作,不忽视每一个操作细节与失误。科研无小事,也许一个小细节就是决定成败的关键。

一、实验目的

1. 了解化学实验基本知识、实验室的规则和要求。
2. 了解常用仪器的洗涤和干燥方法。
3. 掌握液体试剂的配制原理和方法,以及固体和液体试剂的正确取用方法。

二、实验原理

1. 常用玻璃仪器的洗涤和干燥

见第2章相关内容。

2. 试剂的取用

见第2章相关内容。

3. 液体试剂的配制

根据配制试剂纯度和浓度的要求,选用不同级别的化学试剂并计算溶质用量。配制饱和溶液时,所用溶质的量应多于计算量,加热使之溶解、冷却,待结晶析出后再用,这样可保证溶液的饱和。配好的溶液应马上贴好标签,注明溶液的名称、浓度和配制日期。

溶液要用带塞的试剂瓶盛装,见光易分解的溶液要装于棕色瓶中;对于挥发性试剂和用有机溶剂配制的溶液,瓶塞要严密;遇空气易变质及放出腐蚀性气体的溶液也要盖紧,长期存放时,要用蜡封住;浓碱液应用塑料瓶盛装,如装在玻璃瓶中,要用橡皮塞塞紧,不能用玻璃磨口塞。

对于易水解的盐,在配制时,需加入适量的酸,再用水或稀酸稀释。对于易被氧化或还原的试剂,常在使用前临时配制,或采取措施,防止其被氧化或还原。

配制硫酸、磷酸、硝酸、盐酸等溶液时,都应把酸倒入水中。对于溶解时放热较多的试剂,不可在试剂瓶中配制,以免炸裂。配制硫酸溶液时,应将浓硫酸慢慢倒入水中,边加边搅拌,必要时以冷水冷却烧杯外壁。

用有机溶剂配制溶液时(如配制指示剂溶液),有时有机物溶解较慢,应不时搅拌,可以在热水浴中温热溶液,不可直接加热。使用易燃溶剂时,要远离明火。绝大多数的有机溶剂有毒,应在通风橱内操作。应避免有机溶剂不必要的蒸发,烧杯应加盖。

配制溶液时,要注意合理选择试剂的级别。既不要超规格使用试剂,造成浪费;也不要降低规格使用试剂,影响分析结果。

对于经常使用并且量大的溶液,可先配制成所需浓度 10 倍的储备液,需要用时,取储备液稀释 10 倍即可。

配制一定浓度的溶液时,可分为粗略浓度配制和准确浓度配制。

(1)粗略浓度配制

算出配制一定体积溶液所需固体试剂质量,用台秤称取所需固体试剂,倒入烧杯中,加入少量纯净水搅拌,使固体完全溶解后,用纯净水稀释至所需体积。然后将溶液移入试剂瓶中,贴上标签,备用。

(2)准确浓度配制

先算出配制给定体积准确浓度溶液所需固体试剂的用量,在分析天平上准确称出所需质量,放入干净烧杯中,加适量纯净水使其完全溶解。将溶液转移到与所配溶液体积相应的容量瓶中,并用少量纯净水洗涤烧杯 2~3 次,冲洗液转移入容量瓶中,再加纯净水至标线处,盖上塞子,将溶液摇匀,然后将溶液移入试剂瓶中,贴上标签,备用。

三、主要试剂与仪器

1. 试剂

$NaOH(0.1\ mol \cdot L^{-1})$,$HCl(0.1\ mol \cdot L^{-1})$,$CuSO_4 \cdot 5H_2O(s)$,$NaCl(s)$,酚酞指示剂($2\ g \cdot L^{-1}$,乙醇溶液),优级纯、分析纯、化学纯试剂各一瓶供标签辨识用。

2. 仪器

酒精灯,试管,试管夹,量筒,牛角药匙,烧杯,玻璃棒,容量瓶(100 mL)。

四、实验步骤

1. 化学实验基本知识简介

详见第 1 章简介。

2. 仪器的清点与洗涤

① 清点实验柜内基本实验用品,熟悉其名称、规格、用途和注意事项。每个实验柜内备有一套实验所用的玻璃仪器,高的玻璃仪器摆放在实验柜内侧,低的玻璃仪器摆放在实验柜外侧。按照实验柜仪器单上的仪器名称、规格、数量等逐个清点检收,如发现仪器缺少或破损,应立即提出,并换好补齐,以备实验使用。

② 洗涤常用玻璃仪器(量筒、烧杯、试管等)。洗涤要点:一般先洗去污物(视情况选用合适的洗涤液),再用自来水冲洗干净,至内壁不挂水珠,再用纯净水(蒸馏水或去离子水)淋洗三次。

③ 干燥试管两支(注意,管口略向下),供下面实验用。

3. 试剂取用

(1)试剂规格辨识

一般化学试剂规格及其标识:优级纯(深绿色标签,G. R.)、分析纯试制(金光红标签,A. R.)、化学纯试剂(中蓝标签,C. P.)。观察试剂台上试剂瓶的形状、颜色及摆放次序,得出自己的结论。

(2)试剂的取用

① 用量筒分别量取 1 mL、2 mL、5 mL 水,倒入试管中,观察所占的容积;再用滴管向 10 mL 量筒内滴入 1 mL 水,估计 1 mL 水的滴数和 1 滴水的体积(试剂体积的估计方法以后常用)。

② 从细口瓶倾倒 2 mL 0.1 mol·L^{-1} NaOH 溶液到试管中,加入一滴酚酞,再滴加 0.1 mol·L^{-1} HCl 溶液直到红色褪去。

③ 用牛角药匙取约 2 g $CuSO_4·5H_2O$ 放入对折的细长纸条内,斜持试管,将纸条伸入干燥试管 2/3 处后竖直,使药品落入试管底部。加热试管并保持管口略低,直至固体由蓝色变白色。

④ 取 1 g 左右 NaCl 放入试管中,加入 5 mL 水,振荡试管,使 NaCl 全部溶解,将溶液在酒精灯上加热至沸。

4. 溶液配制

① 用硫酸铜晶体粗略配制 50 mL 0.2 mol·L^{-1} 的 $CuSO_4$ 溶液。

② 准确配制 100 mL 质量分数为 0.90% 的氯化钠溶液。

五、数据记录及处理

1 mL 水约_____滴;1 滴水约_____ mL。

$m(CuSO_4)$ = _____ g。

$m(NaCl)$ = _____ g。

六、思考题

1. 烤干试管时,为什么管口略向下倾斜?

2. 什么样的仪器不能用加热的方法进行干燥?为什么?

3. 量筒、容量瓶等量器是否可以用作反应器?为什么?

实验4.2　灯的使用、玻璃管加工和塞子钻孔

给塞子钻个孔，把玻璃管截断、弯曲，把金属焊接起来，这些操作不是很简单吗？看看新时代高技能工人的时代坐标：顾秋亮，中国船舶重工集团一个普通钳工技师，凭着爱钻研爱琢磨的劲头、几十年来养成的螺丝钉精神，成为一名出色钳工，成为载人潜水器"蛟龙号"的"守护者"；高凤林，中国航天科技集团焊接工，吃饭时拿筷子练送丝，喝水时端着盛满水的缸子练稳定性，休息时举着铁块练耐力，几十年磨炼下来，练出了卓尔不群的技艺，成为为火箭焊接"心脏"的人。他们追求极致，超越自己，展示的人格魅力，优良品质，成为事业的脊梁，成为大国工匠。

一、实验目的

1. 了解酒精喷灯的构造并掌握其使用方法。
2. 练习玻璃管（棒）的截断、熔光、弯曲、拉制和塞子钻孔等基本操作。
3. 了解正常火焰部分的温度。

二、实验原理

在实验室的加热操作中，软化玻璃的灯具有煤气灯、酒精喷灯等，煤气灯使用方便，其温度可达 1 570 ℃，若有氧气助燃，温度可达 2 000 ℃。但在没有煤气设备的实验室，常用酒精喷灯吹制简单玻璃器件。酒精喷灯主要有座式和挂式两种类型，如图 4 - 1 所示。酒精喷灯的火焰温度可达 1 000 ℃左右。

座式喷灯的酒精储存在灯座内，挂式喷灯的酒精储罐悬挂于高处。挂式喷灯是利用势能的原理，使酒精从灯体的喷嘴以蒸气的形式

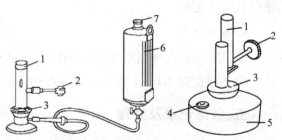

1—灯管；2—空气调节器；3—预热盘；
4—铜帽；5—酒精壶；6—酒精储罐；7—盖子。

图 4 - 1　座式和挂式酒精喷灯

喷出。为此，吊桶与灯体的高度差应保持在 1 m 以上。由于酒精储罐与灯体两者相距远，没有直接的热量转移，故不会发生爆炸。由于储罐温度只与室温有关，所以挂式喷灯可以连续使用。

1. **座式喷灯使用方法**

① 使用酒精喷灯时，首先用捅针捅一捅喷灯的酒精蒸气出口，以保证出气口畅通。

② 借助小漏斗向酒精壶内添加酒精，要注意酒精壶内的酒精不能装得太满，不要超过酒精壶容积（座式）的 2/3。

③ 往预热盘里注入一些酒精，点燃酒精，使灯管受热，待酒精接近燃完且在灯管口有火焰时，调节空气调节器使火焰为正常火焰，如图 4 - 2（a）所示。若空气或酒精的量调节不合适，

会产生不正常火焰,如图4-2(b)和图4-2(c)所示。

④ 座式喷灯连续使用不能超过半小时,如果超过半小时,必须暂时熄灭喷灯,待冷却后,添加酒精再继续使用。

⑤ 用毕后,用石棉网或硬质板盖灭火焰,也可以用空气调节器来熄灭火焰。长期不使用时,必须将酒精壶内剩余的酒精倒出。

⑥ 若酒精喷灯的酒精壶底部凸起时,则不能再使用,以免发生事故。

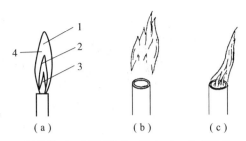

1—氧化焰;2—还原焰;3—焰心;4—最高温处。

图4-2　酒精喷灯火焰

(a)正常火焰;(b)临空焰(酒精、空气的量都过大);(c)侵入焰(酒精量过小,空气量大)

2. **挂式喷灯使用方法**

① 使用挂式酒精喷灯时,应先关闭酒精储罐下的开关,拧开并取下酒精储罐的盖子,注入酒精后,拧上盖子后再打开该开关。

② 往预热盘里注入2/3容积的酒精,转动空气调节器,把入气孔调到最小,点燃预热盘里酒精,对灯管进行加热,直到灯座温度较高且盘中酒精快要燃尽时,再慢慢打开酒精储罐下的开关。当酒精完全气化即喷出的酒精不带液滴时,可调节空气调节器,使气化后的酒精蒸气和来自气孔的空气混合。

③ 点燃管口气体,即可形成高温火焰。

④ 使用完毕后,关闭酒精储罐下的开关,即可熄灭火焰。

三、主要试剂与仪器

1. **试剂**

工业酒精。

2. **仪器**

酒精喷灯,玻璃管,玻璃棒,锉刀,烧杯,漏斗,塞子。

四、实验步骤

1. **酒精喷灯的构造和使用方法**

观察酒精喷灯的各部分构造。通过操作,熟练掌握酒精喷灯的使用方法。

2. **玻璃加工**

(1)玻璃管(棒)的切割

将长约50 cm的玻璃管(棒)平放在桌面上,左手按住要切割的部位,右手用锉刀的棱边在要切割的部位沿一个方向(不要来回锯)用力锉出一道凹痕,如图4-3(a)所示。锉出的凹痕应与玻璃管(棒)垂直,这样才能保证截断后的玻璃管(棒)截面是平整的。然后双手持玻璃管(棒),两拇指齐放在凹痕背面,并轻轻地由凹痕背面向外推折,如图4-3(b)所示,同时,食指和拇指将玻璃管(棒)向两边拉,玻璃管(棒)即折成两段,如图4-3(c)所示。

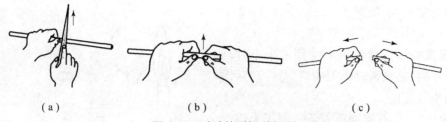

（a）　　　　　　　　　　　　（b）　　　　　　　　　　　　（c）

图4-3　玻璃管(棒)的切割

(a)玻璃管(棒)的锉痕；(b)持管；(c)截断

（2）玻璃管(棒)圆口

切割的玻璃管(棒)，其截断面的边缘很锋利且容易割破皮肤、橡皮管或塞子，所以必须放在火焰中熔烧，使之平滑，这个操作称为圆口(或熔光)。圆口操作时，将刚切割的玻璃管(棒)的一头斜插入氧化焰中熔烧。熔烧时，玻璃管(棒)的倾斜角度一般为45°，并不断来回转动玻璃管(棒)，如图4-4所示。若是转动不匀，则会使管口不圆，转动直至管口红热并变得平滑为止。此时还要注意不要长时间加热，以免管径变小。

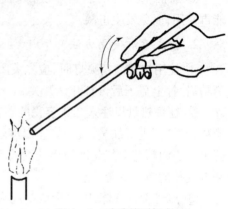

取出的灼热玻璃管(棒)应放在石棉网上冷却，切不可直接放在实验台上，以免烧焦台面。

图4-4　玻璃管(棒)熔光

（3）玻璃管的弯曲

双手持玻璃管，把要弯曲的部位插入喷灯(或煤气灯)氧化焰中，边加热边转动，以增大玻璃管的受热面积，并使之受热均匀，如图4-5所示。注意：此时两手用力要均匀，以免玻璃管在火焰中扭曲。加热至玻璃管发出黄光并充分软化时，即可自火焰中取出，取离火焰后稍等一两秒钟，使各部温度均匀，轻轻地在石棉网上用"V"字形手法(两手在上方，玻璃管的弯曲部分在两手中间的正下方)，如图4-6所示。缓慢地将其弯成所需的角度。120°以上的角度可一次弯成，但弯制较小角度的玻璃管，或者灯焰较窄，玻璃管受热面积较小时，需分几次弯制，如图4-7所示，切不可一次完成，否则弯曲部分的玻璃管就会变形，并且每次加热的部位应稍有偏移，直至弯成所需的角度为止。

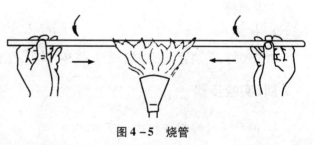

图4-5　烧管

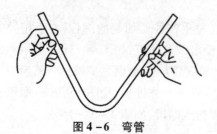

图4-6　弯管

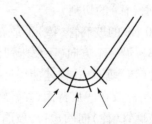

图4-7　小角度管,要多次弯成

弯好后,待其冷却变硬才可将玻璃管放在石棉网上继续冷却。一个合格的弯曲玻璃管不仅要做到角度符合要求,还应做到弯曲处圆而不扁,整个玻璃管侧面在同一平面上。弯管好坏的比较和分析如图4-8所示。

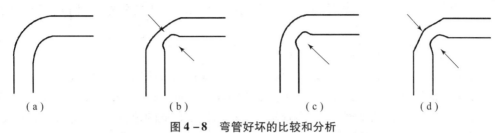

图4-8 弯管好坏的比较和分析

(a)里外均匀平滑(正确);(b)里外扁平(加热温度不够);
(c)里面扁平(弯时吹气不够);(d)中间细(烧管时两手外拉了)

(4)滴管的制作

第一步:烧管。加热玻璃管的方法与弯曲玻璃管时的方法基本一样,不过烧的时间要长一些,玻璃管软化程度更大一些,烧至红黄色。

第二步:拉管。待玻璃管均匀地充分软化以后,从火焰中取出,在同一水平面向两旁逐渐拉开,同时旋转玻璃管,如图4-9(a)所示。拉到所需的粗细程度时,待其冷却后,在拉细部分的中间将其截断,形成两个尖嘴管,然后再将截断面端在火焰中灼烧,使管嘴圆口。如果要求细管部分具有一定的厚度,应在加热过程中当玻璃管变软后,将其轻缓向中间挤压,减短它的长度,使管壁增厚,然后按上述方法拉细。

若烧管不够或受热不均,则拉伸效果不好,拉管效果如图4-9(b)和图4-9(c)所示。

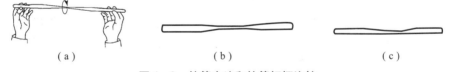

图4-9 拉管方法和拉管好坏比较

(a)拉管方法;(b)拉管良好;(c)拉管不好(烧管时旋转不够,受热不均)

第三步:扩口。将未拉细的另一端玻璃管口以40°角斜插入火焰中加热,并不断转动,待管口烧至稍软化后,用金属锉刀柄斜放管口内迅速而均匀旋转,将管口扩大,如图4-10所示,然后在石棉网上轻压使管口外卷。也可将粗端烧软后在石棉网上垂直下压,使管口外卷。冷却后,粗端套上橡皮头,即制成滴管。

图4-10 玻璃管扩口

3. 塞子钻孔

① 塞子大小的选择:选择与20 mm×200 mm的试管配套的塞子,塞子塞进试管部分不能少于塞子本身高度的1/2,也不能多于2/3。

② 钻孔器的选择:选择一个比插入橡皮塞的玻璃管口径略粗的钻孔器。

③ 钻孔的方法:将塞子小的一端朝上,平放在桌面上的一块木块上,左手持塞,右手握

住钻孔器的柄,并在钻孔器的前端涂点甘油或水;将钻孔器按在选定的位置上,以顺时针的方向,一面旋转一面用力向下压,向下钻动。钻孔器要垂直于塞子的上平面,不能左右摆动,更不能倾斜,以免把孔钻斜。钻孔超过塞子高度2/3时,以逆时针的方向一面旋转一面向上提,拔出钻孔器。按同法以塞子大的一端钻孔,注意对准小的那端的孔位,直至两端圆孔贯穿为止。

拔出钻孔器,捅出钻孔器内嵌入的橡皮。

钻孔后,检查孔道是否重合。若塞子孔稍小或不光滑,则可用圆锉修整。

④ 玻璃管插橡皮塞的方法:用水或甘油把玻璃管前端润湿后,先用布包住玻璃管,左手拿橡皮塞,右手握玻璃管的前半部,把玻璃管慢慢旋入塞孔内合适的位置。注意:用力不能太猛;手离橡皮塞不能太远,否则玻璃管可能折断,刺伤手掌。

五、数据记录及处理

实验结束后,将成品玻璃棒、120°弯管及滴管交给老师验收。

六、思考题

1. 酒精喷灯的使用过程中,应注意哪些安全问题?
2. 在切割玻璃时,怎样防止割伤或刺伤手和皮肤?
3. 在加工玻璃管时,应注意哪些安全问题?
4. 烧过的灼热的玻璃管和冷的玻璃在外表往往很难分辨,怎样防止烫伤?
5. 制作滴管时,应注意什么?

七、注意事项

1. 使用酒精喷灯时,应注意在开启开关和点燃之前,灯管应充分灼烧,否则,酒精在灯管内不会完全气化,会有液态酒精由管内喷出,形成"火雨",甚至引起火灾。

2. 酒精易挥发、易燃,使用酒精灯时,必须注意安全。万一洒出的酒精在灯外燃烧,不要慌张,可用湿抹布扑灭。

3. 挂式喷灯不点燃时,必须关好酒精储罐的开关。座式喷灯不能连续使用半小时以上,使用到半小时时,应暂时熄灭喷灯,待冷却、添加酒精后,再继续使用。

4. 灼热的玻璃制品应放在石棉网上冷却,不要放在桌面上,以免烧焦桌面;也不要用手去摸,以免烫伤,一旦烫伤,用缓缓流动的凉水冲洗,以带走伤处热量,拭干水,涂上烫伤膏。未用完的酒精应远离火源,在实验过程中要细致小心,防烫伤,防割伤,防火灾。

5. 玻璃的断面很锋利,一定要按操作规程小心操作,如果不慎划破皮肤或戳伤手,则必须先将伤口内的玻璃碎片挑出,然后涂上红药水、消炎粉,并用纱布包扎好。

6. 实验完毕后,应清理台面,玻璃碎渣,未用完的玻璃管放在指定的容器中,熄灭酒精喷灯,保证台面整洁。待成品冷却后,交给老师。

实验 4.3 硫酸铜晶体结晶水的测定

科学来源于生活,又作用于生活。硫酸铜在农业领域的一个重要应用就是很好的例子。1882 年的秋天,法国植物学教授米拉德斯发现在波尔多城附近的葡萄树都受到霉叶病的侵害,只有公路两旁的几行葡萄树郁郁葱葱,丝毫没有受到霉叶病的伤害。经过观察发现,这些葡萄树从叶到茎都洒了一些蓝白相间的东西,经打听,得知是园主为了防止馋嘴的过路人偷吃,把石灰水和蓝色的硫酸铜溶液分别喷洒到路旁的葡萄树上,在树上留下蓝色和白色相间的痕迹,让路人误以为是树上洒了"毒药"。受到园主的启发,米拉德斯进行反复的实验和研究,不断调配石灰水和硫酸铜的配兑比例,终于找到了最佳配制方案,得到一种天蓝色液体。这种液体不仅可以防治霉叶病,还可用来治疗梨的黑星病、苹果的黑斑病等。为了纪念在波尔多城得到的启发,米拉德斯就把由硫酸铜、氢氧化钙、水按 1:1:100 的比例制成的混合液体叫作"波尔多液"。因此,只要我们留心观察,树立科学意识,坚持科学态度和科学精神,我们就能从生活中发现感兴趣的科学问题,并利用科学知识解决生活中的实际问题。

一、实验目的

1. 了解结晶水合物中结晶水含量的测定原理和方法。
2. 熟悉分析天平的使用方法。
3. 学习研钵、干燥器的使用方法以及使用沙浴加热、恒重等基本操作。

二、实验原理

很多离子型的盐类从水溶液中析出时,常含有定量的结晶水(或称水合水)。结晶水与盐类结合得比较牢固,但受热到一定温度时,可以脱去结晶水的部分或全部。$CuSO_4 \cdot 5H_2O$ 晶体在不同温度下按下列反应逐步脱水:

$$CuSO_4 \cdot 5H_2O \xrightarrow{48\ ℃} CuSO_4 \cdot 3H_2O + 2H_2O$$

$$CuSO_4 \cdot 3H_2O \xrightarrow{99\ ℃} CuSO_4 \cdot H_2O + 2H_2O$$

$$CuSO_4 \cdot H_2O \xrightarrow{218\ ℃} CuSO_4 + H_2O$$

因此,对于经过加热能脱去结晶水,又不会发生分解的结晶水合物中结晶水的测定,通常是把一定量的结晶水合物(不含吸附水)置于已灼烧至恒重的坩埚中,加热至较高温度(以不超过被测定物质的分解温度为限)脱水,然后把坩埚移入干燥器中,冷却至室温,再取出用分析天平称量。由结晶水合物经高温加热后的失重值可算出该结晶水合物所含结晶水的质量分数,以及单位物质的量的该盐所含结晶水的物质的量,从而可确定结晶水合物的化学式。由于压力不同、粒度不同、升温速率不同,有时可以得到不同的脱水温度及脱水过程。

三、主要试剂与仪器

1. 试剂

$CuSO_4 \cdot 5H_2O(s)$。

2. 仪器

托盘天平,研钵,坩埚,坩埚钳,三脚架,泥三角,玻璃棒,干燥器,酒精灯,药匙,温度计(300 ℃),煤气灯。

3. 其他

滤纸,沙子。

四、实验步骤

1. 恒重坩埚

将一洗净的坩埚及坩埚盖置于泥三角上。小火烘干后,用氧化焰灼烧至红热。将坩埚冷却至略高于室温,再用干净的坩埚钳将其移入干燥器中,冷却至室温(注意:热的坩埚放入干燥器后,一定要在短时间内将干燥器盖子打开 1~2 次,以免内部压力降低,难以打开)。取出,用分析天平称量。重复加热至脱水温度以上,冷却,称重,直至恒重。

2. 水合硫酸铜脱水

① 在研钵中放入适量硫酸铜晶体,研磨至细小粉末。在已恒重的坩埚中加入 1.0~1.2 g 研细的水合硫酸铜晶体,铺成均匀的一层,用分析天平准确称量坩埚及水合硫酸铜的总质量,减去已恒重的坩埚质量,即为水合硫酸铜晶体的质量。

② 将已称重的内装水合硫酸铜晶体的坩埚置于沙浴盘中。将其 3/4 体积埋入沙内,在靠近坩埚的沙浴中插入一支温度计(300 ℃),其末端应与坩埚底部大致处于同一水平。用沙浴加热的同时,用玻璃棒轻轻搅拌硫酸铜晶体,当沙浴加热至约 210 ℃后,调节煤气灯,使温度慢慢上升到 280 ℃左右,并控制沙浴温度在 260~280 ℃。当坩埚内粉末由蓝色完全变为白色,并且不再有水蒸气逸出时,停止加热(需 15~20 min)。用干净的坩埚钳将坩埚移入干燥器内,冷却至室温。将坩埚外壁用滤纸揩干净,将坩埚放在分析天平上称量,记下坩埚和无水硫酸铜的总质量。重复沙浴加热,冷却,称量,记下坩埚和无水硫酸铜的总质量,直至连续两次称量的质量差不超过 1 mg 为止。取最后两次称量的质量平均值,减去已恒重的空坩埚质量,即为脱水硫酸铜的质量。

实验结束后,将无水硫酸铜倒入回收瓶中。

五、数据记录及处理

数据记录及处理见表 4-1。

表 4-1　数据记录及处理

空坩埚质量/g			(空坩埚 + 五水合硫酸铜质量)/g	(加热后坩埚 + 无水硫酸铜质量)/g		
第一次称量	第二次称量	平均值		第一次称量	第二次称量	平均值

$CuSO_4 \cdot 5H_2O$ 的质量 $m_1 = $ _____ g。

$CuSO_4 \cdot 5H_2O$ 的物质的量 $n_1 = m_1/249.7 \text{ g} \cdot \text{mol}^{-1} = $ _____ mol。

无水硫酸铜的质量 $m_2 = $ _____ g。

$CuSO_4$ 的物质的量 $n_2 = m_2/159.6 \text{ g} \cdot \text{mol}^{-1} = $ _____ mol。

结晶水的质量 $m_3 = $ _____ g。

结晶水的物质的量 $n_3 = m_3/18.0 \text{ g} \cdot \text{mol}^{-1} = $ _____ mol。

1 mol $CuSO_4$ 的结合水的物质的量 $n_4 = $ _____ mol。

水合硫酸铜的化学式：_____。

六、思考题

1. 在水合硫酸铜结晶水的测定中,为什么要用沙浴加热并控制温度在 280 ℃ 左右?

2. 加热后的坩埚能否未经冷却至室温就去称量? 加热后的坩埚为什么要放在干燥器内冷却。

3. 为什么要进行重复的灼烧操作? 什么叫恒重? 其作用是什么?

实验 4.4　粗食盐的提纯

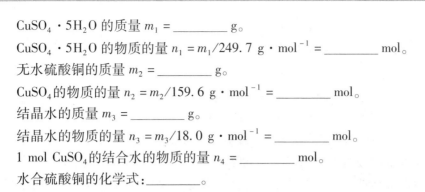

　　盐是人们日常生活离不开的重要物质,与人类的健康息息相关。人的血清中含盐 0.9%,所以浓度为 0.9% 的食盐溶液叫生理盐水。人每天都要吃盐,成年人每天需要 10 ~ 12 g,未成年人需要量则更多一些。人体内有了盐才能进行正常的新陈代谢。人体胃液里的盐酸就是人们食盐之后产生的,它能帮助消化、杀菌。人不食盐,就会感到全身无力,久而久之,会危及生命。但长期吃盐过多,导致血压升高的风险增加,导致血管硬化发生,或者引起胃病,增加肾脏负担,对健康造成危害。可谓"物极必反,过犹不及"。

一、实验目的

1. 了解粗食盐的提纯过程及基本原理。
2. 掌握溶解、过滤、沉淀的洗涤、蒸发、浓缩、结晶、干燥等无机制备实验的一些基本操作。
3. 了解盐类溶解度知识以及沉淀溶解平衡原理的应用。
4. 学习溶液中 SO_4^{2-}、Ca^{2+}、Mg^{2+} 的鉴定方法。

二、实验原理

　　用海水、井水、盐湖水等直接制盐只能得到粗盐。粗盐中含有较多的杂质,除了含有不溶性的泥沙外,还含有 SO_4^{2-}、Ca^{2+}、Mg^{2+}、K^+ 等可溶性的杂质。可以将氯化钠粗盐溶于水后过滤,以除去不溶性杂质。可溶性杂质则用化学方法处理除去。通常选用合适的试剂可以使 SO_4^{2-}、Ca^{2+}、Mg^{2+} 生成不溶性的化合物,使其与粗盐中的不溶性杂质一起除去。

　　首先,加入 $BaCl_2$ 除去 SO_4^{2-}:

$$SO_4^{2-} + Ba^{2+} = BaSO_4 \downarrow$$

在过滤 $BaSO_4$ 沉淀后的溶液中加入 NaOH 和 Na_2CO_3 溶液,用于除去 Ba^{2+}、Ca^{2+}、Mg^{2+},即

$$Ba^{2+} + CO_3^{2-} = BaCO_3 \downarrow$$

$$Ca^{2+} + CO_3^{2-} = CaCO_3 \downarrow$$

$$2Mg^{2+} + 2OH^- + CO_3^{2-} = Mg_2(OH)_2CO_3 \downarrow (碱式碳酸镁)$$

滤去沉淀,不仅去掉了 Ca^{2+}、Mg^{2+},而且可以除去前一步里面过量的 Ba^{2+}。

过量的 NaOH 和 Na_2CO_3 溶液则可用 HCl 中和除去。

其他少量的可溶性杂质如 KCl,由于它的含量少,而溶解度又比 NaCl 的大,可以用浓缩结晶的方法将其留在母液中除去。

三、主要试剂与仪器

1. 试剂

粗食盐(s),$BaCl_2$($1 \text{ mol} \cdot L^{-1}$),NaOH($2 \text{ mol} \cdot L^{-1}$),$Na_2CO_3$(饱和),HCl($6 \text{ mol} \cdot L^{-1}$),HAc($6 \text{ mol} \cdot L^{-1}$),$(NH_4)_2C_2O_4$(饱和),镁试剂。

2. 仪器

台秤,烧杯,量筒,玻璃棒,酒精灯,洗瓶,普通漏斗,漏斗架,表面皿,蒸发皿,铁三脚架,石棉网,泥三角,布氏漏斗,抽滤瓶,水泵。

3. 其他

pH 试纸,滤纸。

四、实验步骤

1. 溶解粗食盐

用天平称取 8.0 g 粗食盐,放入 100 mL 烧杯中。量取 30 mL 纯净水,倒入烧杯中,用酒精灯加热。用玻璃棒搅拌溶液使氯化钠晶体溶解。若溶液中不溶性杂质的量很多,需先过滤除去,若量少,可留待下一步过滤时一并除去。

2. 除去 SO_4^{2-}

溶解好的粗食盐溶液继续加热至沸并用小火维持微沸。一边搅拌一边逐滴加入 $1 \text{ mol} \cdot L^{-1}$ $BaCl_2$ 溶液约 2 mL,直至 SO_4^{2-} 完全沉淀。为了检验 SO_4^{2-} 是否沉淀完全,将烧杯从石棉网上取下,静置片刻,待沉淀沉降后,沿烧杯壁滴加几滴 $6 \text{ mol} \cdot L^{-1}$ HCl 和 2 滴 $1 \text{ mol} \cdot L^{-1}$ $BaCl_2$ 溶液,观察上层清液中是否有浑浊现象。如无浑浊,说明沉淀完全。若仍有浑浊,则需继续滴加 $BaCl_2$ 溶液,直到沉淀完全为止。沉淀完全后,为了使 $BaSO_4$ 颗粒长大而易于沉淀和过滤,继续加热 5 min。移去火源,静置,冷却溶液。用倾倒法常压过滤除去不溶性杂质及 $BaSO_4$ 沉淀,用少量的纯净水洗涤 2~3 次,滤液承接在一个干净的 100 mL 烧杯中。

3. 除去 Ca^{2+}、Mg^{2+}、Ba^{2+}

将滤液加热至沸,改小火维持微沸。一边搅拌,一边逐滴加入 1 mL $2 \text{ mol} \cdot L^{-1}$ NaOH 和饱和 Na_2CO_3 溶液约 3 mL,使 Ca^{2+}、Mg^{2+}、Ba^{2+} 转变为难溶的碳酸盐或碱式碳酸盐沉淀。将烧

杯从石棉网上取下,静置片刻,检验沉淀是否完全。沉淀完全后,再加热 5 min,移去火源,静置,冷却,用倾倒法进行第二次常压过滤,滤液用洁净的蒸发皿承接,沉淀弃去。

4. 除去 OH^- 和 CO_3^{2-}

在滤液中逐滴加入 6 mol·L^{-1} HCl 溶液,以除去 OH^- 和 CO_3^{2-},用精密 pH 试纸检测,控制滤液的 pH 为 3~4。

5. 蒸发结晶

将盛有滤液的蒸发皿放到铁架台上,加热,蒸发浓缩。当液面出现晶膜时改用小火,稍加搅拌,以免溶液溅出。蒸发期间可再检查蒸发液的 pH(此时暂时移开酒精灯),保持蒸发液微酸性(pH 约为 6)。当溶液蒸发至稀糊状时(切勿蒸干!),停止加热,静置,冷却,结晶。

6. 减压过滤和干燥

将充分冷却的浓缩液用布氏漏斗进行减压过滤,尽量抽干。抽滤完成后,断开水泵胶皮管与抽滤瓶支管的连接,取下布氏漏斗,将 NaCl 晶体仔细转移至干净的蒸发皿中,放在铁架台上用小火加热干燥。干燥期间用玻璃棒翻动干燥物,以防结块。待无水蒸气逸出后,停止加热,冷却。

7. 计算产率

提纯后的 NaCl 晶体外观洁白,呈松散的颗粒状,在天平上称量,计算产率。

$$产率 = \frac{提纯食盐的质量}{粗食盐的质量} \times 100\%$$

8. 产品纯度的检验

称取粗食盐和提纯后食盐各 1 g,分别用 5 mL 纯净水溶于两支试管中,然后分别分成三等份,盛在六支试管中,分成三组,依次进行对照实验,检验其纯度。若粗食盐中不溶性杂质太多,则应将溶液过滤。

① SO_4^{2-} 检验。向第一组溶液中分别加入 2 滴 6 mol·L^{-1} HCl,振荡,再加入 2 滴 1 mol·L^{-1} $BaCl_2$,比较两支试管的结果,如有白色浑浊,证明含有 SO_4^{2-}。

② Ca^{2+} 检验。向第二组溶液中分别加入 3 滴饱和 $(NH_4)_2C_2O_4$ 溶液及 5 滴 6 mol·L^{-1} HAc 溶液,比较两支试管的结果,若有白色浑浊,证明含有 Ca^{2+}。

③ Mg^{2+} 检验。向第三组溶液中分别加入 5 滴 2 mol·L^{-1} NaOH 溶液,使溶液显碱性,再滴加 1 滴镁试剂,若有天蓝色沉淀,证明含有 Mg^{2+}。

提纯后的氯化钠回收。

注:CaC_2O_4 为难溶于水的沉淀,溶于盐酸,不溶于醋酸,可与 $CaCO_3$ 相区别。

镁试剂为对硝基苯偶氮间苯二酚,酸性溶液呈黄色,碱性溶液呈红色,Mg^{2+} 与镁试剂在碱性介质中生成天蓝色的螯合物沉淀。

五、数据处理

1. 产率计算

粗食盐的质量 m_1 = _____ g。

提纯食盐的质量 m_2 = _____ g。

产率 $\omega =$ _____ % 。

2. 纯度检验(表 4 – 2)

表 4 – 2　纯度检验

检测项目	纯度	
	提纯产品溶液	粗食盐溶液
SO_4^{2-}(滴加 1 mol·L^{-1} BaCl$_2$ 试剂)		
Ca^{2+}[滴加饱和$(NH_4)_2C_2O_4$试剂]		
Mg^{2+}(滴加 2 mol·L^{-1} NaOH + 镁试剂)		

3. 产品外观描述

4. 结果讨论

六、思考题

1. 用 30 mL 水溶解 8.0 g 粗食盐的依据是什么?水量过多或过少有何影响?

2. 为什么选用 BaCl$_2$、Na$_2$CO$_3$ 作沉淀剂?为什么加药品的顺序是先加 BaCl$_2$ 后加 NaOH 和 Na$_2$CO$_3$?先过滤掉 BaSO$_4$ 再加 Na$_2$CO$_3$ 的原因是什么?什么情况下 BaSO$_4$ 可能转化为 BaCO$_3$?

3. 往粗食盐溶液中加 BaCl$_2$ 和 Na$_2$CO$_3$ 后,为什么均要加热至沸?

实验4.5　制备硝酸钾并利用重结晶法提纯

硝酸钾既可以制作绚丽多彩的烟花,又可以制作具有杀伤性的物品。早在隋朝时期就已经发现了它的身影,它是我国四大发明之一的火药的原材料。同时,它也是国富民强的保障,如在导弹制造、隧道开凿等方面都有运用。硝酸钾现在还被用于集中太阳能发电厂的储能介质,有了它,可大幅提高集中太阳能发电的效率,在缓解温室效应上做出巨大贡献。硝酸钾作用在农作物上也可被快速吸收。值得注意的是,硝酸钾作为一种强氧化剂,要小心存放,避免明火,若处置不当,则易发生爆炸。它就像带刺的玫瑰,美丽但是危险,所谓可远观而不可亵玩焉。

一、实验目的

1. 观察验证盐类溶解度和温度的关系。
2. 利用温度对物质溶解度的影响不同制备盐类。
3. 学习溶解、过滤、间接热浴、重结晶等操作,练习重结晶法提纯物质。

二、实验原理

复分解法是制备无机盐类的常用方法。不溶性盐利用复分解法很容易制得,但是可溶性盐则需要根据温度对反应中几种盐类溶解度的不同影响来处理。

本实验用 $NaNO_3$ 和 KCl 通过复分解来制取 KNO_3,反应为:

$$NaNO_3 + KCl = NaCl + KNO_3$$

硝酸钠、氯化钾、氯化钠和硝酸钾四种盐在不同温度下的溶解度[g/(100 g H_2O)]如表 4-3 和图 4-11 所示。

表 4-3　四种盐在不同温度下的溶解度　　　　　g·(100 g H_2O)$^{-1}$

盐类型	温度/℃								
	0	10	20	30	40	60	70	80	100
KNO_3	13.3	20.0	31.6	45.8	63.9	110.0	138.0	169.0	246
KCl	27.6	31.0	34.0	37.0	40.0	45.5	48.3	51.1	56.7
$NaNO_3$	73.0	80.0	88.0	96.0	104.0	124	136.0	148.0	180.0
NaCl	35.7	35.8	36.0	36.3	36.6	37.3	37.8	38.4	39.8

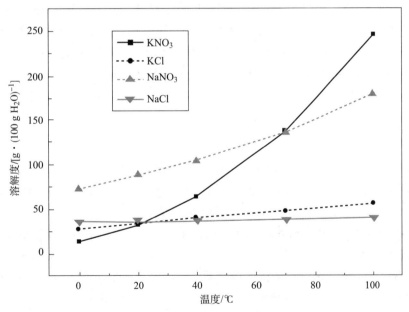

图 4-11　四种盐在不同温度下的溶解度

氯化钠的溶解度随温度变化小,而氯化钾、硝酸钠和硝酸钾在高温时有较大或很大的溶解度。当温度降低时,氯化钠的溶解变化不大,氯化钾和硝酸钠的溶解度明显减小,硝酸钾的溶解度急剧下降。将一定浓度的硝酸钠和氯化钾混合液加热浓缩,当温度达 100 ℃左右时,由于硝酸钾溶解度随温度升高而增加很大,达不到饱和,不析出;而氯化钠的溶解度增加甚少,但随浓缩、溶剂的减少,氯化钠达到饱和而结晶析出。通过热过滤除去氯化钠晶体,再将此溶液冷却至室温,有大量硝酸钾析出,氯化钠仅有少量析出,从而得到硝酸钾粗产品。再经过重结晶提纯,可得到纯品。

三、主要试剂与仪器

1. 试剂

硝酸钠(工业级),氯化钾(工业级),硝酸钾溶液(饱和),AgNO₃溶液(0.1 mol·L⁻¹),硝酸溶液(5 mol·L⁻¹)。

2. 仪器

台秤,烧杯(50 mL),量筒(50 mL),玻璃棒,试管 2 支,表面皿,布氏漏斗,抽滤瓶,水泵,恒温水浴锅。

3. 其他

滤纸。

四、实验步骤

1. 硝酸钾的制备

用表面皿在台秤上称取 NaNO₃ 8.5 g、KCl 7.5 g,放入烧杯中,加入 15 mL 纯净水,水浴加热,待全部溶解后,加热蒸发至原体积的 2/3,这时有晶体析出(是什么?),趁热用热布氏漏斗抽滤(布氏漏斗洗净后,事先倒置于水浴锅中预热),滤液转移至小烧杯中自然冷却(不要骤冷,以防结晶过于细小)。随着温度的下降,即有晶体析出(是什么?)。抽滤,用少量饱和硝酸钾溶液淋洗晶体。抽滤所得晶体转移至表面皿中,水浴烘干后称重。计算理论产量和产率。

注意:硝酸钾、硝酸钠为易爆品!不能撞击和敲打,加热不能用酒精灯,必须用水浴加热,以免发生危险。

2. 粗产品的重结晶

将粗产品放在 50 mL 烧杯中(留 0.5 g 粗产品做纯度对比检验),加入计算量的纯净水并搅拌,用小火加热,直至晶体全部溶解为止。然后冷却溶液至室温,待大量晶体析出后减压过滤,晶体用滤纸吸干,放在表面皿上称重,并观察其外观。

① 除保留少量(0.1 ~ 0.2 g)粗产品供纯度检验外,按粗产品:水 = 2:1(质量比)的比例,将粗产品溶于纯净水中。

② 加热溶解。水浴加热、搅拌,待晶体全部溶解后停止加热。若溶液沸腾时,晶体还未全部溶解,可再加极少量纯净水使其溶解。

③ 冷却结晶。溶液冷却至室温,待有大量针状晶体析出后抽滤,用少量饱和硝酸钾溶液淋洗晶体。抽滤所得晶体转移至表面皿中,水浴烘干,得到纯度较高的硝酸钾晶体,称量。计算理论产量和产率。

3. 纯度检验

分别取 0.1 g 粗产品和一次重结晶得到的产品放入两支小试管中,各加入 2 mL 纯净水配成溶液。在溶液中分别滴入 1 滴 5 mol·L⁻¹ HNO₃酸化,再各滴入 0.1 mol·L⁻¹ AgNO₃溶液 2 滴,观察现象,进行对比,重结晶后的产品溶液应为澄清。

五、数据记录及处理

1. 产率计算

理论计算 KNO_3 质量 m_1 = _____ g。

粗产品 KNO_3 质量 m_2 = _____ g。

重结晶后 KNO_3 质量 m_3 = _____ g。

粗产品产率 ω_1 = _____ %。

重结晶产品产率 ω_2 = _____ %。

2. 纯度检验(表 4 - 4)

表 4 - 4　纯度检验

检测项目	纯度	
	重结晶产品溶液	粗产品溶液
Cl^-(滴加 0.1 mol·L^{-1} $AgNO_3$ 溶液)		

3. 产品外观描述

4. 结果讨论

六、思考题

1. 何为重结晶? 本实验都涉及哪些基本操作? 应注意什么?

2. 实验中为何要趁热抽滤除去 NaCl 晶体?

3. 在利用重结晶法提纯 KNO_3 的过程中,怎样做才能既可以保证产品的纯度,又能减少产品的损失?

实验 4.6　水的净化与水质检测

2021 年 5 月,世界气象组织警告称:预计到 2050 年全球将会有 50 亿人面临水资源短缺问题。报告指出,过去 20 年间,地球陆地储水量一直以每年 1 cm 的速度下降,这将对全球水安全产生重大影响。而目前,又有多少人没有干净的饮用水喝? 联合国儿童基金会和世界卫生组织的一份报告中说,截至 2017 年,全球超过 20 亿人喝不到干净水。面对水资源短缺的问题,我们每个人都应当行动起来。"节约用水,保护水资源"是我们每个人应尽的责任和义务。

一、实验目的

1. 了解离子交换法制备纯水的基本原理和方法。
2. 练习使用离子交换树脂的一般操作方法。
3. 学习正确使用电导率仪。
4. 掌握水质检测的原理和方法。

二、实验原理

1. 水的净化

离子交换法制备纯水是在离子交换树脂床上进行的。这种树脂是一种难溶性的高分子聚合物,具有网状的骨架结构,对酸、碱及一般溶剂相当稳定。如果在骨架上引入磺酸($—SO_3^- H^+$)活性基团,就成为强酸性阳离子交换树脂;如果引入季铵($\equiv N^+ OH^-$)活性基团,就成为强碱性阴离子交换树脂。当水流过离子交换床时,树脂骨架上活性基团中的 H^+ 或 OH^- 就与水中的 Na^+、Ca^{2+} 或 Cl^-、SO_4^{2-} 等离子交换,反应的化学方程式为:

$$R—SO_3^- H^+ + Na^+ \rightleftharpoons R—SO_3^- Na^+ + H^+$$
$$2R—SO_3^- H^+ + Ca^{2+} \rightleftharpoons (R—SO_3^-)_2 Ca^{2+} + 2H^+$$
$$R \equiv N^+ OH^- + Cl^- \rightleftharpoons R \equiv N^+ Cl^- + OH^-$$
$$2R \equiv N^+ OH^- + SO_4^{2-} \rightleftharpoons (R \equiv N^+)_2 SO_4^{2-} + 2OH^-$$

这样,水中的无机离子被截留在树脂床上,而交换出来的 OH^- 与 H^+ 发生中和反应,使水得到了净化。这种交换反应是可逆的,当用一定浓度的酸或碱处理树脂时,无机离子便从树脂上洗脱出来,树脂得到再生。

用离子交换树脂制备纯水一般有复床法、混床法和联床法。本实验采用混床法,所选用的树脂为国产 732 型强酸性阳离子交换树脂和 717 型强碱性阴离子交换树脂。这些商品树脂为了方便储存,通常为中性盐,因此,在使用时应根据需要进行预处理。

另外,离子交换法可以除去原水中绝大部分盐、碱和游离酸,但不能完全除去有机物和非电解质。理想的纯水还需要进一步处理,以除去微量的有机物。

2. 水质检测

纯水本身的导电能力是非常小的,但是当水中溶解有无机盐类时,由于它们的强电解质性质,水的导电能力大大增加。用电导率仪测定水的电导率,可间接表示水的纯度。

电导率又称比电导,其物理意义是电极截面积为 1 cm^2、电极间距为 1 cm 时溶液的电导。若两电极间距离为 l,电极的面积为 A,则溶液电导 G 为

$$G = \kappa \left(\frac{A}{l} \right)$$

式中,κ 为电导率。

水中杂质离子越少,水的电导率就越小,习惯上用电阻率(即电导率的倒数)表示水的纯度。电导率与电阻率的关系为

$$\kappa = \frac{1}{\rho} = G \left(\frac{l}{A} \right)$$

式中,κ 为电导率,S·m^{-1} 或 μS·cm^{-1};ρ 为电阻率,Ω·cm。

在 25 ℃时,纯水的电导率为 0.056 μS·cm^{-1},电阻率为 1.8×10^7 Ω·cm。普通无机实验用水的电导率为 10 μS·cm^{-1},电阻率为 1.0×10^5 Ω·cm,若交换水的测定达到这个数值,即为合乎要求。

三、主要试剂与仪器

1. 试剂

HCl 溶液(5% 和 2 mol·L^{-1}),NaOH 溶液(5% 和 2 mol·L^{-1}),NaCl 溶液(25%),AgNO$_3$ 溶液(0.1 mol·L^{-1}),BaCl$_2$ 溶液(0.5 mol·L^{-1}),HNO$_3$ 溶液(2 mol·L^{-1}),钙试剂(0.1%),镁试剂(0.1%)。

2. 仪器

DDS-11A 型电导率仪,电导电极。

3. 其他

732 型强酸性离子交换树脂,717 强碱性离子交换树脂,离子交换柱一支(ϕ2 cm × 60 cm),自由夹两个,乳胶管,橡皮塞,直角玻璃弯管,直玻璃管,烧杯,pH 试纸。

四、实验步骤

1. 树脂的预处理(预处理工作可由实验准备室提前完成)

(1)732 型强酸性阳离子交换树脂的处理

将约 40 g 树脂泡在烧杯中,用水漂洗至水澄清无色后,改用纯水浸泡 4~8 h。再用 5%(质量分数)的盐酸浸泡 4 h。倾去盐酸,最后用纯水洗至水中检不出 Cl$^-$。

(2)717 型强碱性阴离子交换树脂的处理

将约 80 g 树脂如同上法漂洗和浸泡后,改用 5%(质量分数)NaOH 溶液浸泡 4 h。倾去 NaOH 溶液,再用纯水洗至 pH = 8~9。

2. 交换柱的制作

(1)交换柱下部空气的排除

取一支长约 60 cm、直径 2 cm,下端带有旋塞的玻璃管,如图 4 - 12 所示,管内底部放入一些玻璃丝。然后加入蒸馏水至管高的 1/3,排除管下部和玻璃丝中的空气。

(2)装柱

将处理好的树脂混合后与水一起倒入玻璃管中,打开玻璃管的旋塞,让水缓慢流出(为防止树脂床露出水面,水的流速不能太快),使树脂均匀自然沉降。填充的树脂床高度约为40 cm,床上部的水高为 4~6 cm。在装柱时,应防止树脂层中夹有气泡。

(3)混合

由于阳离子交换树脂的密度比阴离子交换树脂的大,所以,在

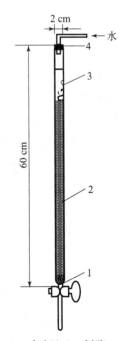

1—玻璃丝;2—树脂;
3—水;4—橡胶塞。

图 4 - 12　离子交换柱装置

交换柱内,阴离子交换树脂在上,阳离子交换树脂在下,使用前要混合均匀。用橡胶塞塞住玻璃管口,将交换柱横放,充分振荡(或用玻璃棒搅拌),使两种树脂混合均匀,然后在树脂层的上面盖一层湿玻璃丝,以防加入溶液时把树脂层掀动。最后将交换柱与水龙头连接。

3. 纯水的收集

自来水通入交换柱后,控制出水的流量为 $4 \sim 6$ mL·min^{-1}(要注意防止树脂床的干涸)。当流出的水约 50 mL 时,用电导率仪测量水的电阻率,当电阻率大于 1.0×10^6 Ω·cm 时,就可以收集。

4. 水质检验

(1)物理检验

① 电导率测定。

用电导率仪分别测定交换水和自来水的电导率并记录。

② pH 测定。

用酸度计分别测定交换水和自来水的 pH 并记录。

(2)化学检验

① Mg^{2+} 的检验。

取 2 滴交换水和自来水,分别放入点滴板的圆穴内,各加入 1 滴 2 mol·L^{-1} NaOH 溶液和 1 滴 0.1% 镁试剂,观察有无天蓝色沉淀生成。

② Ca^{2+} 的检验。

取 2 滴交换水和自来水,分别放入点滴板的圆穴内,各加入 1 滴 2 mol·L^{-1} NaOH 溶液和 1 滴 0.1% 钙试剂,观察有无红色溶液生成。

③ Cl^- 的检验。

取 2 滴交换水和自来水,分别放入点滴板的圆穴内,各加入 2 滴 2 mol·L^{-1} HNO_3 溶液和 1 滴 0.1 mol·L^{-1} $AgNO_3$ 溶液,观察有无白色沉淀生成。

④ SO_4^{2-} 的检验。

取 2 滴交换水和自来水,分别放入点滴板的圆穴内,各加入 2 滴 2 mol·L^{-1} HCl 溶液和 1 滴 0.5 mol·L^{-1} $BaCl_2$ 溶液,观察有无白色沉淀生成。

5. 树脂的再生(由实验室完成)

树脂使用一段时间后,会失去正常的交换能力,可按如下方法再生:

(1)树脂的分离

放出交换柱内的水后,加入适量 25%(质量分数)NaCl 溶液,用一支长玻璃棒充分搅拌,使树脂分成两层,再用倾析法将上层阴离子树脂倒入烧杯中,重复此步操作,直至阴、阳离子树脂完全分离为止。将剩下的阳离子树脂倒入另一烧杯中。

(2)阴离子树脂再生

用自来水漂洗树脂 $2 \sim 3$ 次,倾出水后加入 5%(质量分数)NaOH 溶液使其浸过树脂面,浸泡约 20 min 后倾去碱液,再用适量 5%(质量分数)NaOH 溶液洗涤 $2 \sim 3$ 次,最后用纯水洗至 pH = $8 \sim 9$。

(3)阳离子树脂再生

水洗程序同上。然后用 5%(质量分数)盐酸浸泡约 20 min,用 5%(质量分数)盐酸洗涤

2 ~ 3 次,再用纯水洗至水中检不出 Cl^-。

五、数据记录及处理

水质检验见表 4 – 5。

表 4 – 5　水质检验

检验项目	数据及现象		结论
	交换水	自来水	
电导率/$(\mu S \cdot cm^{-1})$			
pH			
Mg^{2+}			
Ca^{2+}			
Cl^-			
SO_4^{2-}			

六、思考题

1. 离子交换法制纯水的基本原理是什么?

2. 装柱时为何要赶净气泡?

3. 如何筛分混合的阴、阳离子交换树脂?

第5章 化学原理及其相关理化性质的测定

实验5.1 二氧化碳相对分子质量的测定

二氧化碳是一种温室气体,约占温室气体的60%。随着人类社会工业化进程的加深,由二氧化碳所导致的全球气候变暖已威胁到人类生存和发展。为此,习近平主席在第75届联合国气候大会上做出了"中国将提高国家自主贡献力度,采取更加有力的政策和措施,二氧化碳排放力争在2030年前达到峰值,努力争取在2060年前实现碳中和"的庄严承诺。为了实现中国"碳中和"的艰巨任务,我们青年学生应该担当起社会责任,积极投身到"碳中和"运动中。倡导绿色低碳生活,从我做起,从每一个人做起,让"碳中和"理念扎入内心。

一、实验目的

1. 学习气体相对密度法测定相对分子质量的原理和方法。
2. 加深理解理想气体状态方程和阿伏伽德罗定律。
3. 练习使用启普气体发生器和气体净化装置。

二、实验原理

根据阿伏伽德罗定律,在相同温度、相同压力下,同体积的任何气体含有相同数目的分子。对于 p、V、T 相同的 A、B 两种气体,若以 m_A、m_B 分别代表 A、B 两种气体的质量,M_A、M_B 分别代表 A、B 两种气体的相对分子质量,其理想气体状态方程分别为

气体 A:

$$pV = \frac{m_A}{M_A}RT$$

气体 B:

$$pV = \frac{m_B}{M_B}RT$$

由两式整理得

$$\frac{m_A}{m_B} = \frac{M_A}{M_B}$$

因此得出结论:在同温同压下,同体积的两种气体的质量之比等于其相对分子质量之比。

应用上述结论,如果已知其中一种气体的相对分子质量,只要在相同温度和压力下,测定相同体积的两种气体的质量,即可求得另一种气体的相对分子质量。已知空气的平均相对分子质量为 29.0,只要测得二氧化碳与空气在相同条件下的质量,便可求出二氧化碳的相对分子质量,即

$$M_{CO_2} = \frac{m_{CO_2}}{m_{空气}} \times 29.0$$

式中,29.0 为空气的平均相对分子质量,体积为 V 的二氧化碳质量 m_{CO_2},可直接从分析天平上称出。同体积空气的质量可根据实验时测得的大气压(p)和温度(T),利用理想气体状态方程计算得到。

三、主要试剂与仪器

1. 试剂

石灰石(s),无水氯化钙(s),HCl(6 mol·L^{-1}),NaHCO$_3$(1 mol·L^{-1}),CuSO$_4$(1 mol·L^{-1}),凡士林油。

2. 仪器

台秤(电子秤),分析天平,启普气体发生器,洗气瓶,干燥管,磨口锥形瓶(50 mL)。

3. 其他

玻璃导管,橡皮管,橡皮塞(3、6、8~12 号),玻璃棉。

四、实验步骤

1. 制备二氧化碳

(1)装配二氧化碳气体发生装置

按图 5-1 装配制取二氧化碳的实验装置。在球形漏斗颈部及活塞处涂上凡士林油,插好球形漏斗和玻璃旋塞,转动几次,使装配严密。检查装配是否漏气,若不漏气,则可以进行制备实验。在葫芦状容器的狭窄处垫一些玻璃棉,再加入块状或较大颗粒的固体试剂后,装上气体逸出管。固体量不可太多,以不超过中间球体容积的1/3为宜。液体从球形漏斗中加入,通过调节气体逸出导管上的活塞,可控制气体流速。使用时,打开活塞即可。停止使用时,关闭气体逸出导管的活塞,气体的压力使液体与固体分离,可使反应停止发生;打开活塞,气体又重新产生。发生器中的酸液长久使用会变稀。换酸液时,可先用塞子将球形漏斗上口紧塞并关上气体导管口,然后把液体出口的塞子拔下,让废液流出,再塞紧塞子,向球形漏斗中加入酸液。需要更换或添加固体时,可把导气管旋塞关好,让酸液压入半球体后,用塞子将球形漏斗上口塞紧,再把装有玻璃旋塞的橡皮塞取下,更换或添加固体。

(2)二氧化碳气体净化和干燥

因为石灰石含有硫,所以在气体发生过程中有硫化氢、酸雾、水汽产生。为了得到较纯净的气体,可通过硫酸铜溶液、碳酸氢钠溶液和无水氯化钙分别除去硫化氢、酸雾和水汽。

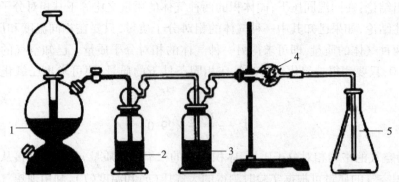

1—石灰石 + 稀盐酸；2—CuSO₄溶液；3—NaHCO₃溶液；4—无水氯化钙；5—锥形瓶。

图 5-1　制取、净化和收集 CO₂ 装置图

2. 称量(空气 + 瓶 + 瓶塞)的质量

取一个洁净、干燥的锥形瓶，在分析天平上称量(空气 + 瓶 + 瓶塞)的质量。

3. 称量(二氧化碳气体 + 瓶 + 瓶塞)的质量

在启普气体发生器中产生二氧化碳气体，经过净化、干燥后导入锥形瓶中。由于二氧化碳气体略重于空气，所以必须把导管插入瓶底，等 4 ~ 5 min 后，轻轻取出导气管，用塞子塞住瓶口，在分析天平上称量(二氧化碳 + 瓶 + 瓶塞)的总质量。重复二氧化碳收集和称量的操作，直到前后两次称量的质量相符为止(两次质量可相差 1 ~ 2 mg)。

4. 称量(水 + 瓶 + 瓶塞)的质量

在瓶内装满水，塞好瓶塞，用洁净的吸水纸擦干瓶外壁的水，在台秤上称量。

注意事项：

①保证锥形瓶洁净和干燥，测容积时，外壁不应带水。

②通 CO₂ 气体时，导管一定要伸入锥形瓶底，保证 CO₂ 气体充满锥形瓶，抽出时应缓慢向上移动，并在管口处停留片刻。

③每次塞子塞入瓶口的位置相同。

④测量数据的相对误差不允许太大(0.5%)，并进行误差讨论。

五、数据记录与处理

数据记录与处理见表 5-1。

表 5-1　数据记录与处理

室温 T/K	
气压 p/kPa	
(空气 + 瓶 + 瓶塞)的质量 m_A/g	
第一次(二氧化碳气体 + 瓶 + 瓶塞)的总质量/g	
第二次(二氧化碳气体 + 瓶 + 瓶塞)的总质量/g	
(二氧化碳气体 + 瓶 + 瓶塞)的总质量 m_B/g	

续表

(水 + 瓶 + 瓶塞)的质量 m_C/g	
瓶的容积 $V(\text{mL}) = \dfrac{m_C - m_A}{1.00}$	
瓶内空气的质量 $m_{空气}$/g	
瓶和瓶塞的质量 $m_D(\text{g}) = m_A - m_{空气}$	
二氧化碳气体的质量 $m_{CO_2}(\text{g}) = m_B - m_D$	
二氧化碳的相对分子质量 $M_{CO_2} = (m_{CO_2}/m_{空气}) \times 29.0\ \text{g} \cdot \text{mol}^{-1}$	
绝对误差	
相对误差	

六、思考题

1. 为什么当(二氧化碳气体 + 瓶 + 瓶塞)的总质量达到恒重时,即可认为锥形瓶中已充满二氧化碳气体?

2. 为什么(二氧化碳气体 + 瓶 + 瓶塞)的总质量要在分析天平上称量,而(水 + 瓶 + 瓶塞)的质量可以在台秤上称量?两者的要求有何不同?

3. 为什么在计算锥形瓶的容积时可以忽略空气的质量,而计算二氧化碳气体的质量时却不能忽略?

4. 哪些物质可用此法测定相对分子质量?哪些不可以?为什么?

5. 为什么凡是涉及锥形瓶的称量,都要塞上瓶塞?

实验 5.2　化学反应速率、级数和活化能的测定

要直接测定过二硫酸铵与碘化钾反应的反应速率,不容易得到浓度变量值,但可通过一定浓度的硫代硫酸钠与生成的单质碘的反应,间接得到相关数据。像这样将矛盾转化、从不同角度思考问题的智慧应用到生活中,或许解决问题的方法会增加很多。

一、实验目的

1. 了解用初始浓度法确定反应速率方程的方法。
2. 掌握浓度、温度和催化剂对反应速率的影响。
3. 测定不同浓度、不同温度下过二硫酸铵与碘化钾反应的反应速率。
4. 学习用作图法处理实验数据,并计算反应级数、反应速率常数、反应的活化能。
5. 练习水浴恒温操作。

二、实验原理

在水溶液中,过二硫酸铵与碘化钾发生如下反应:

$$(NH_4)_2S_2O_8 + 3KI = (NH_4)SO_4 + K_2SO_4 + KI_3$$

或写成离子方程式:

$$S_2O_8^{2-} + 3I^- = 2SO_4^{2-} + I_3^- \text{(慢)}$$

根据速率方程,反应速率可表示为:

$$v = kc_{S_2O_8^{2-}}^m \cdot c_{I^-}^n$$

式中,v 为在此条件下反应的瞬时速率,若 $c_{S_2O_8^{2-}}$、c_{I^-} 为起始浓度,则 v 表示初速率(v_0);k 为反应速率常数;m 与 n 之和为反应级数。

实验测定的速率是在一段时间间隔(Δt)内反应的平均速率 $\bar{v}$。如果在 Δt 内,$S_2O_8^{2-}$ 浓度的改变为 $\Delta c_{S_2O_8^{2-}}$,则平均速率

$$\bar{v} = \frac{-\Delta c_{S_2O_8^{2-}}}{\Delta t}$$

近似地,用平均速率代替初速率:

$$\bar{v} = kc_{S_2O_8^{2-}}^m \cdot c_{I^-}^n = \frac{-\Delta c_{S_2O_8^{2-}}}{\Delta t}$$

为了能够测出反应在 Δt 时间内 $S_2O_8^{2-}$ 浓度的改变值,需要在混合 $(NH_4)_2S_2O_8$ 和 KI 溶液的同时加入一定体积、已知浓度的 $Na_2S_2O_3$ 溶液和淀粉溶液,这样在进行 $S_2O_8^{2-} + 3I^- = 2SO_4^{2-} + I_3^-$ 反应的同时,还在进行下列反应:

$$2S_2O_3^{2-} + I_3^- = S_4O_6^{2-} + 3I^- \text{(快)}$$

上述反应进行得非常快,几乎瞬间完成,而反应 $S_2O_8^{2-} + 3I^- = 2SO_4^{2-} + I_3^-$ 则慢得多,其生成的 I_3^- 立即与 $S_2O_3^{2-}$ 反应,生成无色的 $S_4O_6^{2-}$ 和 I^-,所以在反应的开始阶段看不到碘与淀粉反应而显示的特有蓝色。一旦 $Na_2S_2O_3$ 耗尽,继续生成的 I_3^- 就与淀粉反应而呈现出特有的蓝色。

由于从反应开始到蓝色出现标志着 $S_2O_3^{2-}$ 全部耗尽,所以从反应开始到出现蓝色这段时间(Δt)内,$S_2O_3^{2-}$ 浓度的改变 $\Delta c_{S_2O_3^{2-}}$ 实际上就是 $Na_2S_2O_3$ 的起始浓度。

从上述两个反应方程式的关系可以看出,$S_2O_8^{2-}$ 浓度的减少量等于 $S_2O_3^{2-}$ 减少量的一半,所以 $S_2O_8^{2-}$ 在 Δt 时间内的减少量为

$$\Delta c_{S_2O_8^{2-}} = \frac{\Delta c_{S_2O_3^{2-}}}{2}$$

实验中改变 $(NH_4)_2S_2O_8$ 和 KI 的初始浓度,而保持 $Na_2S_2O_3$ 的起始浓度相同,这样从反应开始到蓝色出现时消耗的 $S_2O_3^{2-}$ 浓度($\Delta c_{S_2O_3^{2-}}$)是相同的。因此,只要记下从反应开始到溶液出现蓝色所需要的时间 Δt,就可以计算反应物在不同初始浓度下的平均反应速率,进而确定该反应的微分速率方程和反应速率常数。

三、主要试剂与仪器

1. 试剂

$(NH_4)_2S_2O_8$(0.20 mol·L^{-1}),KI(0.20 mol·L^{-1}),$Na_2S_2O_3$(0.010 mol·L^{-1}),

KNO$_3$(0.20 mol·L^{-1}),(NH$_4$)$_2$SO$_4$(0.20 mol·L^{-1}),Cu(NO$_3$)$_2$(0.02 mol·L^{-1}),淀粉溶液(0.4%)。

2. 仪器

量筒(10 mL,20 mL),烧杯(100 mL),秒表,温度计(0~100 ℃),大试管,恒温水槽。

四、实验步骤

1. 浓度对化学反应速率的影响

在室温条件下,进行表5-2中编号Ⅰ的实验,分别用量筒量取20.0 mL 0.20 mol·L^{-1}的 KI 溶液、8.0 mL 0.010 mol·L^{-1}的 Na$_2$SO$_3$溶液和2.0 mL 0.4%淀粉溶液,全部加入烧杯中,混合均匀,然后用另一量筒量取20.0 mL 0.20 mol·L^{-1}(NH$_4$)$_2$S$_2$O$_8$溶液,迅速倒入上述混合液中,同时启动秒表,并不断振荡,仔细观察。当溶液刚出现蓝色时,立即按停秒表,记录反应时间和室温。用同样的方法按照表5-2中的用量进行编号Ⅱ、编号Ⅲ、编号Ⅳ、编号Ⅴ的实验。

表5-2　浓度对化学反应速率的影响　　室温_____℃

	实验编号	Ⅰ	Ⅱ	Ⅲ	Ⅳ	Ⅴ
试剂用量/mL	0.20 mol·L^{-1}(NH$_4$)$_2$S$_2$O$_8$	20.0	10.0	5.0	20.0	20.0
	0.20 mol·L^{-1} KI	20.0	20.0	20.0	10.0	5.0
	0.010 mol·L^{-1} Na$_2$S$_2$O$_3$	8.0	8.0	8.0	8.0	8.0
	0.4%淀粉溶液	2.0	2.0	2.0	2.0	2.0
	0.20 mol·L^{-1} KNO$_3$	0	0	0	10.0	15.0
	0.20 mol·L^{-1}(NH$_4$)$_2$SO$_4$	0	10.0	15.0	0	0
混合液中反应物的起始浓度/(mol·L^{-1})	(NH$_4$)$_2$S$_2$O$_8$					
	KI					
	Na$_2$S$_2$O$_3$					
反应时间 Δt/s						
S$_2$O$_3^{2-}$ 的浓度变化 $\Delta c_{S_2O_3^{2-}}$/(mol·L^{-1})						
反应速率 v/(mol·L^{-1}·s^{-1})						

2. 温度对化学反应速率的影响

按表5-2实验Ⅳ中的试剂用量,将装有 KI、Na$_2$S$_2$O$_3$、KNO$_3$和淀粉混合液的烧杯及装有(NH$_4$)$_2$S$_2$O$_8$溶液的大试管放入低于室温10 ℃的恒温水槽冷却,待它们的温度冷却至低于室温10 ℃时,将(NH$_4$)$_2$S$_2$O$_8$溶液迅速加到 KI 等混合溶液中,同时计时并不断搅动,当溶液刚出现蓝色时,记录反应时间,此实验编号记为Ⅵ。

用同样方法在热水浴中进行高于室温10 ℃的实验。此实验编号记为Ⅶ。

将此两次实验数据Ⅵ、Ⅶ和实验Ⅳ的数据记入表5-3中进行比较。

表 5 – 3　温度对化学反应速率的影响

实验编号	VI	IV	VII
反应温度 $t/℃$			
反应时间 $\Delta t/s$			
反应速率 $v/(\text{mol}\cdot\text{L}^{-1}\cdot\text{s}^{-1})$			

3. 催化剂对化学反应速率的影响

按表 5 – 2 实验 IV 的用量，把 KI、$Na_2S_2O_3$、KNO_3 和淀粉溶液加到 100 mL 烧杯中，再加入 2 滴 0.02 mol·L^{-1}Cu$(NO_3)_2$ 溶液，搅匀，然后迅速加入 $(NH_4)_2S_2O_8$ 溶液，搅动，记时。将此实验的反应速率与表 5 – 2 中实验 IV 的反应速率定性地进行比较，得到结论。

五、数据记录与处理

1. 反应级数和反应速率常数的计算

将反应速率表示式 $v=kc_{S_2O_8^{2-}}^{m}\cdot c_{I^-}^{n}$ 两边取对数

$$\lg v=m\lg c_{S_2O_8^{2-}}+n\lg c_{I^-}+\lg k$$

当 c_{I^-} 不变时（实验 I、II、III），以 $\lg v$ 对 $\lg c_{S_2O_8^{2-}}$ 作图，可得一条直线，斜率为 m。同理，当 $c_{S_2O_8^{2-}}$ 不变时（实验 I、IV、V），以 $\lg v$ 对 c_{I^-} 作图，可求得 n，此反应的级数则为 $m+n$。

将所求 m 和 n 代入 $v=kc_{S_2O_8^{2-}}^{m}\cdot c_{I^-}^{n}$，即可求得反应速率常数 k。将数据填入表 5 – 4。

表 5 – 4　反应级数和反应速率常数的计算

实验编号	I	II	III	IV	V
$\lg v$					
$\lg c_{S_2O_8^{2-}}$					
$\lg c_{I^-}$					
m					
n					
反应速率常数 k					

2. 反应活化能的计算

反应速率常数 k 与反应温度 T 的关系为

$$\lg k=A-\frac{E_a}{2.303RT}$$

式中，E_a 为反应活化能；R 为摩尔气体常量；T 为热力学温度。测出不同温度下的 k 值，以 $\lg k$ 对 $1/T$ 作图可得一直线，由直线斜率 $[-E_a/(2.303R)]$ 可求得反应的活化能 E_a。将数据填入表 5 – 5。

表 5 - 5 反应活化能的计算

实验编号	VI	VII
反应速率常数 $k/(\text{L}\cdot\text{mol}^{-1}\cdot\text{s}^{-1})$		
$\lg k$		
T^{-1}/K^{-1}		
活化能 $E_a/(\text{kJ}\cdot\text{mol}^{-1})$		

本实验活化能测定值的误差不超过 10%（文献值为 51.8 kJ·mol^{-1}）。

注意事项：

①本实验对试剂有一定的要求，碘化钾溶液应为无色透明溶液，不宜使用有碘析出的浅黄色溶液。过二硫酸铵要新配制的，因为时间长了之后，过二硫酸铵易分解。若所配的过二硫酸铵溶液 pH < 3，说明该试剂已有分解，不适合本实验使用。所用试剂中若混有少量 Cu^{2+}、Fe^{3+} 等杂质，会对反应有催化作用，必要时需滴入几滴 0.10 mol·L^{-1} EDTA 溶液。

②做温度对化学反应速率有影响的实验时，若室温低于 10 ℃，可将温度条件改为室温、高于室温 10 ℃、高于室温 20 ℃ 三种情况进行实验。

③预习化学反应速率和活化能的相关知识，如速率方程、速率常数、反应级数、阿伦尼乌斯方程等。

六、思考题

1. 若用 I^-（或 I_3^-）的浓度变化表示该反应的速率，则 v 和 k 是否与用 $S_2O_8^{2-}$ 的浓度变化表示的一样？

2. 实验中，当蓝色出现后，反应是否就终止了？

3. 化学反应的反应级数是如何确定的？用本实验的结果进行说明。

4. 用阿伦尼乌斯方程计算反应的活化能，并与作图法得到的值进行比较。

5. 下列操作对实验有什么影响？

① 取用试剂的量筒没有分开专用。

② 先加 $(NH_4)_2S_2O_8$ 溶液，最后加 KI 溶液。

③ $(NH_4)_2S_2O_8$ 溶液慢慢加入 KI 等混合溶液中。

6. 为什么在实验 Ⅱ、Ⅲ、Ⅳ、Ⅴ 中分别加入 KNO_3 或 $(NH_4)_2SO_4$ 溶液？

7. 每次实验的计时操作要注意什么？

实验 5.3 醋酸电离度和电离常数的测定

一度曾流行"酸碱体质理论"，认为每个人的体质有差异，有的是酸性，有的是碱性。然而，在我们学习了酸、碱在水溶液中的电离以及缓冲溶液的知识后发现，这实际上是一个伪理论。相信科学、多学习、用知识武装自己，才能具有辨识真伪的能力。

一、实验目的

1. 学习测定醋酸的解离度和解离常数的原理与方法。
2. 加深对电离度和电离常数的理解。
3. 掌握测定乙酸电离度和电离常数的原理及方法。
4. 学会正确使用酸度计、碱式滴定管、酸式滴定管。

二、实验原理

醋酸(CH_3COOH,常用 HAc 表示)是弱电解质,当温度一定时,在水溶液中存在以下电离平衡:

$$HAc(aq) + H_2O(l) \rightarrow H_3O^+(aq) + Ac^-(aq)$$

或简写为

$$HAc(aq) \rightarrow H^+(aq) + Ac^-(aq)$$

如果 HAc 的起始溶度为 c_0(严格来说,离子浓度应该用活度表示,但在稀溶液中,离子活度与浓度近似相等),其解离度为 α,则存在

	$H_2O(l)$	$+$	$HAc(aq) \rightarrow$	$H_3O^+(aq)$	$+ Ac^-(aq)$
起始浓度/$(mol \cdot L^{-1})$			c	0	0
平衡浓度/$(mol \cdot L^{-1})$			$c - c\alpha$	$c\alpha$	$c\alpha$

其电离平衡常数 K_a^θ 与电离度 α 的关系为:

$$K_a^\theta = \frac{[H^+][Ac^-]}{[HAc]} = \frac{(c\alpha)^2}{c - c\alpha} = \frac{c\alpha^2}{1-\alpha} \qquad (5-1)$$

当 $\alpha < 5\%$ 时,$1 - \alpha \approx 1$,故

$$K_a^\theta = c\alpha^2$$

而$[H^+] = c\alpha$,因此

$$\alpha = \frac{c(H^+)}{c_0} \qquad (5-2)$$

某一弱电解质的解离常数 K_a^θ 仅与温度有关,而与该弱电解质溶液的浓度无关;其解离度 α 则随溶液浓度的降低而增大,可以有多种方法用来测定弱电解质的 α 和 K_a^θ。本实验采用的方法是:配制一系列醋酸溶液,用 NaOH 滴定确定其浓度,在一定温度下,用酸度计测定出已知浓度的 HAc 溶液的 pH,根据 $pH = -lg[H^+]$,$[H^+] = 10^{-pH}$,代入公式便可算出 HAc 的电离度和电离常数。

三、主要试剂与仪器

1. 试剂

HAc 溶液,NaOH 标准溶液($0.200 \ mol \cdot L^{-1}$),酚酞指示剂,标准缓冲溶液(pH = 6.86、pH = 4.00)。

2. 仪器

酸度计,温度计,酸式滴定管(50 mL),碱式滴定管(50 mL),玻璃电极,烧杯(50 mL),容

量瓶(50 mL)。

四、实验步骤

1. HAc 溶液浓度的测定

以酚酞为指示剂,用已知浓度的 NaOH 溶液测定 HAc 的浓度。用移液管移取 25.00 mL HAc 溶液于锥形瓶中,加入纯水 25 mL,再加入 2 滴酚酞指示剂,摇匀,立即用 NaOH 溶液滴定至呈浅粉红色并 30 s 不消失即为终点。再重复滴定 2 次,并记录数据填入表 5-6 中。

2. 不同浓度的 HAc 溶液的配制

用酸式滴定管分别取 2.50 mL、5.00 mL、10.00 mL、15.00 mL 的 HAc 标准溶液于四个洁净的 50 mL 容量瓶中,加去离子水稀释至刻度线,摇匀,并计算四个容量瓶中 HAc 溶液的准确浓度。将溶液从稀到浓排序编号为 1、2、3、4,原溶液为 5 号。

3. 测定 HAc 溶液的 pH

用五个干净的 50 mL 烧杯,分别取 30 mL 上述五种浓度的 HAc 溶液。按由稀到浓的顺序,用酸度计分别测定各溶液的 pH,并记录数据和室温。将数据填入表 5-7,根据 pH 计算 $c(H^+)$,由此计算 HAc 电离度 α 和电离常数 K。电离常数 K 值在 $1.0 \times 10^{-5} \sim 2.0 \times 10^{-5}$ 范围内合格(文献值 25 ℃ 1.76×10^{-5})。

五、数据记录与处理

数据记录与处理见表 5-6 和表 5-7。

表 5-6　HAc 溶液浓度的测定

滴定序号		1	2	3
$c_{NaOH}/(mol \cdot L^{-1})$				
V_{HAc}/mL				
V_{NaOH}/mL		25.00	25.00	25.00
$c_{HAc}/(mol \cdot L^{-1})$	测定值			
	平均值			

表 5-7　电离平衡常数 K_a^θ 与电离度 α 的计算　　室温　　℃

编号	$c/(mol \cdot L^{-1})$	pH	$c_{H^+}/(mol \cdot L^{-1})$	$\alpha/\%$	电离常数 K_a^θ
1					
2					
3					
4					
5					

六、思考题

1. 测定 HAc 溶液的 pH 时,为什么要采取浓度从稀到浓的顺序?
2. 同温下不同浓醋酸的电离度是否相同?电离常数是否相同?
3. 改变所测醋酸溶液的浓度或温度,解离度和解离常数是否会发生变化?如何变化?

七、注意事项

1. 酸式滴定管的检漏、洗涤、润洗、装液、赶气泡和调液面。
2. 稀释溶液的规范操作:检查、洗涤、配制、稀释。
3. 酸度计使用前须预热 10 min;测定 HAc 溶液的浓度之前,先用 2 种 pH 不同的缓冲溶液校准酸度计;电极不用时,应浸泡在饱和 KCl 溶液中。
4. 每一次标定或测定都要用去离子水冲洗电极并用滤纸片吸干。

实验5.4 解离平衡和缓冲溶液的配制与性质

社会的和谐稳定和生态平衡需要人们维护。如果人们不停地向大自然索取,如过度捕捞、过度排放、过度砍伐,则必然导致环境恶化、生态失衡,人类将自食恶果。正如共轭酸碱对相互依存一样,人与人、人与社会及人与自然也是相互依存的,和谐社会、良好生态的创建需要所有人的共同努力,每个人都责无旁贷。

一、实验目的

1. 加深对解离平衡、同离子效应、盐类水解等概念和原理的理解。
2. 了解盐类水解反应及影响水解反应的因素。
3. 学习缓冲溶液的配制及 pH 的测定,并了解其缓冲作用。
4. 掌握酸度计的使用方法。

二、实验原理

1. 弱电解质在溶液中的解离平衡与平衡移动

弱电解质(如弱酸、弱碱)在溶于水时,其分子可部分发生解离,形成相应的离子;同时,所产生的离子又可重新结合形成分子。一般来说,随着解离程度的增加,弱电解质分子浓度逐渐变少,离子浓度逐渐增加,因此,分子解离成离子的速率不断降低,而离子重新结合形成分子的速率不断升高,当两者速率相等时,溶液便达到动态平衡,即解离平衡。此时溶液中电解质分子的浓度与离子的浓度分别处于相对稳定状态。

根据酸碱质子理论,一元弱酸 HA 在溶液中存在下述解离:

$$HA + H_2O \rightleftharpoons H_3O^+ + A^-$$

解离常数

$$K_a^\theta = [\mathrm{H_3O^+}][\mathrm{A^-}]/[\mathrm{HA}]$$

相应地,一元弱碱 $\mathrm{A^-}$ 在溶液中存在下述解离:

$$\mathrm{H_3O^+} + \mathrm{A^-} \rightleftharpoons \mathrm{HA} + \mathrm{H_2O}$$

解离常数

$$K_b^\theta = [\mathrm{HA}]/[\mathrm{H_3O^+}][\mathrm{A^-}]$$

这两个体系达到平衡后,如果加入含有相同离子的强电解质(即 $\mathrm{H_3O^+}$ 或 $\mathrm{A^-}$ 浓度增加),则平衡会因为同离子效应而移动,相应地,引起解离度降低。

2. 同离子效应

所谓同离子效应,是指在水中部分解离的弱电解质中,加入与弱电解质含有相同离子的另一强电解质(强电解质在水中全部解离)时,解离平衡向生成弱电解质的方向移动,使弱电解质的解离度减小。例如,HAc 溶液中加入 NaAc 或 HCl 会使其解离度下降。

3. 盐的水解

根据阿伦尼乌斯酸碱电离理论,盐类的水解反应是由组成盐的离子与水结合,解离出 $\mathrm{H^+}$(或 $\mathrm{OH^-}$)并生成弱酸(或弱碱)的反应过程。水解后的酸碱性取决于盐类的类型:强酸强碱在水中不水解;强酸弱碱盐水解,溶液呈酸性;强碱弱酸盐水解,溶液呈碱性;弱酸弱碱盐水解,溶液的酸碱性取决于相应弱酸或弱碱的相对强弱。

水解反应是酸碱中和反应的逆反应,由于中和反应是放热反应,故水解反应是吸热反应,升高温度和稀释溶液都有利于水解反应的进行;并且,增加或减少反应物(或生成物)的量也会使平衡发生移动。

4. 缓冲溶液

由弱酸(或弱碱)及其盐等共轭酸碱对所组成的溶液,其 pH 不会因加入少量酸、碱或少量水稀释而发生显著变化,具有这种性质的溶液称为缓冲溶液。

由弱酸及其盐组成的缓冲溶液的 pH 近似计算公式为:

$$\mathrm{pH} = \mathrm{p}K_{\mathrm{HA}} - \lg c_{\mathrm{HA}}/c_{\mathrm{A^-}}$$

由弱碱及其盐所组成的缓冲溶液的 pH 近似计算公式为:

$$\mathrm{pH} = 14 - \mathrm{p}K_{\mathrm{B}} + \lg c_{\mathrm{B}}/c_{\mathrm{BH^+}}$$

缓冲溶液 pH 除了主要取决于 $\mathrm{p}K_a(\mathrm{p}K_b)$ 外,还与组成缓冲溶液的弱酸(或弱碱)及其共轭碱(或酸)的浓度有关。配制缓冲溶液时,只要按计算值量取盐和酸(或碱)溶液的体积,混合后即可得到一定 pH 的缓冲溶液。

缓冲容量是衡量缓冲溶液的缓冲能力大小的尺度。弱酸(或弱碱)与它的共轭碱(或酸)浓度较大时,其缓冲能力较强。为获得最大的缓冲容量,当 $c_{\mathrm{HA}}/c_{\mathrm{A^-}}$ 或 $c_{\mathrm{B}}/c_{\mathrm{BH^+}}$ 比值为 $0.1 \sim 10$,且酸(或碱)、盐浓度大时,缓冲溶液具有较大的缓冲容量。但实践中酸(或碱)、盐浓度不宜过大。

三、主要试剂和仪器

1. 试剂

$\mathrm{NH_3 \cdot H_2O}(0.1\ \mathrm{mol \cdot L^{-1}})$，$\mathrm{NH_4Cl}(0.1\ \mathrm{mol \cdot L^{-1}})$，$\mathrm{HAc}(0.1\ \mathrm{mol \cdot L^{-1}}$ 和 $1.0\ \mathrm{mol \cdot L^{-1}})$，

NaAc（0.1 mol·L^{-1} 和 1.0 mol·L^{-1}），NaOH（0.1 mol·L^{-1}），HCl（0.1 mol·L^{-1}），NaCl（0.1 mol·L^{-1}），BiCl$_3$（0.10 mol·L^{-1}），NaHCO$_3$（0.5 mol·L^{-1}），CrCl$_3$（0.10 mol·L^{-1}），酚酞指示剂（0.1%），甲基橙指示剂（0.1%）。

2. 仪器

酸度计。

四、实验步骤

1. 通过实验现象观察同离子效应和盐类水解反应

按下列所述实验步骤，逐步加入反应试剂，观察现象，并根据实验现象对相应结果进行解释。

（1）同离子效应

① 在两点滴板穴中分别滴加 2 滴浓度为 0.1 mol·L^{-1} 的氨水溶液，各滴加 1 滴酚酞指示剂，观察溶液的颜色。再向其中一穴中加入绿豆粒大小的固体 NH$_4$Ac，搅拌使其溶解，观察实验现象，比较两穴中的颜色差异，解释并写出方程式。

② 在两点滴板穴中分别滴加 2 滴浓度为 0.1 mol·L^{-1} 的 HAc 溶液，并各滴加 1 滴甲基橙指示剂，观察溶液的颜色。再向其中一穴中加入绿豆粒大小的固体 NaAc，搅拌使其溶解，观察实验现象，比较两穴中的颜色差异，解释并写出方程式。

（2）盐类的水解

① 分别测试 0.10 mol·L^{-1} NaAc（aq）、0.10 mol·L^{-1} NH$_4$Cl（aq）、0.10 mol·L^{-1} NaCl（aq）、去离子水的 pH，解释并写出方程式。

② 在两支装有 1 mL 1 mol·L^{-1} NaAc 的试管中各滴 1 滴酚酞，摇匀后将其中一支加热至沸，比较两支试管中溶液的颜色，解释观察到的实验现象。

③ 在一支装有 2 mL 去离子水的试管加入 3 滴 0.10 mol·L^{-1} BiCl$_3$，再加入 0.1 mol·L^{-1} 的 HCl 使溶液变澄清，再加水稀释，观察实验现象，解释并写出方程式。

④ 在一支装有 1 mL 0.10 mol·L^{-1} NH$_4$Cl 溶液的试管中加入 1 mL 0.1 mol·L^{-1} Na$_2$CO$_3$，把红色石蕊试纸放在试管口，加热试管，观察实验现象，解释并写出方程式。

⑤ 在一支装有 1 mL 0.10 mol·L^{-1} CrCl$_3$ 溶液的试管中加入 1 mL 0.1 mol·L^{-1} Na$_2$CO$_3$，观察实验现象，解释并写出方程式。

2. 缓冲溶液 pH 的配制及其 pH 的测试

按表 5-8 配制 4 种缓冲溶液，测定前将溶液搅拌均匀，分别插入擦洗干净的复合电极，测定其 pH，待读数稳定后，记录测定结果，并进行理论计算，将理论计算值与测定值进行比较。

表 5-8 缓冲溶液 pH 的测定

编号	配制溶液（用量筒各取 25.00 mL）	pH 测定值	pH 计算值
1	NH$_3$·H$_2$O（1.0 mol·L^{-1}）+ NH$_4$Cl（0.10 mol·L^{-1}）		
2	HAc（0.10 mol·L^{-1}）+ NaAc（1.0 mol·L^{-1}）		
3	HAc（1.0 mol·L^{-1}）+ NaAc（0.10 mol·L^{-1}）		
4	HAc（0.10 mol·L^{-1}）+ NaAc（0.10 mol·L^{-1}）		

3. 试验缓冲溶液的缓冲作用

在上面配制的第 4 号缓冲溶液中加入 0.5 mL(约 10 滴)0.10 mol·L^{-1} HCl 溶液,摇匀,用酸度计测定其 pH,再加入 1.0 mL(约 20 滴)0.10 mol·L^{-1} NaOH 溶液,摇匀,测定其 pH,记录测定结果(表 5 - 9),并与计算值进行比较。

表 5 - 9   缓冲作用测试

4 号缓冲溶液	pH 测量值	pH 计算值
加入 0.5 mL HCl 溶液(0.10 mol·L^{-1})		
加入 1.0 mL NaOH 溶液(0.10 mol·L^{-1})		

4. 缓冲溶液对稀释的缓冲能力

按表 5 - 10,在 3 支试管中依次加入 1 mL pH = 4 的缓冲溶液、pH = 4 的 HCl 溶液、pH = 10 的缓冲溶液、pH = 10 的 NaOH 溶液,然后在各试管中加入 10 mL 蒸馏水,混合后用酸度计测量其 pH,并解释实验现象。

表 5 - 10   缓冲溶液的稀释

试管号	溶液	稀释后的 pH
1	pH = 4 的缓冲溶液	
2	pH = 4 的 HCl 溶液	
3	pH = 10 的缓冲溶液	
4	pH = 10 的 NaOH 溶液	

5. 缓冲容量测定

(1)缓冲容量与缓冲剂浓度的关系

取 2 支试管,用吸量管在一支试管中加 0.1 mol·L^{-1} HAc 和 0.1 mol·L^{-1} NaAc 溶液各 3 mL,另一支试管中加 1 mol·L^{-1} HAc 和 1 mol·L^{-1} NaAc 溶液各 3 mL,摇动使之混合均匀。分别测量两支试管内溶液的 pH。在两支试管中分别滴入 2 滴甲基红指示剂,然后在两支试管中分别滴加 2 mol·L^{-1} NaOH 溶液(每加一滴均需充分混合),直到溶液的颜色变成黄色。记录各试管所加的滴数并解释所得的结果。

(2)缓冲容量与缓冲组分比值的关系

取 2 支试管,用吸量管在一支试管中加入 0.1 mol·L^{-1} Na$_2$HPO$_4$ 和 0.1 mol·L^{-1} NaH$_2$PO$_4$ 各 5 mL,另一支试管中加入 9 mL 0.1 mol·L^{-1} Na$_2$HPO$_4$ 和 0.1 mol·L^{-1} NaH$_2$PO$_4$,用酸度计测定两种溶液的 pH。然后在每支试管中加入 0.9 mol·L^{-1} NaOH,再用酸度计测定它们的 pH。实验完成后,清洗电极,整理仪器。

五、数据记录及处理

数据记录及处理见表 5 - 11 和表 5 - 12。

表 5 – 11　盐类的水解

试剂	pH	解释和方程式
0.10 mol·L^{-1} NaAc(aq)		
0.10 mol·L^{-1} NH$_4$Cl(aq)		
0.10 mol·L^{-1} NaCl(aq)		
去离子水		
步骤	现象	解释和方程式
(1)1 mol·L^{-1} NaAc + 1 滴酚酞(摇匀)→加热至沸		
(2)试管中加入 3 滴 0.10 mol·L^{-1} BiCl$_3$、2 mL 去离子水,再加入 2.0 mol·L^{-1} 的 HCl		
(3)在一支装有 1 mL 0.10 mol·L^{-1} CrCl$_3$ 的溶液中加入 1 mL 0.1 mol·L^{-1} Na$_2$CO$_3$		
(4)在一支装有 1 mL 0.10 mol·L^{-1} NH$_4$Cl 的溶液中加入 1 mL 0.1 mol·L^{-1} Na$_2$CO$_3$,把红色石蕊试纸放在试管口,加热试管		

表 5 – 12　同离子效应

步骤/试剂	现象	解释和方程式
1 mL 0.1 mol·L^{-1} NH$_3$·H$_2$O + 1 滴酚酞(摇匀)→ + NH$_4$Ac(饱和)		
1 mL 0.1 mol·L^{-1} HAc + 1 滴甲基橙(摇匀)→ + NH$_4$Ac(少量)		

六、思考题

1. 同离子效应对弱电解质的解离度会产生怎么样的影响?

2. 怎样根据缓冲溶液的 pH 选定缓冲体系?欲配制 pH = 5.0 的缓冲溶液,可选用哪些缓冲体系?请列举两种。

3. 实验室打算配制 pH = 9.0 的缓冲溶液 5 mL,若现有 H$_3$PO$_4$(1 mol·L^{-1})和 NaOH 固体,应如何配制?

实验 5.5　硝酸钾溶解度与温度的关系

　　物质在溶液中的溶解度是有限的,达到饱和之后就无法再溶解。人类赖以生存的环境资源(包括水资源、大气资源、土地资源、海域资源、生物资源等)也是一样,所能承受的最大限度的环境压力是有限的。我们应该充分利用资源,同时保护生态环境、维持生态平衡,实现可持续发展。

一、实验目的

1. 掌握测定室温下硝酸钾溶解度的原理和方法。
2. 了解硝酸钾溶解度随温度变化的规律,加深对溶解度概念的理解。

二、实验原理

　　某温度下,溶质在一定量溶剂中的溶解量是有限度的,我们既可以用物质溶解性的大小对物质的溶解能力做粗略的定性表述,也可以用溶解度来定量表述物质的溶解能力。在一定温度下,某固态物质在 100 g 溶剂中达到饱和状态时所溶解的质量,叫作这种物质在这种溶剂中的溶解度。如果没有特别指明溶剂,通常所说的溶剂就是物质在水中的溶解度。

　　实验室中测定固体溶解度的方法主要有两种:一种是温度变化法,另一种是蒸发溶剂法。本次实验选用的是温度变化法。

　　硝酸钾在水里的溶解度是指在一定温度下,硝酸钾在 100 g 水中达到饱和状态时能溶解的质量。它易受温度影响而发生变化,随温度的升高而增大,随温度的降低而减小。把一定量硝酸钾在较高温度下溶于一定量的水中,然后缓慢降低温度,当温度降到溶液里刚有晶体析出时,记录温度,该温度可作为饱和溶液的温度。根据该溶液物质的量浓度可计算此温度下硝酸钾的溶解度。

三、主要试剂和仪器

　　1. 试剂

　　硝酸钾(化学纯),蒸馏水。

　　2. 仪器

　　分析天平,烧杯(250 mL),试管,玻璃棒,温度计(量程 0 ~ 100 ℃),酒精灯,量筒(10 mL),方座支架(带铁圈),铁架,石棉网,药匙,试管刷。

四、实验步骤

　　准确称取 3.5 g、3.0 g、2.5 g、2.0 g、1.5 g 硝酸钾,分别标记为 1、2、3、4、5。取其中 1 份加入一支洁净、干燥的试管中,并加入 5.0 mL 蒸馏水,用水浴法对其加热,边加热边搅拌,至硝酸钾完全溶解(水浴温度不要太高,以刚好使硝酸钾溶解为宜,否则会使下一步结晶析出操作耗时过长);自水浴中取出试管,插入一支干净的温度计,用玻璃棒轻轻搅拌并摩擦试管壁,同时观察温度计的读数。当刚开始有晶体析出时,立即记下此时的温度 T_1;把试管再放入水浴中加热,使晶体全部溶解,然后重复两次上述实验步骤的操作,分别测定开始析出晶体时的温度 T_2、T_3。

　　依次将其他不同质量的硝酸钾按照上述操作加入试管中溶解,重复溶解、结晶实验步骤的操作,并将晶体开始析出时的温度记录下来。根据所得数据,以温度为横坐标,溶剂度为纵坐标,绘制溶解度曲线图。

五、数据记录及处理

　　数据记录及处理见表 5 – 13。

表 5-13　不同温度下硝酸钾晶体析出分析

依次加入硝酸钾的质量/g		3.5	3.0	2.5	2.0	1.5
晶体开始析出的温度/℃	T_1					
	T_2					
	T_3					
溶解度/g						

六、思考题

1. 绘制出的溶解度曲线图是什么形状？若是直线，斜率表示的含义是什么？如果是曲线，变化趋势如何？

2. 如果实验过程中试管内的水发生显著蒸发，对实验结果有何影响？

3. 实验过程中，如果不搅拌，对实验结果有何影响？

实验 5.6　硫酸钙溶度积测定

交换树脂是带有官能团具有网状结构不溶性的高分子化合物，主要用于硬水软化、纯水制备，也用于湿法冶金、制糖、制药、味精行业，以及作为催化剂和脱水剂，使用一段时间后就要进行再生处理，恢复其性能。再生、重复利用，在生态环保行业举足轻重，尤其是近年来使用量越来越多的塑料制品，产生的白色垃圾正以超过 10% 的年增长率堆积在地表，如何再生利用是个永久的话题。我们可以做到的是：重复使用塑料制品，减少一次性塑料的使用量，让环保意识"内化于心，外化于行"。

一、实验目的

1. 了解使用离子交换树脂的一般方法。
2. 用离子交换法测定硫酸钙的溶解度和溶度积。
3. 初步认识溶解度与溶度积相互换算的近似性。

二、实验原理

离子交换树脂是分子中含有活性基团而能与其他物质进行离子交换的高分子化合物，含有酸性基团而能与其他物质交换阳离子的称为阳离子交换树脂。含有碱性基团而能与其他物质交换阴离子的称为阴离子交换树脂。本实验中，用强酸型阳离子交换树脂（732 型）交换硫酸钙饱和溶液的 Ca^{2+}，其交换反应为：

$$2RSO_3H + Ca^{2+} \rightarrow Ca(RSO_3)_2 + 2H^+$$

由于 $CaSO_4$ 是微溶盐，其溶解部分除 Ca^{2+} 和 SO_4^{2-} 外，还有离子对形式的 $CaSO_4$ 存在于水溶液中，因此饱和溶液中存在着离子对和简单离子间的平衡：

$$CaSO_4(aq) \rightleftharpoons Ca^{2+} + SO_4^{2-} \qquad (5-3)$$

当溶液流经交换树脂时,由于 Ca^{2+} 被交换,式(5-3)中平衡向右移动时,$CaSO_4(aq)$ 离解,Ca^{2+} 全部被交换为 H^+,根据流出液的 $c(H^+)$ 可计算 $CaSO_4$ 的摩尔溶解度:

$$S = c(Ca^{2+}) + c(CaSO_4(aq)) = \frac{c(H^+)}{2} \qquad (5-4)$$

$c(H^+)$ 值可用标准 NaOH 溶液滴定来求得。若取 25.00 mL $CaSO_4$ 饱和溶液,则

$$c(H^+) = \frac{c(NaOH)V(NaOH)}{V(H^+)}$$

因此,有

$$S = \frac{c(NaOH)V(NaOH)}{2 \times 25.00}$$

再根据溶解度计算 $CaSO_4$ 的溶度积。

设饱和 $CaSO_4$ 溶液中,Ca^{2+} 浓度为 c,SO_4^{2-} 浓度也为 c,由式(5-4)得 $CaSO_4(aq)$ 浓度为 $S-c$。

当式(5-3)平衡时,有

$$K_d^{\theta} = \frac{c(Ca^{2+}) \times c(SO_4^{2-})}{c(CaSO_4)} = \frac{c^2}{S-c}$$

K_d^{θ} 称为离子对解离常数。25 ℃时,$CaSO_4$ 饱和液 $K_d^{\theta} = 5.2 \times 10^{-3}$,代入公式后计算出 c,按溶度积定义,得

$$K_{sp}^{\theta} = c(Ca^{2+}) \times c(SO_4^{2-}) = c^2$$

由于 25 ℃时,$K_{sp}^{\theta} = 2.45 \times 10^{-5}$,它是饱和液中钙离子活度与硫酸根离子活度的乘积,所以从实验计算得到的 K_{sp}^{θ} 值一般大于此值。而实际溶解度,由于考虑了 $CaSO_4$ 的分子溶解度,在 25 ℃左右测定值应该较正确,$CaSO_4$ 的溶解度与离子对解离常数参考值见表 5-14。

表 5-14 **$CaSO_4$ 溶解度和离子对解离常数**

$CaSO_4$ 溶解度的文献值:				
温度/℃	1	10	20	30
溶解度	1.29×10^{-2}	1.43×10^{-2}	1.5×10^{-2}	1.54×10^{-2}

$CaSO_4$ 离子对解离常数文献值:			
温度/℃	25	40	50
K_d^{θ}	$(4.90 \pm 0.1) \times 10^{-3}$	$(4.14 \pm 0.1) \times 10^{-3}$	$(3.63 \pm 0.1) \times 10^{-3}$

三、主要试剂和仪器

1. 试剂

新过滤的 $CaSO_4$ 饱和溶液,732 型阳离子交换树脂(需氢型湿树脂 50 mL),NaOH 标准溶液(0.040 0 mol·L^{-1}),HCl 溶液(0.04 mol·L^{-1}),溴百里酚蓝(0.1%),pH 试纸(0.5~5.0 精密 pH 试纸,广泛 pH 试纸)。

2. 仪器

25 mL 移液管一支,50 mL 碱式滴定管一支,250 mL 锥形瓶两只,50 mL 量筒一个,10 mL 吸量管一支,洗耳球一个,离子交换柱一个(可用 100 mL 碱式滴定管代替,玻璃珠改为止水夹)。

四、实验步骤

1. 装柱

(由实验准备室完成)在交换柱底部填入少量玻璃纤维,将阳离子交换树脂(钠型先用蒸馏水浸泡48 h,并洗净)和水同时注入交换柱内,用干净的长玻璃棒赶走树脂之间的气泡,并保持液面略高于树脂表面。

2. 转型

(由实验准备室完成)为保证 Ca^{2+} 完全交换成 H^+,必须将钠型树脂完全转变为氢型树脂。方法是用 120 mL 2 mol·L^{-1} HCl 以每分钟 30 滴的流速流过离子交换树脂,然后用蒸馏水淋洗树脂,直到流出液呈中性。

3. 交换和洗涤

首先用 pH 试纸检查交换柱流出液是否呈中性。若是中性,可调节止水夹,使流出液速度控制在每分钟 20~25 滴,同时,可把柱内蒸馏水液面降到比树脂表面高 1 cm 左右的地方。流出液可用干净锥形瓶承接。然后用移液管准确量取 25.00 mL $CaSO_4$ 和溶液,放入离子交换柱中进行交换。当液面下降到略高于树脂(1~2 cm)时,加入 25 mL 蒸馏水洗涤,流速不变,仍为每分钟 20~25 滴。当洗涤液面再次下降到接近树脂时,再次用 25 mL 蒸馏水继续洗涤;洗涤速度可加快一倍,控制在每分钟 40~50 滴,直到流出液 pH 接近中性。若未达到要求,可继续加少量蒸馏水洗涤,直至流出液接近中性。

每次加液前,液面都应略高于树脂表面(最好高出 2~3 cm),这样既不会因树脂露在空气中而带入气泡,又尽可能减少前后所加溶液的混合,有利于提高交换和洗涤的效果,最后夹紧止水夹,移走锥形瓶待滴定,交换柱可再加 10 mL 蒸馏水,备用。

酸碱滴定练习:在交换柱与洗涤的空闲时间,可进行滴定练习。用量筒取 10 mL 0.04 mol·L^{-1} HCl 加入洗净的锥形瓶中,再加 100 mL 蒸馏水和 2 滴溴化百里酚蓝指示剂,待摇匀后,用标准 NaOH 溶液(0.040 0 mol·L^{-1})滴定,溶液由黄色转变为鲜明的蓝色(20 s 不变色),此时即为滴定终点。

氢离子浓度测定:将待滴定的锥形瓶内壁用洗瓶内蒸馏水冲洗,加蒸馏水约 30 mL,再加 2 滴溴化百里酚蓝指示剂,摇匀后呈稳定浅黄色,用标准 NaOH 溶液(0.040 0 mol·L^{-1})滴定至终点。精确记录滴定前后 NaOH 标准溶液的读数。

五、数据记录及处理

将实验记录与计算填入表 5-15。

表 5 – 15 实验记录与计算

实验项目记录	第一组	第二组	第三组
$T/℃$			
$V(CaSO_4)/mL$			
交换前后洗脱液的 pH			
NaOH 标液标准浓度/$(mol \cdot L^{-1})$			
NaOH 标准液最终消耗体积/mL			
$n(H^+)/mol$			
$CaSO_4$溶解度 $S/(mol \cdot L^{-1})$			
$CaSO_4$溶度积 K_{sp}			
误差			
相对误差			

六、思考题

1. 离子交换树脂的功能是什么?

2. 一定条件下,交换速率为什么很关键?

3. 为什么交换后的洗涤液必须合并到锥形瓶内?

4. 溶度积 K_{sp} 值如何利用实验值计算?

实验 5.7 电化学实验

电镀可以提高镀件耐腐蚀性、抗氧化性、耐磨性、反光性,以及增进美观等。但电镀废水成分复杂,除了氰废水和酸碱废水外,还有大量的重金属,需要根据不同电镀生产的工艺条件、质量和数量、生产负荷、运行管理、用水等因素进行电镀废水综合处理。处理难度很大,对环境会带来影响,需要付出财力和物力,这是发展经济与保护环境相互制约的一面;但是保护环境本质上就是保护资源,保护生产力,促进能源和资源的节约,这又有助于经济的增长和效益的提高,两者是相互依存,相辅相成的。科学发展观坚持的就是经济、社会、环境的协调发展。

一、实验目的

1. 利用原电池原理分析金属腐蚀过程。

2. 了解电解原理的应用——电镀。

3. 熟悉阳极氧化的操作条件、步骤和方法。

4. 了解阳极氧化是防止铝合金腐蚀的方法之一,了解阳极氧化的氧化膜耐腐蚀性能的检验方法。

二、实验原理

1. 金属的电化学腐蚀

由于金属的组成不均匀或其他的因素,使金属上产生不同电位的区域,当表面有电解液时,形成腐蚀电池,使金属腐蚀加快。马口铁和白铁的镀层有裂纹时,在实验中可以用 $K_3[Fe(CN)_6]$(铁氰化钾)溶液来验证是哪种金属遭受腐蚀。如果是铁受腐蚀,生成的 Fe^{2+} 与 $K_3[Fe(CN)_6]$ 作用,能生成特有的蓝色沉淀:$3Fe^{2+} + 2[Fe(CN)_6]^{3-} = Fe_3[Fe(CN)_6]_2\downarrow$。如果是锌受腐蚀,生成的 Zn^{2+} 与 $K_3[Fe(CN)_6]$ 作用,生成淡黄色的沉淀:$3Zn^{2+} + 2[Fe(CN)_6]^{3-} = Zn_3[Fe(CN)_6]_2\downarrow$。

2. 电镀——在铁上镀铜

电镀就是在电镀液中通入电流,在作为阴极的金属表面镀上另一种金属的过程。

本实验的镀液的成分为 $H_2C_2O_4$、氨水及 $CuSO_4$。用 $H_2C_2O_4$ 和氨水的目的是与 $CuSO_4$ 作用,生成配盐 $(NH_4)_4[Cu(C_2O_4)_3]$(草酸铜铵),再从配离子中电离出 Cu^{2+}。Cu^{2+} 在阴极上获得电子,被还原为 Cu,沉积在阴极上。由于配离子的稳定性,使镀层精细而均匀,紧密而不易剥落。

3. 铝合金的阳极氧化(简称阳极化)

铝合金的阳极氧化过程是铝表面氧化膜形成和溶解同时进行的过程,可在铝工件的表面得到较厚的致密的氧化膜,增强抗腐蚀能力。铝表面氧化膜形成的电化学反应为:$2Al + 6OH^- - 6e^- = Al_2O_3 + 3H_2O$。同时,还有析氧反应发生:$4OH^- - 4e^- = 2H_2O + O_2\uparrow$。

三、主要试剂与仪器

1. 试剂

$K_3[Fe(CN)_6]$(0.1%),$ZnSO_4$(1 mol·L^{-1}),$CuSO_4$(1 mol·L^{-1}),H_2SO_4(20%),HCl(2 mol·L^{-1},公用),苯胺,HNO_3(30%,公用),钝化液(1% $K_2Cr_2O_7$,公用),除油液[1](公用),HCl(1 mol·L^{-1})。

2. 仪器

盐桥,白铁皮,点滴板(1 个),乌洛托品(20%),铁钉(6 个小、1 个大),有机玻璃片(有接线柱,3 片),有机玻璃槽(1 个),铅极板(2 张),铜棒(ϕ = 2 mm,1 根),Cu、Zn 电极极板,电镀液[2](装入双口瓶中),检验液[3],直流稳压电源(公用),温度计(0～150 ℃,公用,2 支),锉刀,砂纸,铝极板(3 张)。

四、实验步骤

1. 金属的电化学腐蚀——马口铁及白铁皮的腐蚀

① 取 1 mol·L^{-1} HCl 及 0.1% $K_3[Fe(CN)_6]$ 溶液各 1 滴,放在点滴板的同一个窝中,然

后将擦干净的铁钉与点滴板窝中的溶液接触,观察有何现象发生,将此现象与下面实验现象进行比较,以辨别铁是否被腐蚀。

② 取白铁皮(镀锌铁)及马口铁(镀锡铁)各一片(如果表面有油污,用去污粉刷洗,再用纸将水分擦干),用锉刀在上面挫深痕,使镀层破裂,将两铁片分别放入点滴板的小窝中。然后分别在挫有深痕处同时滴加 1 mol·L⁻¹ HCl 及 0.1% $K_3[Fe(CN)_6]$ 溶液各 1 滴,观察在两块铁片的深痕处各有什么现象,并和①进行比较,说明两块铁片中各是哪种金属被腐蚀,为什么?

2. 缓蚀剂的作用

取试管 2 支,各加 1 mol·L⁻¹ HCl 2 mL,并分别同时投入擦光的铁钉一枚,稍加热,待气泡发生后,在一支试管中逐滴加入苯胺 5～10 滴,振荡,使其混合均匀,另一支试管中不加,观察两支试管中铁钉周围气泡生成的速度有何不同(铁钉洗净收回)。

取 2 支试管,各加入 1 mol·L⁻¹ HCl 2 mL 及 1～3 滴 0.1% $K_3[Fe(CN)_6]$ 溶液。在一支试管中滴加 5 滴 20% 乌洛托品[4]溶液,在另一支试管中滴加 5 滴水(使两管中 HCl 浓度相同),再同时各加入一枚用砂纸擦净的铁钉,比较两管颜色出现的快慢和深浅。

3. 电镀——在铁上镀铜

零件(铁钉)的预处理:用砂纸打磨干净大铁钉上的铁锈。

电镀:铜棒作阳极接电源正极,被镀零件(铁钉)作阴极接电源负极。为了避免接触镀,必须带电下槽[5],先将铜棒浸入电解液中,后将铁钉浸入电解液中。

电镀约 5 min 后,取出铁钉用水洗净,交给老师验收。

4. 铝合金的阳极氧化(阳极化)

(1)准备

取 3 片铝片(标 a、b、c)、1 片铅片,用砂纸打光表面,用锉刀尖柄清除孔内的氧化膜;取铜丝 3 小段(长约 8 cm),用砂纸打光表面,弯成 S 形,用于挂铝片和铅片。

(2)操作步骤

在有机玻璃槽中,盛 2/3 的 H_2SO_4(20%)溶液,将 2 根铜棒平行横放在玻璃槽上面,一根接电源正极,挂铝片 b、c,另一根接电源负极,挂铅片。

检查电路,防止相互碰触短路,通电,调整电流电压,使气泡稳定逸出,30～40 min 后,关闭电源。取出铝片,立即用自来水洗净,将铝片 c 置于沸腾的 10% 的 $K_2Cr_2O_7$ 溶液中进行钝化(封闭处理)15～20 min,然后取出,用自来水洗净。

铝片干后,在 a(未阳极化)、b(阳极化)、c(阳极化、钝化)上各滴 1 滴检验液,并记录出现绿色的时间。

五、数据记录及处理

数据记录及处理见表 5－16～表 5－18。

表 5 – 16　电化学腐蚀

样品	试剂溶液	反应方程式	现象
铁钉	HCl $K_3[Fe(CN)_6]$		
马口铁			
白铁皮			

表 5 – 17　缓蚀剂的作用

样品	试剂溶液	缓蚀剂	现象
铁钉	HCl	苯胺	
铁钉		—	
铁钉	$K_3[Fe(CN)_6]$	5 滴乌洛托品	
铁钉	HCl	5 滴水	

表 5 – 18　阳极氧化

铝片	阳极氧化	钝化	检验液检验	现象
a	不氧化	不钝化	检验	
b	氧化	不钝化	检验	
c	氧化	钝化	检验	

六、思考题

1. 在电化学腐蚀时,为什么白铁是镀层锌先被腐蚀,而马口铁是铁先被腐蚀?

2. 阳极化时,为了得到良好的氧化层,应注意哪些问题?

3. 试说明检验方法的原理,检验阳极化层时,出现的绿色物质是什么?

[附注]

[1]除油液配方:在每 100 mL 溶液中含下列成分的量各为:NaOH 1.5 g;Na_3PO_4 7 g;Na_2CO_3 4 g;Na_2SiO_3 0.5 g。配制:按上述配方称取药品依次加入烧杯中,加少量蒸馏水搅拌使溶解,再稀释至 100 mL。

[2]电镀液的配方:在每升溶液中含下列成分的量各为:$CuSO_4$ 10 ~ 15 g;$H_2C_2O_4$ 60 ~ 100 g;氨水 65 ~ 80 mL。

[3]阳极化检验液的组成:盐酸 25 mL,重铬酸钾 3 g,水 75 mL。

[4]乌洛托品即六次甲基胺,分子式为$(CH_2)_6N_4$,溶于水、乙醇等。它和苯胺等有机胺能在酸性溶液中与酸作用形成盐,因而束缚了溶液中的氢离子,起缓蚀作用。

[5]未通电时,铁放入铜盐溶液中,立即置换出铜而附在表面,称为接触镀。这样镀上的铜层结合不牢固,故电镀时必须先将阳极放入镀液,通电后再将镀件放入镀液中,称为带电下槽。

实验 5.8　磺基水杨酸合铁(Ⅲ)配合物的组成及稳定常数的测定

重金属污染一直是威胁人类健康的"隐形杀手",比如众所周知的镉污染大米事件,以及前些年日本流行的"痛痛病"。那么,如何判断重金属污染的程度? 怎么检验我们现在食用的大米中重金属离子有没有超标?

一、实验目的

1. 掌握用比色法测定配合物的组成和配离子的稳定常数的原理与方法。
2. 进一步学习分光光度计的使用及有关实验数据的处理方法。

二、实验原理

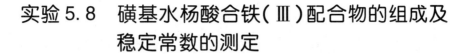

磺基水杨酸(简式为 H_3R)的一级电离常数 $K_1^\theta = 3 \times 10^{-3}$,其与 Fe^{3+} 可以形成稳定的配合物,因溶液的 pH 不同,其在配合物的组成也不同。

磺基水杨酸溶液是无色的,Fe^{3+} 的浓度很稀时,也可以认为是无色的,它们在 pH 为 2~3 时,生成紫红色的螯合物(有一个配位体),反应可表示如下:

HOOC —— OH —— SO$_3$H + [Fe(H$_2$O)$_6$]$^{3+}$ ⟷ [SO$_3$H —— O —— Fe —— H$_2$O(×3) —— C—O —— O]$^+$ + 2H$^+$ + 2H$_2$O

pH 为 4~9 时,生成红色螯合物(有 2 个配位键);pH 为 9~11.5 时,生成黄色螯合物(有 3 个配位体);pH >12 时,有色螯合物被破坏而生成 $Fe(OH)_3$ 沉淀。

配合物的组成常用光度计进行测定(前提条件是溶液中的中心离子和配位体都为无色,只有它们所形成的配合物有色)。本实验是在 pH 为 2~3 的条件下,用光度法测定上述配合物的组成和稳定常数的;实验中用高氯酸($HClO_4$)来控制溶液的 pH 和作空白溶液(其优点主要是 ClO_4^- 不易与金属离子配合)。由朗伯 – 比尔定律可知,所测溶液的吸光度在液层厚度一定时,只与配离子的浓度成正比。通过对溶液吸光度的测定,可以求出该配离子的组成。

测定配合物的组成常用光度法,其基本原理如下。

当一束波长一定的单色光通过有色溶液时,一部分光被溶液吸收,一部分光透过溶液。对光被溶液吸收和透过程度,通常有两种表示方法:

一种是用透光率 T 表示,即透过光的强度 I_t 与入射光的强度 T_0 之比。

$$T = \frac{I_t}{T_0}$$

另一种是用吸光度 A(又称消光度、光密度)来表示。它是取透光率的负对数:

$$A = -\lg T = -\lg \frac{I_t}{T_0}$$

A 值大,表示光被有色溶液吸收的程度大;反之,A 值小,光被溶液吸收的程度小。

实验结果证明:有色溶液对光的吸收程度与溶液的浓度 c 和光穿过的液层厚度 d 的乘积成正比。这一规律称为朗伯－比耳定律:

$$A = \varepsilon c d$$

式中,ε 是消光系数(或吸光系数)。当波长一定时,它是有色物质的一个特征常数。由于所测试溶液中磺基水杨酸是无色的,Fe^{3+} 溶液的浓度很稀,也可认为是无色的,只有磺基水杨酸铁配离子(MR_n)是有色的。因此,溶液的吸光度只与配离子的浓度成正比,通过对溶液吸光度的测定,可以求出该配离子的组成。

等摩尔系列法:用一定波长的单色光测定一系列变化组分的溶液的吸光度(中心离子 M 和配体 R 的总摩尔数保持不变,而 M 和 R 的摩尔分数连续变化,如图 5－2 所示)。显然,在这一系列的溶液中,有一些溶液中金属离子是过量的,而另一些溶液中配体是过量的;在这两部分溶液中,配离子的浓度都不可能达到最大值;只有当溶液离子与配体的摩尔数之比和配离子的组成一致时,配离子的浓度才能最大。由于中心离子和配体基本无色,只有配离子有色,所以配离子的浓度越大,溶液颜色越深,其吸光度也就越大。若以吸光度对配体的摩尔分数

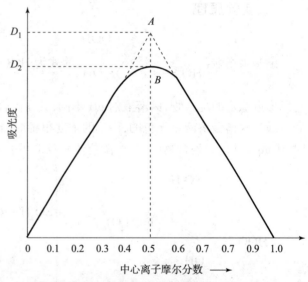

图 5－2　配合物组成的测定方法

作图,则从图上最大吸收峰处可以求得配合物的组成 n 值。根据最大吸收处:

$$配体摩尔分数 = \frac{配体摩尔数}{总摩尔数} = 0.5$$

$$中心离子摩尔分数 = \frac{中心离子摩尔数}{总摩尔数} = 0.5$$

$$n = \frac{配体摩尔数}{中心离子摩尔数} = 0.5$$

由此可知该配合物的组成(MR)。

最大吸光度 A 点可被认为是 M 和 R 全部形成配合物时的吸光度,其值为 D_1;由于配离子在溶液中有一部分离解,导致浓度比不解离时稍小,所以实验测得的最大吸光度在 B 点,其值为

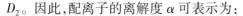

D_2。因此,配离子的离解度 α 可表示为:

$$\alpha = (D_1 - D_2)/D_1$$

再根据在 pH 为 2 ~ 3 时,1:1 组成配合物的关系式即可导出稳定常数 $K_{稳}^{\theta}$ 或 β。

平衡浓度	M	+	R	$\rightleftharpoons$	MR
	$c\alpha$		$c\alpha$		$c - c\alpha$

$$K_{稳}^{\theta} = \frac{c(MR)}{c(M)c(R)} = \frac{1-\alpha}{c\alpha^2}$$

式中,c 是相应于 A 点的金属离子浓度(这里 $K_{稳}^{\theta}$ 没有考虑溶液中 Fe^{3+} 的水解平衡和磺基水杨酸电离平衡的表现稳定常数,实际上因为有水解,情况会更复杂)。

三、试剂和仪器

1. 试剂

0.01 mol·L^{-1} HClO$_4$:将 4.4 mL 70% HClO$_4$ 溶液加入 50 mL 水中,稀释到 5 000 mL。

0.010 0 mol·L^{-1} 磺基水杨酸:根据磺基水杨酸的结晶水情况计算其用量(分子式为 C$_6$H$_3$(OH)(COOH)SO$_3$H,无结晶水的磺基水杨酸相对分子质量为218.2),将准确称量的分析纯磺基水杨酸溶于 0.01 mol·L^{-1}HClO$_4$ 溶液中,配制成 1 000 mL 溶液。

0.010 0 mol·L^{-1}(NH$_4$)Fe(SO$_4$)$_2$:将 4.822 0 g 分析纯(NH$_4$)Fe(SO$_4$)$_2$·12H$_2$O(相对分子质量为 482.2)晶体溶于 0.01 mol·L^{-1}HClO$_4$ 溶液中,配制成 1 000 mL 溶液。

2. 仪器

UV2600 型紫外可见分光光度计,烧杯(100 mL,3 只),容量瓶(100 mL,9 只),移液管(10 mL,2 支),洗耳球,玻璃棒,擦镜纸。

四、实验步骤

1. 溶液的配制

配制 0.001 0 mol·L^{-1} Fe^{3+} 溶液:用移液管吸取 10.00 mL 0.010 mol·L^{-1}(NH$_4$)Fe(SO$_4$)$_2$ 溶液,注入 100 mL 容量瓶中,用 0.01 mol·L^{-1} HClO$_4$ 液稀释至刻度,摇匀,备用。

配制 0.001 0 mol·L^{-1}磺基水杨酸(H$_3$R)溶液:用移液管量取 10.00 mL 0.010 mol·L^{-1} H$_3$R 溶液,注入 100 mL 容量瓶中,用 0.01 mol·L^{-1} HClO$_4$溶液稀释至刻度,摇匀,备用。

2. 系列配离子(或配合物)溶液吸光度的测定

依次对每份混合溶液用 pH 计测定 pH,在磁力搅拌器作用下,慢慢滴加 1 mol·L^{-1}NaOH 溶液调节 pH 至 2 左右,然后改用 0.05 mol·L^{-1}NaOH 溶液调节 pH 为 2.5,此时溶液为紫红色。用移液管按表 5 - 19 所列的体积数量取各溶液,分别注入已编号的 100 mL 容量瓶中,用 0.01 mol·L^{-1} HClO$_4$定容到 100 mL。用波长扫描方式对其中的 5 号溶液进行扫描,得到吸收曲线,确定最大吸收波长。选取上面步骤所确定的扫描波长,在该波长下,分别测定各待测溶液的吸光度,并记录已稳定的读数。

表 5 –19　不同浓度配离子的配制

编号	摩尔比	0.001 mol · L^{-1} Fe^{3+}/mL	0.001 mol · L^{-1} 磺基水杨酸/mL	0.01 mol · L^{-1} HClO$_4$/mL
0	0	0	10.00	
1	0.1	1.00	9.00	
2	0.2	2.00	8.00	
3	0.3	3.00	7.00	
4	0.4	4.00	6.00	用 0.01 mol · L^{-1} HClO$_4$定容到 100 mL
5	0.5	5.00	5.00	
6	0.6	6.00	4.00	
7	0.7	7.00	3.00	
8	0.8	8.00	2.00	
9	0.9	9.00	1.00	
10	1.0	10.00	0	

五、数据记录及处理

（1）实验数据记录（表 5 –20）

表 5 –20　实验数据记录

摩尔比:Fe/（Fe + 酸）	0	0.1	0.2	0.3	0.4	0.5	0.6	0.7	0.8	0.9	1
A											

（2）用等摩尔变化法确定配合物组成

根据表中的数据,作吸光度 A 对摩尔比 Fe/（Fe + 酸）的关系图。将两侧的直线部分延长,交于一点,由交点确定配位数 n。

（3）确定磺基水杨酸合铁（Ⅲ）配合物的组成及其稳定常数

从图中找出 D_1 和 D_2,计算 α 和稳定常数。

六、思考题

1. 本实验测定配合物的组成及稳定常数的原理是什么?

2. 用等摩尔系列法测定配合物组成时,为什么说溶液中金属离子的摩尔数与配位体的摩尔数之比正好与配离子组成相同时,配离子的浓度为最大?

3. 在测定吸光度时,如果温度变化较大,对测得的稳定常数有何影响?

4. 本实验为什么用 HClO$_4$ 溶液作空白溶液? 为什么选用 500 nm 波长的光源来测定溶液的吸光度?

5. 使用分光光度计要注意哪些操作?

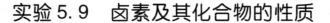

实验5.9 卤素及其化合物的性质

氯化银沉淀能溶于氨水,加溴化钠产生溴化银沉淀,又能溶于硫代硫酸钠,再加碘化钾,产生碘化银沉淀,又能溶于氰化钾。在沉淀和配离子之间,存在对银离子的竞争,稳定性弱的向稳定性强的转化。竞争无处不在,自然界中也有"物竞天择,适者生存"。人类社会里,竞争也是必然规律,但并不可怕。我们应该迎头而上,敢于拼搏,莫负韶华,这样才能"回首往事的时候,不因虚度年华而悔恨,也不因碌碌无为而羞愧"。

一、实验目的

1. 掌握 Cl_2、Br_2、I_2 的氧化性及 Cl^-、Br^-、I^- 的还原性。
2. 掌握卤素的歧化反应。
3. 掌握次氯酸盐、氯酸盐强氧化性。
4. 了解氯化氢气体的实验室制备方法。
5. 了解卤素的鉴定及混合物分离方法。

二、实验原理

卤素是ⅦA族元素,包括氟、氯、溴、碘、砹,其价电子构型为 ns^2np^5,因此元素的氧化数通常是 -1,但在一定条件下,也可以形成氧化数为 $+1$、$+3$、$+5$、$+7$ 的化合物。卤素单质在化学性质上表现为强氧化性,其氧化性顺序为 $F_2 > Cl_2 > Br_2 > I_2$;卤化氢的还原性的顺序的是 $HI > HBr > HCl$。HBr 和 HI 能分别将浓硫酸还原为 SO_2 和 H_2S;Br_2 能被 Cl_2 氧化为 Br_2;Br_2 在溶液中呈黄色;I^- 能被 Cl_2 氧化为 I_2;I_2 在 CCl_4 溶液中呈紫色;当 Cl_2 过量时,被氧化为无色的 IO_3^-。卤素单质溶于水,在水中存在下列平衡:

$$X_2 + H_2O \rightleftharpoons HX + HXO$$

这就是卤素单质的歧化反应。卤素的歧化反应易在碱性溶液中进行,并且反应产物随着温度和碱液浓度的不同而变化。

卤素的含氧酸有多种形式:HXO、HXO_2、HXO_3、HXO_4。随着卤素氧化数的升高,其热稳定性增大,酸性增强,氧化性减弱。如氯酸盐在中性溶液中没有明显的强氧化性,但在酸性介质中表现出强氧化性,其次序为:$BrO_3^- > ClO_3^- > IO_3^-$。次氯酸及其盐具有强氧化性。

三、主要仪器与试剂

1. 试剂

KBr,KCl,KI,CCl_4,H_2SO_4(浓),NaOH,NaClO,$MnSO_4$,HCl(浓),溴水,$AgNO_3$,$KClO_3$,品红,酒精,浓氨水,碘伏,pH 试纸,KI-淀粉试纸,醋酸铅试纸,蓝色石蕊试纸。

2. 仪器

试管及试管夹,1 mL 量筒,酒精灯,125 mL 滴瓶,500 mL 试剂瓶,250 mL 烧杯。

四、实验步骤

1. 卤素单质的氧化性

① 取几滴 KCl 溶液于试管中,再加入少量 CCl_4,滴加氯水,振荡,仔细观察 CCl_4 层颜色的变化。

② 取几滴 KBr 溶液于试管中,再加入少量 CCl_4,滴加氯水,振荡,仔细观察 CCl_4 层颜色的变化。

③ 取几滴 KI 溶液于试管中,再加入少量 CCl_4,滴加溴水,振荡,仔细观察 CCl_4 层颜色的变化,将结果填入表 5 – 21 中。

2. Cl^-、Br^-、I^- 的还原性

① 往干燥试管中加入绿豆粒大小的 KCl 晶体,再加入 0.5 mL 浓硫酸(浓硫酸不要沾到瓶口处),微热。观察试管中颜色变化,并用湿润的 pH 试纸检验试管放出的气体。

② 往干燥试管中加入绿豆粒大小的 KBr 晶体,再加入 0.5 mL 浓硫酸(浓硫酸不要沾到瓶口处),微热。观察试管中颜色变化,并用 KI – 淀粉试纸检验试管口。

③ 往干燥试管中加入绿豆粒大小的 KI 晶体,再加入 0.5 mL 浓硫酸(浓硫酸不要沾到瓶口处),微热。观察试管中颜色变化,并用醋酸铅试纸检验试管口,将结果填入表 5 – 22 中。

3. 溴、碘的歧化反应

① 取少量溴水和 CCl_4 于试管中,滴加 2 mol·L^{-1} NaOH 溶液使其呈强碱性,观察 CCl_4 层颜色变化;再滴加 3 mol·L^{-1} H_2SO_4 溶液使其呈强酸性,观察 CCl_4 层颜色变化。

② 取少量碘水和 CCl_4 于试管中,滴加 2 mol·L^{-1} NaOH 溶液使其呈强碱性,观察 CCl_4 层颜色变化;再滴加 3 mol·L^{-1} H_2SO_4 溶液使其呈强酸性,观察 CCl_4 层颜色变化。将结果填入表 5 – 23 中,写出反应方程式,并用电极电势加以说明。

4. 卤素含氧酸盐的氧化性

(1)次氯酸钠的氧化性

取 4 支试管,均加入 0.5 mL NaClO 溶液,其中 1 号试管中滴加 4~5 滴 0.2 mol·L^{-1} 的 KI 溶液,2 号试管中滴加 4~5 滴 0.2 mol·L^{-1} $MnSO_4$ 溶液,3 号试管中滴加 4~5 滴浓盐酸,4 号试管中滴加 2 滴品红溶液。

观察各试管中发生的现象,写出反应方程式,填入表 5 – 24 中。

(2)$KClO_3$ 的氧化性

取 2 支试管,均加入少量 $KClO_3$ 晶体,其中 1 号试管中滴加 4~5 滴 0.2 mol·L^{-1} $MnSO_4$ 溶液,2 号试管中滴加 2 滴品红溶液。搅拌,观察现象,比较次氯酸盐和氯酸盐氧化性的强弱。

取一支试管,加入少量 $KClO_3$ 晶体,加水溶解,再加入 0.5 mL 0.2 mol·L^{-1} KI 溶液和

CCl_4,观察现象;然后再加入少量 3 mol/L 的 H_2SO_4 溶液,观察 CCl_4 层现象变化;继续加入 $KClO_3$ 晶体,观察现象变化。将结果填入表 5 - 24 中,并用电极电势说明 CCl_4 层颜色变化的原因。

5. 卤离子的检验

① 在盛有少量稀盐酸的试管中,滴加几滴 $AgNO_3$ 溶液,振荡并观察现象。

② 在 3 支分别盛有少量 $NaCl$、KBr、KI 溶液的试管中,滴加几滴稀硝酸,再滴加 $AgNO_3$ 溶液,振荡。观察 3 支试管的现象。

③ 在盛有少量 Na_2CO_3 溶液的试管中,滴加几滴 $AgNO_3$ 溶液,振荡。再滴加几滴稀硝酸,振荡。观察现象并解释原因,将结果填入表 5 - 25 中。

如果先滴入稀硝酸,再滴加 $AgNO_3$ 溶液,会有什么现象发生? 解释原因。

五、实验数据记录表格(表 5 - 21 ~ 表 5 - 25)

表 5 - 21　卤素单质的氧化性

步　骤	现　象	方　程　式	卤素单质氧化性顺序

表 5 - 22　Cl^-、Br^-、I^- 的还原性

步　骤	现　象	方　程　式	卤素阴离子的还原性顺序

表 5 - 23　溴、碘的歧化反应

步　骤	现　象	方　程　式	说　明

表 5 - 24　卤素合氧酸盐的氧化性

步　骤	现　象	方　程　式	说　明

步　骤	现　象	方　程　式	说　明

表 5 – 25　卤离子的检验

步　骤	现　象	方　程　式	说　明

六、思考题

1. 用实验事实说明卤素氧化性和卤素离子还原性的强弱。

2. 用实验事实说明次氯酸钠和氯酸钾氧化性的强弱。

3. 将氯水加入 KI 溶液中,溶液先变成棕红色,后又褪色,为什么?

4. 实验室制备氯气有哪几种方法,试验条件有什么不同? 若试验中产生较多的氯气尾气,如何处理?

5. 从标准电极电势角度讲,在标准态时,$KMnO_4$ 就可氧化 Cl^-,为什么实验中仍需使用浓盐酸?

6. 总结与 Ag^+ 生产沉淀及能溶解 AgX 的物质有哪些? 用 $AgNO_3$ 试剂检验卤离子时,为什么要加入少量硝酸?

实验 5.10　银氨配离子配位数的测定

人类发现和使用银的历史至少已有 2 000 年了,我国考古学者从近年出土的春秋时代的青铜器当中就发现镶嵌在器具表面的"金银错"(一种用金、银丝镶嵌的图案)。从汉代古墓中出土的银器已经十分精美。在古代,银的最大用处是充当商品交换的媒介——货币。银有很强的杀菌能力,十亿分之几毫克的银就能净化 1 kg 水。我国古代法医早就懂得用"银针验尸法"来测定死者是否中毒而死,帮助破获了不少谋杀案件。人类文明,源远流长。

94

一、实验目的

1. 进一步练习滴定操作。
2. 应用配位平衡和沉淀平衡等知识测定银氨配离子的配位数。

二、实验原理

在 $AgNO_3$ 溶液中加入过量氨水,即生成稳定的 $[Ag(NH_3)_n^+]$。再往溶液中加入 KBr 溶液,直到刚刚出现沉淀(浑浊)为止,这时混合溶液中同时存在着以下的配位平衡和沉淀平衡:

$$Ag^+ + nNH_3 \rightleftharpoons Ag(NH_3)_n^+$$

$$\frac{[Ag(NH_3)_n^+]}{[Ag^+][NH_3]^n} = K_{稳}$$

$$AgBr \rightleftharpoons Ag^+ + Br^-$$

$$K_{sp} = [Ag^+][Br^-]$$

沉淀平衡与配位平衡两式相乘,得

$$\frac{[Ag(NH_3)_n^+][Br^-]}{[NH_3]^n} = K_{sp} = K_{稳} = K$$

$$[Br^-] = \frac{K \cdot [NH_3]^n}{[Ag(NH_3)_n^+]}$$

$$[Br^-] = [Br^-]_0 \times \frac{V_{Br^-}}{V_t}$$

$$[Ag(NH_3)_n^+] = [Ag^+]_0 \times \frac{V_{Ag^+}}{V_t}$$

$$[NH_3] = [NH_3]_0 \times \frac{V_{NH_3}}{V_t}$$

式中,V_t 为混合溶液的总体积。

$$V_{Br^-} = \frac{K \cdot V_{NH_3}^n \cdot \left(\frac{[NH_3]_0}{V_t}\right)^n}{\frac{[Ag^+]_0 \cdot V_{Ag^+}}{V_t} \cdot \frac{[Br^-]_0}{V_t}}$$

$$V_{Br^-} = K' \cdot V_{NH_3}^n$$

$$\lg V_{Br^-} = n\lg V_{NH_3} + \lg K'$$

三、主要试剂与仪器

1. 试剂

KBr 溶液($0.008\ mol \cdot L^{-1}$),$AgNO_3$ 溶液($0.01\ mol \cdot L^{-1}$),氨水溶液($2\ mol \cdot L^{-1}$)。

2. 仪器

锥形瓶(250 mL),酸式滴定管,碱式滴定管,移液管。

四、实验步骤

用移液管准确移取 20.00 mL 0.010 mol·L^{-1}AgNO$_3$溶液到 250 mL 锥形瓶中,再分别用碱式滴定管加入 40 mL 2.00 mol·L^{-1}氨水和 40 mL 蒸馏水,混合均匀。在不断振荡下,从酸式滴定管中逐滴加入 0.010 mol·L^{-1}KBr 溶液,直到刚产生的 AgBr 浑浊不再消失为止。记下所用的 KBr 溶液的体积 V_{Br^-},并计算出溶液的体积 V_t。再用 35.00 mL、30.00 mL、25.00 mL、20.00 mL、15.00 mL 和 10.00 mL 2.00 mol·L^{-1}氨水溶液重复上述操作。

在进行重复操作中,当接近终点时,应加入适量蒸馏水,使总体积与第一次实验相同,记下滴定终点时所用去的 KBr 溶液的体积 V_{Br^-}。

五、数据记录及处理(表 5－26)

表 5－26　配位数测定实验试剂用量分组表

编号	V_{Ag^+}/mL	V_{NH_3}/mL	V_{H_2O}/mL	V_{Br^-}/mL	V_{H_2O}/mL	$V_总$/mL	lgV_{NH_3}	lgV_{Br^-}
1	20.00	40.0	40.0					
2	20.00	35.0	45.0					
3	20.00	30.0	50.0					
4	20.00	25.0	55.0					
5	20.00	20.0	60.0					
6	20.00	15.0	65.0					
7	20.00	10.0	70.0					

作图,以 lgV_{Br^-}为纵坐标、lgV_{NH_3}为横坐标作图,求出直线斜率 n,也可求出 K',并计算出配离子稳定常数 $K_稳$。

六、思考题

1. 本实验操作中应注意什么?滴加 KBr 溶液的操作与酸碱滴定有什么不同?
2. 引起本实验结果的误差有哪些?
3. 如何求银氨配离子的稳定常数?

第6章　元素化学性质实验

实验6.1　ds区金属(铜、银、锌、镉、汞)

> 铜、银、锌、镉等金属属于国民经济发展的重要战略物资。其具有优异的储能、防腐、耐磨、耐高温和高强度等特殊性能,是不锈钢、充电电池、电镀、汽车配件、航空航天、硬质合金、粉末冶金、催化剂、陶瓷、黏结剂、军工器件等行业的关键原料。世界上许多国家,尤其是工业发达国家,竞相发展铜、银、锌等工业,增加铜、银、锌、镉等的战略储备。随着高新技术领域对铜、银、锌、镉等金属的需求增加,我国铜、银、锌、镉等金属工业前景广阔。

一、实验目的

了解铜、银、锌、镉、汞氧化物或氢氧化物的酸碱性和稳定性,以及硫化物的溶解性。掌握 $Cu(I)$、$Cu(II)$ 重要化合物的性质及相互转化条件。试验并熟悉铜、银、锌、镉、汞的配位能力,以及铜的价态变化条件。

二、实验原理

铜副族元素位于周期表的 ds 区,是第 IB 族元素。铜、银最常见的氧化数分别为 +2、+1。铜副族金属离子具有较强的极化力,本身变形性较大,二元化合物一般有相当程度的共价性。铜可以形成黄色或红色的氧化亚铜和黑色的氧化铜两种氧化物。CuO 具有氧化性,在高温时,在有机分析中常使有机物的气体从热的 CuO 上通过,将气体氧化成 CO_2 和 H_2O。将碱加到 Cu^{2+} 溶液中,便可以得到浅蓝色的 $Cu(OH)_2$ 沉淀。$Cu(OH)_2$ 微显两性,但以弱碱性为主。

锌副族的 M^{2+} 为 18 电子型离子,均为无色,其化合物一般也无色。但依 Zn^{2+}、Cd^{2+}、Hg^{2+} 的顺序,离子的极化力和变形性逐渐加强,以致 Cd^{2+} 特别是 Hg^{2+} 与易变形的阴离子如 S^{2-}、I^- 等形成的化合物往往有显著的共价性,呈现很深的颜色和较低的溶解度。这种显色是 S^{2-}、I^- 的变形性大,容易发生电荷迁移的缘故。

$Zn(OH)_2$ 为两性,既可溶于酸,又可溶于碱。溶于酸成锌盐,溶于碱则形成四羟基合锌配离子;其氧化物和氢氧化物的碱性按锌、镉、汞的顺序递增。$Zn(OH)_2$ 和 $Cd(OH)_2$ 均易受热脱水变为 ZnO 和 CdO。铜族、锌族的所有氢氧化物均易脱水成为氧化物。

三、主要试剂与仪器

1. 试剂

碘化钾，铜屑，HCl（2 mol·L^{-1}、浓），H$_2$SO$_4$（2 mol·L^{-1}），HNO$_3$（2 mol·L^{-1}、浓），NaOH（2 mol·L^{-1}、6 mol·L^{-1}、40%），氨水（2 mol·L^{-1}、浓），CuSO$_4$（0.1 mol·L^{-1}），ZnSO$_4$（0.2 mol·L^{-1}），CdSO$_4$（0.2 mol·L^{-1}），CuCl$_2$（0.5 mol·L^{-1}），Hg（NO$_3$）$_2$（0.2 mol·L^{-1}），AgNO$_3$（0.1 mol·L^{-1}），Na$_2$S（0.1 mol·L^{-1}），KI（0.2 mol·L^{-1}），KSCN（0.1 mol·L^{-1}），Na$_2$S$_2$O$_3$（0.5 mol·L^{-1}），葡萄糖（10%）。

2. 仪器

试管（10 mL），烧杯（250mL），离心机，离心试管，pH 试纸，玻璃棒。

四、实验内容

1. 铜、银、锌、镉、汞氢氧化物或氧化物的生成和性质

（1）铜、锌、镉氢氧化物的生成和性质

分别向盛有 0.1 mol·L^{-1} CuSO$_4$、ZnSO$_4$、CdSO$_4$ 溶液的三支试管中滴加新配制的 NaOH（2 mol·L^{-1}）溶液，观察沉淀的颜色及状态。将试管中的沉淀分成三份，其中一份继续加热，另外两份分别滴加 H$_2$SO$_4$（2 mol·L^{-1}）和过量的 NaOH（6 mol·L^{-1}）溶液。观察有何变化，并写出相应的反应式。

（2）银、汞氧化物的生成和性质

① 氧化银的生成和性质。

取 0.5 mL 0.1 mol·L^{-1} AgNO$_3$ 溶液，滴加新配制的 2 mol·L^{-1} NaOH 溶液，观察 Ag$_2$O 的颜色和状态。洗涤并离心分离沉淀，将沉淀分成两份：一份加入 2 mol·L^{-1} HNO$_3$，另一份加入 2 mol·L^{-1} 氨水。观察现象，写出反应方程式。

② 氧化汞的生成和性质。

取 0.5 mL 0.2 mol·L^{-1} Hg（NO$_3$）$_2$ 溶液，滴加新配制的 2 mol·L^{-1} NaOH 溶液，观察溶液颜色和状态。所得沉淀一份加入 2 mol·L^{-1} HNO$_3$，另一份加入 40% NaOH 溶液。观察沉淀的颜色变化，并写出相应的反应方程式。

2. 锌、镉、汞硫化物的生成和性质

往三支分别盛有 0.5 mL 0.2 mol·L^{-1} ZnSO$_4$、CdSO$_4$、Hg（NO$_3$）$_2$ 溶液的离心试管中滴加 1 mol·L^{-1} Na$_2$S 溶液。观察三支试管中沉淀的生成和颜色。

将沉淀离心分离、洗涤，然后将每种沉淀分成三份：一份加入 2 mol·L^{-1} 盐酸，另一份中加入浓盐酸，再一份加入王水（按比例进行配置），分别水浴加热。观察沉淀溶解情况。

根据实验现象并查阅有关数据，对铜、银、锌、镉、汞硫化物的溶解情况作出结论，并写出相关的反应方程式。

3. 汞的配合物的生成及应用

① 在 Hg（NO$_3$）$_2$ 溶液中，逐滴加入浓氨水，观察沉淀是否生成；继续滴加浓氨水，观察沉淀

是否溶解,并写出相应的化学反应方程式。

②在 $Hg(NO_3)_2$ 溶液中逐滴加入 KI 溶液,观察沉淀的生成与溶解,再加入过量的 KI 溶液,观察沉淀是否溶解,并写出相应的化学反应方程式。

五、实验数据记录表格(表 6 – 1 ～ 表 6 – 4)

表 6 – 1　铜、锌、镉氢氧化物的制备和性质

步　骤	现　象	方　程　式

表 6 – 2　银、汞氧化物的生成和性质

步　骤	现　象	方　程　式

表 6 – 3　锌、镉、汞硫化物的生成和性质

步　骤	现　象	方　程　式

表 6 – 4　汞的配合物的生成和性质

步　骤	现　象	方　程　式	说　明

六、思考题

1. 测定汞及其化合物性质时,应注意哪些安全问题?

2. 用两种不同的方法区别锌盐与铜盐、锌盐与镉盐、银盐与汞盐。

3. 用平衡原理预测在硝酸亚汞溶液中通入硫化氢气体后,生成的沉淀物为何物,并加以解释。

实验 6.2　铬、锰

近几年,全球钢铁及优特钢产业,特别是以锰、氮代镍、节镍型铬锰系不锈钢的高速发展,电解金属锰在不锈钢冶炼,尤其是在铬锰系不锈钢冶炼中的耗用量急剧增加,导致国内外电解锰市场迅猛扩张,我国电解锰生产、出口、国内消费大幅度增长。因此,铬锰系不锈钢的发展对我国电解锰行业已经并将继续产生深远而重大的影响,其演变趋势与发展走向值得电解锰业界关注和重视。

一、实验目的

1. 了解铬和锰的常见化合物的生成和性质。
2. 熟练掌握铬和锰不同价态的稳定性和相互转化的条件。

二、实验原理

Cr 的化学性质不活泼,高温下,铬与氮、碳、硫等发生反应。铬溶于盐酸、硫酸和高氯酸,遇硝酸后钝化,不再与酸反应。铬及其合金具有强抗腐蚀能力。其氧化物有氧化亚铬、三氧化二铬和三氧化铬。三氧化铬是红色针状晶体,高温下分解为三氧化二铬和氧气,是强氧化剂,酒精和它接触后能着火,在染料和皮革工业中有广泛的用途。

Ⅶ族元素价电子构型为 $(n-1)d^5ns^2$,最高氧化态是 +7。Mn 具有第一过渡系金属所有的氧化态,从 -2 到 +7,常见氧化态为 +2、+4、+6 和 +7。低氧化态表现在羰基化合物上。第一过渡系金属 +2 氧化态的稳定性从 Cr 到 Mn 发生突增,原因在于 $3d^5$ 的半充满结构导致 Mn 的第三电离能特别高。高于 Mn(Ⅱ) 的所有锰的氧化态都是强氧化剂。

三、主要试剂与仪器

1. 试剂

二氧化锰(固体药品),高锰酸钾(固体药品),二氧化铅(固体药品),$CrCl_3$(0.1 mol · L^{-1}、浓),$Cr(NO_3)_3$(1 mol · L^{-1}),HNO_3(2 mol · L^{-1}、浓),$NaOH$(2 mol · L^{-1}、6 mol · L^{-1}、40%),$Cr_2(SO_4)_3$(0.1 mol · L^{-1}),$K_2Cr_2O_7$(0.1 mol · L^{-1}),$MnSO_4$(0.002 mol · L^{-1}、0.1 mol · L^{-1}、0.5 mol · L^{-1}),HCl(0.1 mol · L^{-1}、2 mol · L^{-1}、6 mol · L^{-1}、浓),H_2SO_4(2 mol · L^{-1}、6 mol · L^{-1}、浓),$NaOH$(2 mol · L^{-1}、6 mol · L^{-1}、40%),$KMnO_4$(0.1 mol · L^{-1}),Na_2SO_3(0.1 mol · L^{-1})。

2. 仪器

离心试管(10 mL),滴管,离心机。

四、实验步骤

1. 铬化合物的氧化还原性

利用 $Cr_2(SO_4)_3$ 溶液、H_2O_2（3%）溶液、$2\ mol\cdot L^{-1}$ NaOH 溶液和 $2\ mol\cdot L^{-1} H_2SO_4$ 溶液等试剂设计系列试管实验，说明酸性或碱性介质中不同氧化态铬的氧化性和还原性以及相互之间转化的条件。

2. 锰化合物的氧化还原性

（1）锰（Ⅱ）的还原性

分别试验硫酸锰溶液在碱性介质中与空气、溴水的作用，以及在酸性介质中与二氧化铅固体的作用，解释现象，并写出相应的化学反应方程式。

（2）锰（Ⅳ）的氧化还原性

作为最稳定且最重要的化合物二氧化锰，分别测试其还原性及氧化性。作为还原剂，测试其在碱性条件下（NaOH，$2\ mol\cdot L^{-1}$），有氧化剂如氧气以及氯酸钾存在的情况下，其反应发生的情况；作为氧化剂，测试其在酸性条件下，分别测其在浓盐酸（HCl，浓）以及浓硫酸（H_2SO_4，浓）中的反应，并检验是否有氯气产生。

（3）锰（Ⅶ）的氧化性

作为最常用的氧化剂之一，分别试验 $KMnO_4$ 在酸性（H_2SO_4，$1\ mol\cdot L^{-1}$）、中性（蒸馏水）以及碱性（NaOH，$2\ mol\cdot L^{-1}$）介质条件下与 $NaSO_3$ 溶液的作用。

五、实验数据记录表格（表 6－5、表 6－6）

表 6－5　铬化合物的氧化还原性

步　骤	现　象	方程式

表 6－6　锰化合物的氧化还原性

步　骤	现　象	方程式

六、思考题

1. 铬有几种常见的氧化态？指出它们在水溶液中的颜色和状态。

2. 解释新沉淀出的 $Mn(OH)_2$ 呈白色，在空气中转化为暗棕色的原因。

实验 6.3　铁、钴、镍

我国铁、镍、钴行业现状属于高能耗、高污染行业,并且镍钴原矿品位低,成分复杂,选矿企业工艺装备参差不齐,镍钴资源利用、冶炼过程控制参数、污染物排放尤其是重金属排放指标均存在着差异。这种粗放经济增长方式,将不能实现行业的清洁及可持续发展。为此,有必要进行清洁生产指标体系的建立工作,提出分级指标,以合理控制行业的发展。

一、实验目的

1. 掌握 Fe(Ⅱ)、Co(Ⅱ)、Ni(Ⅱ)的还原性和 Fe(Ⅲ)、Co(Ⅲ)、Ni(Ⅲ)的氧化性。
2. 掌握 Fe、Co、Ni 配合物的生成和性质。

二、实验原理

Ⅷ族元素包括三个元素组共 9 种元素。由于镧系收缩的结果,位于第四周期第一过渡系的 3 个Ⅷ族元素铁、钴、镍性质非常相似,称为铁系元素。铁、钴、镍三种元素原子的价电子层结构分别是 $3d^6 4s^2$、$3d^7 4s^2$ 和 $3d^8 4s^2$,原子半径十分相近,在最外层的 4s 轨道上都有两个电子,次外层的 3d 电子数不同,分别为 6、7、8,所以三种元素的性质非常相似。

铁系元素不同于其他过渡元素,其最高氧化态不等于该元素所属族数,难以形成高价的含氧酸根离子。铁系元素中只有铁的 d 电子最少,可以形成很不稳定的、氧化数为 +6(如高铁酸根 FeO_4^{2-})的化合物。钴和镍的最高氧化态为 +4,其他氧化态有 +3、+2,在某些配位化合物中也呈现更低的氧化态。由于 Fe^{2+}($3d^6$)再丢失一个 3d 电子能够成为半充满的稳定结构($3d^5$),而 Co^{2+}($3d^7$)和 Ni^{2+}($3d^8$)却不能,因此,相应地容易得到 Fe(Ⅲ)的化合物,而不易得到 Ni(Ⅲ)的化合物。氧化态为 +2、+3 的 Fe、Co、Ni 离子半径较小,又有未充满的 d 轨道,很容易形成配合物。

在酸性溶液中,氧化态为 +2 时,它们的化合物最稳定。例如铁与盐酸作用生成 $FeCl_2$。高氧化态的 Fe^{3+}、Co^{3+}、Ni^+ 在酸性溶液中都是很强的氧化剂。在酸性溶液中,空气中的氧气能够将 Fe^{2+} 氧化为 Fe^{3+},但不能将 Co^{2+} 和 Ni^{2+} 氧化为 Co^{3+} 和 Ni^{3+}。

在碱性介质中,铁的最稳定氧化态是 +3,而钴和镍的最稳定氧化态仍然是 +2。在碱性介质中将低氧化态的铁、钴、镍氧化为高氧化态,比在酸性介质中容易。

三、实验用品

1. 试剂

$FeCl_3$(0.1 mol·L^{-1}),$Fe_2(SO_4)_3$(0.1 mol·L^{-1}),$FeSO_4$(0.1 mol·L^{-1}),$(NH_4)_2Fe(SO_4)_2$(0.1 mol·L^{-1}),$KMnO_4$(0.01 mol·L^{-1}),KSCN(0.1 mol·L^{-1}、饱和),$CoCl_2$(0.1 mol·L^{-1}),$NiSO_4$(0.1 mol·L^{-1}),HCl(0.1 mol·L^{-1}、2 mol·L^{-1}、6 mol·L^{-1}、浓),HNO_3(2 mol·L^{-1}、浓),H_2SO_4(2 mol·L^{-1}、6 mol·L^{-1}、浓),NH_3·H_2O(2 mol·L^{-1}、6 mol·L^{-1}),

$NaOH(2\ mol\cdot L^{-1}、6\ mol\cdot L^{-1}、40\%)$，$H_2O_2(3\%)$，戊醇，乙醚。

2. 仪器

离心试管(10 mL)，滴管，离心机，玻璃棒。

四、实验步骤

1. $Fe(Ⅱ)$、$Co(Ⅱ)$、$Ni(Ⅱ)$的还原性

① 分别在盛有$(NH_4)_2Fe(SO_4)_2$、$CoCl_2$、$NiSO_4$溶液的试管中加入几滴溴水，并观察溶液颜色的变化。

② 分别在盛有$(NH_4)_2Fe(SO_4)_2$、$CoCl_2$、$NiSO_4$溶液的试管中加入经过煮沸并冷却后的$3\ mL\ 6\ mol\cdot L^{-1}\ NaOH$溶液，观察所得产物的颜色和状态有何变化，所得沉淀静置一段时间后又有何变化，并写出相应的反应方程式。所得产物留作下面实验用。

2. $Fe(Ⅲ)$、$Co(Ⅲ)$、$Ni(Ⅲ)$的氧化性

在前面实验保留下来的氢氧化铁(Ⅲ)、氢氧化钴(Ⅲ)、氢氧化镍(Ⅲ)沉淀中分别滴入浓盐酸，振荡后观察现象，并用碘化钾淀粉试纸检验是否有氯气生成。

3. 配合物的生成

(1) 氨配合物的生成

向盛有$0.5\ mL\ 0.1\ mol\cdot L^{-1}$的$FeCl_3$、$CoCl_2$、$NiSO_4$溶液的试管中滴入过量氨水$(2\ mol\cdot L^{-1})$，观察沉淀是否会继续溶解，并仔细观察所得沉淀静置一段时间后颜色的变化，解释其原因。

(2) 氰合物的生成

向盛有$0.5\ mL\ 0.1\ mol\cdot L^{-1}$的$(NH_4)_2Fe(SO_4)_2$、$FeCl_3$、$CoCl_2$、$NiSO_4$溶液的试管(分别标记为试管1、2、3、4)中滴入少量硫氰酸钾溶液，观察有何现象发生。接着向试管1中注入$0.5\ mL\ 3\%\ H_2O_2$溶液，观察有何现象发生；向试管3中各注入$0.5\ mL$的戊醇、乙醚，振荡后观察试管中两相的颜色变化。

五、实验数据记录表格(表 6 – 7 ~ 表 6 – 10)

表 6 – 7　$Fe(Ⅱ)$、$Co(Ⅱ)$、$Ni(Ⅱ)$的还原性质

步　骤	现　象	方　程　式

表 6 – 8　$Fe(Ⅲ)$、$Co(Ⅲ)$、$Ni(Ⅲ)$的氧化性质

步　骤	现　象	方　程　式

表6-9 Fe(Ⅲ)、Co(Ⅲ)、Ni(Ⅲ)氨配合物的生成和性质

步 骤	现 象	方 程 式

表6-10 Fe(Ⅲ)、Co(Ⅲ)、Ni(Ⅲ)氰合物的生成及性质

步 骤	现 象	方 程 式

六、思考题

1. 为什么在含有 Fe(Ⅲ) 的溶液中加入氨水,得不到 Fe(Ⅲ) 的氨配合物?

2. 为什么 I_2 不能氧化 $FeCl_2$ 溶液中的 Fe(Ⅱ),但在 KCN 存在的条件下,I_2 能氧化 $FeCl_2$ 溶液中的 Fe(Ⅱ)?

3. 今有一瓶含有 Fe^{3+}、Al^{3+}、Cr^{3+}、Ni^{2+} 的混合液,设计出分离方案。

第7章 无机化合物的制备

实验 7.1 硫酸铝的制备

> 硫酸铝的用途与人们的生活息息相关,在造纸工业中是一种重要的添加剂,可作为松香胶、蜡乳液等胶料的沉淀剂,增强纸张的抗水和防水性能;在工业废水或者污水处理中,添加硫酸铝之后可生成大块絮状物,故用作供水和废水的絮凝剂,可吸附并除去饮用水中的悬浮物、色素、细菌和味道等;另外,硫酸铝可以与小苏打、发泡剂一起组成可应用在消防工业中的泡沫灭火剂。化学起源于生活,也服务于生活。

一、实验目的

1. 了解通过碱法以铝为原料制备硫酸铝的方法。
2. 加深对氢氧化铝 $Al(OH)_3$ 两性性质的认识和了解。
3. 掌握沉淀与溶液分离的几种操作方法。

二、实验原理

制备方法有硫酸法,主要由铝土矿和硫酸加压反应制得。首先是将铝土矿粉碎,然后与硫酸一同加入反应釜中,在一定温度和压强下反应一段时间,然后再加热浓缩冷却固化后得到 $Al_2(SO_4)_3$。其化学反应方程式为:

$$Al_2O_3 + 3H_2SO_4 = Al_2(SO_4)_3 + 3H_2O$$

由于在此制备的过程中,需要较高的温度和压强,在一个密封的不透明的反应釜中,反应过程也不好控制,不适合学生在实验室展开,该方法也并不能起到锻炼学生操作技术的效果。因此,经过发展和改进之后,提出了一种更容易在实验室中展开的碱法制备方法。

在制备过程,此实验以金属铝箔为原料,依次经氢氧化钠、碳酸氢铵和硫酸处理,最终得到硫酸铝溶液,然后再经过加热浓缩并冷却结晶,得到 $Al_2(SO_4)_3$ 晶体。过程中发生的化学反应依次可表示为:

$$2Al + 2NaOH + 6H_2O = 2Na[Al(OH)_4] + 3H_2 \uparrow$$
$$2Na[Al(OH)_4] + (NH_4)_2CO_3 = 2Al(OH)_3 \downarrow + Na_2CO_3 + 2NH_3 \uparrow + 2H_2O$$
$$2Al(OH)_3 + 3H_2SO_4 + 12H_2O = Al_2(SO_4)_3 \cdot 18H_2O$$

三、主要试剂和仪器

1. 试剂

铝箔,氢氧化钠(NaOH,固体),硫酸(H_2SO_4,6 mol·L^{-1}),碳酸氢铵(NH_4HCO_3)饱和溶液,乙醇(C_2H_5OH,95%)。

2. 仪器

电子分析天平,剪刀,镊子,玻璃棒,玻璃漏斗,漏斗架,烧杯(50 mL、250 mL),量筒(20 mL、50 mL),蒸发皿,载玻片,显微镜,减压抽滤装置,布氏漏斗,电炉,pH 试纸,滤纸,滴管。

四、实验步骤

1. 铝酸钠溶液的制备

称量 2 g NaOH 固体和 0.2 g 铝片,首先将 NaOH 固体溶解在装有 20 mL 蒸馏水的烧杯中,并用玻璃棒轻微搅拌加速其溶解;将铝片加入 NaOH 溶液中,搅拌使其与氢氧化钠反应并全部溶解;再经过常压过滤,并用 30 mL 蒸馏水分 3 次洗涤烧杯,滤液转接于 250 mL 的烧杯中。

2. 氢氧化铝的制备

在上述 50 mL 左右的铝酸钠溶液中加水至 80 mL,然后用电炉加热至沸腾;在沸腾的状态下不断地搅拌,缓慢加入饱和的 NH_4HCO_3 溶液(约为 20 mL),调节体系的 pH 至约 9,此时的体系由于 $Al(OH)_3$ 沉淀的析出而呈现浑浊状态;将悬浊液继续煮沸 5 min 并不断搅拌,取上层清液检验,观察沉淀是否完全;趁热减压过滤,并用 30 mL 沸水洗涤 $Al(OH)_3$ 沉淀,继续抽气过滤至无水滴出,将得到的 $Al(OH)_3$ 沉淀转入 100 mL 蒸发皿中。

3. 硫酸铝溶液的制备

用电炉对装有 $Al(OH)_3$ 沉淀的蒸发皿进行搅拌加热,缓慢滴加浓度为 6 mol·L^{-1} 的 H_2SO_4 溶液(约为 10 mL)直至沉淀溶解,得到澄清的硫酸铝过饱和溶液。

4. 硫酸铝结晶

用滴管将少量硫酸铝过饱和溶液滴至载玻片上,在显微镜下观察硫酸铝结晶的形成和生长过程,描述硫酸铝结晶的形状;然后,在晶体旁加一滴水,继续观察硫酸铝结晶的溶解过程。

五、思考题

1. 金属铝与硫酸反应能够制备得到硫酸铝,此方法具有制备直接并操作简单的特点,为什么不采用该方法?

2. 将 $Na[Al(OH)_4]$ 转化成 $Al(OH)_3$ 沉淀的过程中,NH_4HCO_3 的作用是什么?

3. $Al(OH)_3$ 沉淀的制备过程中,持续煮沸和搅拌的原因是什么?

4. 浓缩硫酸铝过饱和溶液时,不能过分浓缩的原因是什么?

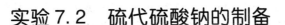

实验7.2　硫代硫酸钠的制备

硫代硫酸钠的用途与人们的生活息息相关。临床上用于氰化物及腈类中毒,砷、铋、碘、汞、铝等中毒的治疗,以及治疗皮肤瘙痒症、慢性皮炎、慢性荨麻疹等。可见,硫代硫酸钠有抗过敏及氰化物中毒、硝酸盐中毒和治疗可溶性钡盐中毒的作用。化学与人类的健康息息相关,我们生活中诸多药品的研发、生产都离不开化学。

一、实验目的

1. 了解制备 $Na_2S_2O_3 \cdot 5H_2O$ 的亚硫酸钠法。
2. 了解 $Na_2S_2O_3 \cdot 5H_2O$ 的氧化还原性质。
3. 学习 $Na_2S_2O_3 \cdot 5H_2O$ 的检验方法。
4. 熟悉蒸发浓缩、减压过滤、结晶等相关基本操作。

二、实验原理

硫代硫酸钠的制备一般是将硫粉与亚硫酸钠溶液直接加热反应,其化学反应方程式可以表示为:

$$Na_2SO_3 + S + 5H_2O = Na_2S_2O_3 \cdot 5H_2O$$

反应依次经脱色、过滤、浓缩结晶、过滤、干燥处理,即得产品 $Na_2S_2O_3 \cdot 5H_2O$ 晶体。

三、主要试剂和仪器

1. 试剂

亚硫酸钠(Na_2SO_3),硫粉(S),乙醇(C_2H_5OH,95%),活性炭,硝酸银溶液($AgNO_3$,0.1 mol·L^{-1}),碘液(I_2,0.1 mol·L^{-1}),淀粉试液(1%)。

2. 仪器

电子分析天平,药匙,烧杯(25 mL),蒸发皿,电炉,石棉网,玻璃棒,点滴板,滴定管,锥形瓶,滤纸,减压抽滤装置,布氏漏斗,滴管。

四、实验步骤

1. $Na_2S_2O_3 \cdot 5H_2O$ 的制备

称量2.5 g $Na_2S_2O_3 \cdot 5H_2O$ 固体并转移至体积为25 mL烧杯中,加入5 mL去离子水,将其完全溶解至溶液澄清;往澄清的 Na_2SO_3 溶液中加入已称量好的0.33 g细硫粉,并小火加热搅拌至沸腾状态,将大部分的硫粉溶解在溶液中,溶解过程需耗时30~60 min,过程中还需要不断地搅拌防止暴沸,并及时地补充已蒸发掉的水分;当少许硫粉悬浮于溶液中时,趁热过滤

（如果溶液中呈现一定的颜色,可加入活性炭进行脱色）,将滤液转接至蒸发皿中,并置于石棉网上小火蒸发浓缩,直至有微晶析出时停止加热（不可蒸干）,让其自然冷却结晶;随后利用减压抽滤装置对固液进行分离,用滤纸将残留在晶体上的水吸干,并置于 40 ℃的烘箱中干燥 30 ~ 60 min,称量,计算产率。

2. $Na_2S_2O_3 \cdot 5H_2O$ 的检验

（1）$Na_2S_2O_3$ 的定性鉴定

将少量 $Na_2S_2O_3 \cdot 5H_2O$ 晶体放置于点滴板的一个孔窝中,滴 1 滴蒸馏水将其溶解;随后滴 2 滴浓度为 0.1 mol·L^{-1} 的 $AgNO_3$ 溶液,观察化学反应中颜色的变化。

（2）$Na_2S_2O_3$ 含量的测定

称量 $Na_2S_2O_3 \cdot 5H_2O$ 晶体 0.1 g 并转移至锥形瓶中,加 7 mL 蒸馏水将其完全溶解,得到澄清的 $Na_2S_2O_3$ 溶液;用 0.1 mol·L^{-1} 的 I_2 标准溶液缓慢滴定,并滴加 3 滴浓度为 1% 的淀粉试液作为指示剂,滴定至溶液呈现蓝色状态,记录 I_2 标准溶液所用的体积。平行滴定三次。根据以下公式计算 $Na_2S_2O_3 \cdot 5H_2O$ 的含量:

$$w(Na_2S_2O_3 \cdot 5H_2O) = \frac{cV \times 0.248\ 2}{m} \times 100\%$$

式中,c 是碘标准液的浓度(0.1 mol·L^{-1});V 是碘标准液的滴定体积(mL);m 是 $Na_2S_2O_3 \cdot 5H_2O$ 晶体的质量(g)。

五、思考题

1. 计算 $Na_2S_2O_3 \cdot 5H_2O$ 含量的公式是如何得来的?

2. 碘的标准溶液滴定硫代硫酸钠的原理是什么? 相关的化学反应方程如何表达?

3. 为什么硫代硫酸钠不能在高于 40 ℃的温度下干燥?

实验 7.3　硫酸亚铁铵的制备

化学是一门实用性很强的科学,它不仅是人类认识自然的理论知识,而且在生产生活和解决人类所面临的各种问题中起着很重要的作用。把化学带到生活中去,让学生以社会生活为背景学习化学知识,能够更好地了解化学在现代生活中的价值。

一、实验目的

1. 学习根据溶解度数据设计并制备复盐 $(NH_4)_2Fe(SO_4)_2$。

2. 了解复盐的特性。

3. 进一步掌握饱和溶液的配置、蒸发结晶和减压过滤等基本操作。

4. 培养学生的动手能力和创新能力。

二、实验原理

以处理后的铁屑为原料,通过与稀硫酸之间的反应制备得到 $FeSO_4$ 溶液,其反应方程式为:

$$Fe + H_2SO_4 = FeSO_4 + H_2 \uparrow$$

往制备得到的 $FeSO_4$ 溶液中加入等物质的量的硫酸铵((NH_4)$_2SO_4$)溶液得到混合溶液,经过加热蒸发浓缩,然后自然冷却至室温。利用各物质不同的溶解度,即可析出(NH_4)$_2Fe(SO_4)_2$ 复合晶体,其化学反应方程式可表示为:

$$FeSO_4 + (NH_4)_2SO_4 + 6H_2O = (NH_4)_2Fe(SO_4)_2 \cdot 6H_2O$$

$FeSO_4$、(NH_4)$_2SO_4$ 和 (NH_4)$_2Fe(SO_4)_2 \cdot 6H_2O$ 在 $10 \sim 60\ ℃$ 各温度下的溶解度见表 $7-1$。

表 7-1　$FeSO_4$、$(NH_4)_2SO_4$ 和 $(NH_4)_2Fe(SO_4)_2 \cdot 6H_2O$ 在不同温度的溶解度

溶解度	10 ℃	20 ℃	30 ℃	40 ℃	50 ℃	60 ℃
$FeSO_4$	20.5	26.6	32.9	40.2	48.5	56.0
$(NH_4)_2SO_4$	73.0	75.4	78.0	81.6	84.5	91.9
$(NH_4)_2Fe(SO_4)_2 \cdot 6H_2O$	18.1	21.2	24.5	27.9	31.1	38.5

三、主要试剂和仪器

1. 试剂

铁屑,碳酸钠,硫酸($3\ mol \cdot L^{-1}$),硫酸铵,乙醇(95%)。

2. 仪器

电子分析天平,烧杯($50\ mL$),药匙,玻璃棒,电炉,玻璃皿,蒸发皿,石棉网,温度计,坩埚钳,玻璃漏斗,滤纸,pH 试纸,减压抽滤装置,布氏漏斗。

四、实验步骤

1. 铁屑的预处理

将铁屑放入烧杯中,加入 $15\ mL\ 10\%\ Na_2CO_3$ 溶液,小火加热约 $10\ min$ 后,在弱碱性的环境下除去铁屑表面的油渍等。然后将铁屑从 Na_2CO_3 溶液分离出来,并用去离子水洗净沥干。

2. $FeSO_4$ 的制备

称量 $2.0\ g$ 的洁净铁屑加入小烧杯中,往其中加入 $15\ mL$ 浓度为 $3\ mol \cdot L^{-1}$ 的 H_2SO_4 溶液,然后将烧杯放在放有石棉网的低温电炉上缓慢加热(在通风橱中进行),使铁屑与稀硫酸反应至不再冒出气泡为止(为了加快反应,可以用玻璃棒轻微搅拌反应液)。应注意的是,在加热过程中,需要不时地添加适量的蒸馏水保持原有体积,以防止 $FeSO_4$ 结晶出来。反应结束后,添加适量体积的 $3\ mol \cdot L^{-1}\ H_2SO_4$ 溶液控制混合溶液的 pH 小于 1(加酸是为了防止 Fe^{2+} 氧化成 Fe^{3+}),趁热过滤,并将滤液转移至干净的蒸发皿中;取出留在烧杯中及滤纸上的残渣,并用滤纸片吸干后称量。根据残渣的量,计算已作用的铁屑质量,最后算出溶液中 $FeSO_4$ 的理

论产量。

3. （NH₄）₂Fe（SO₄）₂·6H₂O 的制备

① 根据步骤 2 中得到的 $FeSO_4$ 理论产量,计算并称量等物质的量的（NH₄）₂SO₄ 固体;然后将其放入盛有 $FeSO_4$ 的蒸发皿中,并通过低温电炉加热搅拌,使（NH₄）₂SO₄ 固体全部溶解,并调节 pH 为 1～2;继续小火缓慢加热蒸发浓缩,直至溶液表面出现薄层的结晶膜时为止,此过程不需要搅拌;然后停止加热并取下蒸发皿,放置让其自然冷却,由于溶解度的不同,溶解度小的（NH₄）₂Fe（SO₄）₂·6H₂O 晶体随即析出。

② 待冷却至室温后,用布氏漏斗减压过滤,用少量乙醇洗清两次,以去掉晶体表面的附着水分,继续抽气过滤,取出晶体放在表面皿上晾干（也可以将晶体置于两滤纸片之间,轻压吸干残留液体）,称量并保存于干燥的装置中。计算理论产量和产率:

$$产率\% = \frac{实际产量（g）}{理论产量（g）} \times 100\%$$

五、思考题

1. 实验中,（NH₄）₂Fe（SO₄）₂·6H₂O 的理论产量应如何计算? 写出计算式。

2. 在制备 $FeSO_4$ 的反应过程中,铁和硫酸哪一种应过量,为什么? 反应为什么要在通风橱中进行?

3. 在制备（NH₄）₂Fe（SO₄）₂·6H₂O 的过程中,为什么必须呈现酸性? 如何调节 pH 为 1～2?

4. 在浓缩结晶过程中,需要注意哪些操作?

第 三 篇

分析化学实验

第8章 化学分析实验

实验8.1 分析天平称量练习、pH的测定

> 分析化学是一门以实验为基础的学科,而接触分析化学实验是从准确称量开始的,称量使用的工具即为天平,天平的使用标志着分析化学的诞生。天平是最古老的称量物体质量的计量器具,它所经历的从简单到复杂、从低准确度到高准确度的漫长发展历程是人们在精益求精中不断进步、不断突破极限的历史,是严谨细致的科学态度和精益求精的工匠精神的生动体现,严谨求实的科学精神是科学进步的坚实基石。

一、实验目的

1. 掌握直接称量法、固定质量称量法和递减称量法。
2. 练习并熟练掌握分析天平的基本操作和常用称量方法。
3. 了解电位测定溶液中 pH 的原理方法。
4. 学习酸度计的使用方法。

二、实验原理

1. 分析天平的称量方法

分析天平的称量方法一般有直接称量法、固定质量称量法和递减称量法 3 种。

(1)直接称量法

该法一般用于某一不吸水、在空气中性质稳定的固体(如坩埚、金属、矿石等)的准确质量。称量时,将被称量物直接放入分析天平中,称出其准确质量。

(2)固定质量称量法

该法一般用于称取某一固定质量的试样(一般为液体或固体的极细粉末,并且不吸水,在空气中性质稳定)。称量时,先在分析天平上称出干净且干燥的器皿(一般为烧杯、坩埚、表面皿等)的准确质量,再将分析天平增加固定质量的砝码后,往天平的器皿中加入略少于固定质量的试样,再轻轻震动药匙,使试样慢慢撒入器皿中,直至其达到应称质量的平衡点为止。

(3)递减称量法(又称差减量法)

该法多用于称取易吸水、易氧化或易与 CO_2 反应的物质。要求称取物的质量不是一个固

定质量,而只要符合一定的质量范围即可。

2. pH 的测定

指示电极(玻璃电极)与参比电极(饱和甘汞电极)或者复合玻璃电极插入被测溶液中组成工作电池。

$$(-)Ag,AgCl|HCl(0.1 \ mol \cdot L^{-1})|H^+(X \ mol \cdot L^{-1}) \parallel KCl(饱和)|Hg_2Cl,Hg(+)$$

玻璃电极　　　　　　被测溶液　　　　　　甘汞电极

在一定条件下,测得电池的电动势 E 就是 pH 的直线函数:

$$E = K + 0.059pH(25 \ ℃)$$

由测得的电动势 E 就能计算被测溶液的 pH。但因上式中 K 常数实际不易求得,因此,在实际工作中,用酸度计测溶液的 pH 时,首先必须用已知 pH 的标准溶液来校正酸度计(也叫定位)。

三、主要试剂与仪器

1. 试剂

铝片,碳酸钠固体,成套 pH 缓冲剂,电极填充/存放液,饱和 KCl 溶液,待测试样溶液。

2. 仪器

电子天平(LE204),表面皿,称量瓶,烧杯,药匙,pH 酸度计,LE438 三合一电极(或 LE409 复合电极)。

四、实验步骤

1. 电子天平称量练习

常用的称量方式有直接称量法、固定质量称量法和递减称量法。

称量前,端坐于天平前方,用专用小刷子打扫天平里面及秤盘。接通电源,预热15 min 后可以使用。

(1)直接称量法(电子天平)

短按 O/T 键,当显示屏上出现 0.000 0 g 后,轻轻平推开右边门,将铝片放在盘中央,再轻轻平推关上门,待数值稳定后,记下铝片质量。

(2)固定质量称量法

在半机械加码电光分析天平上用此法称出 3 份 Na$_2$CO$_3$ 样品,每份(0.500 0 ±0.000 1)g。

(3)递减称量法(电子天平)

① 称铝片。

取出铝片放在表面皿上,将表面皿 + 铝片轻轻放在盘中央,按(1)的步骤称量,并记下表面皿 + 铝片质量。

取出铝片,按(1)的步骤称表面皿,并记下表面皿质量。

② 称出 0.4 ~ 0.6 g Na$_2$CO$_3$。

短按 O/T 键,当显示屏上出现 0.000 0 g 后,轻轻平推开左边门,将装有碳酸钠的称量瓶(用纸条夹取,避免手指与称量瓶直接接触)放在电子天平秤盘的中央,再轻轻平推关上门,待数值稳定后,记下碳酸钠 + 称量瓶的质量,然后小心地把碳酸钠的一部分转移至小烧杯中。转移时,左手拿称量瓶(用纸条),右手拿称量瓶盖(用小纸片),将称量瓶斜拿(瓶口略低于瓶底)于小烧杯上,在容器上方揭开瓶盖,用瓶盖轻轻敲击称量瓶口的前上方,使试样落入杯中,然后小心竖起称量瓶,边竖边轻轻敲击,使瓶口试样下落,此时不能离开容器上方,至完全竖起,瓶口没有试样时再盖好盖子。注意,只有这时才能将称量瓶离开小烧杯。试称称量瓶的质量,若所取试样不够,可重复上述操作,再次敲击,直至所取量在要求的一定质量的范围之内,记下剩余碳酸钠 + 称量瓶的质量并算出无水碳酸钠的质量。

称完后,将称量瓶送归原处。关上天平两边侧门,长按 O/T 键至黑屏,拔下电源插头,清扫天平里面。

2. pH 的测定

(1)DELTA320 pH 计的使用步骤

① 开电源。

② 按"模式"键,找 pH。

③ 长按"模式"键,进入 prog 程序。

④ 短按"模式"键,找到 b,按" ∧ "或" ∨ "键,选 b = 3(pH = 4.00、6.86、9.18)。

⑤ 按"读数"键确认。

其他型号酸度计的使用步骤大同小异。

(2)测定步骤

① 校正。

用 pH = 6.86 的溶液洗电极,然后将电极插入 pH = 6.86 的标准溶液的小烧杯中,稍移动小烧杯混匀,按"校正"键,当显示屏出现 $\sqrt{A}$(终点)时,pH 应为 6.86(与温度有关)。

按上述步骤用 pH = 4.00 和 pH = 9.18 的标准缓冲溶液分别进行校正。

校正完后,按"读数"键(实际上是保存上述结果和退回到测量状态)。

② 测定。

用待测酸式样品溶液洗电极,然后插入待测酸式样品溶液的小烧杯中,稍移动小烧杯混匀,按"读数"键,当显示屏出现 $\sqrt{A}$(终点)时即可读取 pH。

用待测碱式样品溶液洗电极,然后插入待测碱式样品溶液的小烧杯中,稍移动小烧杯混匀,按"读数"键,当显示屏出现 $\sqrt{A}$(终点)时即可读取 pH。

③ 测定完毕后,用纯净水冲洗电极并装上保湿帽,试剂放回原处,清理桌面。

五、数据处理(表 8 - 1、表 8 - 2)

表 8 - 1　称量记录与结果处理

实验项目	编　号	1	2	3
直接称量法	$m_{铝片}/g$			
固定质量称量法 ——称碳酸钠	$m_{表面皿}/g$			
	$m_{(表面皿 + Na_2CO_3)}/g$			
	$m_{Na_2CO_3}/g$			

续表

实验项目	编　号	1	2	3
递减称量法 ——称铝片	$m_{(铝片+表面皿)}/g$			
	$m_{表面皿}/g$			
	$m_{铝片}/g$			
递减称量法 ——碳酸钠	$m_{(Na_2CO_3+称量瓶)}/g$			
	$m_{(剩余Na_2CO_3+称量瓶)}/g$			
	$m_{Na_2CO_3}/g$			

表 8-2　pH 测定数据记录

实验项目	1	2	3
酸式样品溶液的 pH			
碱式样品溶液的 pH			
酸式样品溶液的 pH 平均值			
碱式样品溶液的 pH 平均值			

六、思考题

1. 称量结果应记录至几位有效数字？为什么？

2. 分析天平的灵敏度越高，是不是称量的准确度也越高？为什么？

3. 怎样理解 pH 的定量关系式？为什么要用标准液校正酸度计？

实验8.2　容量仪器的校准、滴定分析基本操作练习

在化学分析测定中，分析数据可靠性是一个贯穿始终的问题。其中实验室常用容量仪器的精确度不高、操作不规范，往往是造成差异的主要原因。读数上的微小误差，可能导致结果的不准确，造成巨大的经济损失，所谓"失之毫厘，谬以千里"。掌握常用容量仪器的校准，对培养严谨求实、细致、认真负责的科学素养和追求完美科学精神的高素质人才至关重要。

一、实验目的

1. 学习滴定管的校准和移液管、容量瓶的相对校准方法。

2. 学习和练习滴定分析的基本操作。

3. 初步掌握滴定终点的判定。

二、实验原理

1. 容量仪器的校准

滴定管,移液管和容量瓶是分析实验中常用的玻璃量器,都具有刻度和标称容量。量器产品都允许有一定的容量误差。在准确度要求较高的分析测试中,对自己使用的一套量器进行校准是完全必要的。

校准的方法有称量法和相对较准法。称量法的原理是:称量容器中容纳或放出的纯水的质量,由 $V_{H_2O} = m_t / \rho_t$ 直接算出它的容积 (V_{H_2O})。由于玻璃的热胀冷缩性质,所以,在不同温度下,量器的容积也不同。因此,规定使用玻璃量器的标准温度为 20 ℃。各种量器上标出的刻度和容量,称为在标准温度 20 ℃量器时的标称容量,但是,在实际校准工作中,容器中水的质量是在室温下和空气中称量的。因此必须考虑如下三方面的影响:

①由于空气浮力使质量改变的校正;
②由于水的密度随温度而改变的校正;
③由于玻璃容器本身容积随温度而改变的校正。

考虑了上述影响,可得出 20 ℃容量为 1 L 的玻璃容器,在不同温度时所盛水的质量(表 8 - 3)。根据此计算量器的校正值十分方便。

表 8 - 3　不同温度下 1 L 纯水的质量

温度/℃	质量/g	温度/℃	质量/g	温度/℃	质量/g
10	998. 39	19	997. 34	28	995. 64
11	998. 33	20	997. 18	29	995. 18
12	998. 24	21	997. 00	30	994. 91
13	998. 15	22	996. 80	31	994. 64
14	998. 04	23	996. 60	32	994. 34
15	997. 92	24	996. 38	33	994. 06
16	997. 78	25	996. 17	34	993. 75
17	997. 64	26	995. 93	35	993. 45
18	997. 51	27	995. 69		

需要特别指出的是,校准不当和使用不当都是产生容积误差的主要原因,其误差甚至可能超过允许或量器本身的误差,因而在校准时务必正确、仔细地进行操作,尽量减小校准误差。凡是使用校准值的,其允许次数不应少于两次,并且两次校准数据的偏差应不超过该量器允许的 1/4,并取其平均值作为校准值。

相对校准法是一种用来校准"配套量器"相对体积的校准方法。其广泛运用于具有一定的比例关系,并且不需要各自有精准体积的两种量器间的校准。经常配套使用的移液管和容量瓶采用相对校准法更为重要。例如,用 25 mL 移液管取蒸馏水于干净且倒立晾干的 100 mL 容量瓶中,到第 4 次重复操作后,观察瓶颈处水的弯月面下缘是否刚好与刻线上缘相切,若不相切,应重新作一记号为标线,以后此移液管和容量瓶配套使用时,就用校准的标线。

2. 酸碱滴定分析

中和反应:$OH^- + H^+ = H_2O$。

化学计量点(理论终点):pH = 7.0。

滴定终点(实际终点):pH 落在滴定突跃范围内即可:

$1.0000\ mol \cdot L^{-1}$ HCl ~ $1.0000\ mol \cdot L^{-1}$ NaOH 滴定突跃 pH 3.3 ~ 10.7;

$0.1000\ mol \cdot L^{-1}$ HCl ~ $0.1000\ mol \cdot L^{-1}$ NaOH 滴定突跃 pH 4.3 ~ 9.7;

$0.01000\ mol \cdot L^{-1}$ HCl ~ $0.01000\ mol \cdot L^{-1}$ NaOH 滴定突跃 pH 5.3 ~ 8.7。

以浓度为 $0.1000\ mol \cdot L^{-1}$ 计算,只要滴定终点落在滴定突跃范围内,溶液体积误差 ≤ ±0.04 mL,滴定误差 ≤ ±0.2%。

所用的指示剂:

碱滴定酸:通常采用酚酞(P. P.),变色范围为 8.0(无色)~9.6(红色);

酸滴定碱:通常采用甲基橙(MO),变色范围为 3.1(橙色)~4.4(黄色)。

三、主要试剂与仪器

1. 试剂

HCl 标准溶液($0.1\ mol \cdot L^{-1}$),NaOH 标准溶液($0.1\ mol \cdot L^{-1}$),酚酞指示剂($2\ g \cdot L^{-1}$ 乙醇溶液),甲基橙指示剂($1\ g \cdot L^{-1}$ 水溶液)。

2. 仪器

25 mL 移液管(有刻度),容量瓶,碱式滴定管,酸式滴定管,洗耳球,洗瓶,小滤纸。

四、实验步骤

1. 容量仪器的校准

(1)滴定管的校准(称量法)

将已洗净且外表干燥的带磨口玻璃塞的锥形瓶放在分析天平上称量,得空瓶质量($m_{瓶}$),记录至 0.001 g 位。

再将已洗净的滴定管盛满纯水,调至 0.00 mL 刻度处,从滴定管中放出一定体积(记为 $V_{量出}$),如放出 5 mL 的纯水于已称量的锥形瓶中,塞紧塞子,称出"瓶+水"的质量($m_{瓶+水}$),两次质量之差即为放出之水的质量($m_{水}$)。用同法称量滴定管从 0 到 5 mL、0 到 10 mL、0 到 15 mL、0 到 20 mL、0 到 25 mL 等刻度间的 $m_{水}$,用实验水温水的密度来除每次 $m_{水}$,即可得到滴定管各部分的实际容量 $V_{实际}$。重复校准一次,两次相应区间的水质量相差应小于 0.02 g,求出平均值,并计算校准值 $\Delta V_{校准}$($V_{实际} - V_{量出}$)。以 $V_{量出}$ 为横坐标,$\Delta V_{校准}$ 为纵坐标,绘制滴定管校准曲线。移液管和容量瓶也可用称量法进行校准。校准容量瓶时,不必用锥形瓶,并且称准至 0.001 g 即可。

(2)移液管和容量瓶的相对较准

用洁净的 25 mL 移液管准确移取纯水 25.00 mL 于干净且晾干的 100 mL 容量瓶中,重复操作 4 次,观察液面的弯月面下缘是否恰好与标线上缘相切,如不,则用胶布在瓶颈上另作标记,以后实验中,此移液管和容量瓶配套使用时,应以新标记为准。

2. 滴定操作练习

（1）用 HCl 标准溶液（0.1 mol·L^{-1}）滴定 NaOH 溶液（0.1 mol·L^{-1}），指示剂：甲基橙

用 20 mL 移液管准确移取 20.00 mL NaOH 溶液（0.1 mol·L^{-1}）于 250 mL 锥形瓶中，加水约 20 mL（用洗瓶吹洗锥形瓶内壁 3 圈），加入 1～2 滴甲基橙指示剂，用 HCl 标准溶液滴定至终点颜色由黄变橙，平行滴定 3 次。

（2）用 NaOH 标准溶液（0.1 mol·L^{-1}）滴定 HCl 溶液（0.1 mol·L^{-1}），指示剂：酚酞

用 20 mL 移液管准确移取 20.00 mL HCl 溶液（0.1 mol·L^{-1}）于 250 mL 锥形瓶中，加水约 20 mL（用洗瓶吹洗锥形瓶内壁引圈），加入 1～2 滴酚酞指示剂，用 NaOH 标准溶液滴定至终点颜色由无色变为微红，30 s 不褪色即为终点，平行滴定 3 次。

五、数据处理（表 8-4～表 8-6）

表 8-4　滴定管的校准

$V_{量出}$/mL	$m_{水+瓶}$/g	$m_{瓶}$/g	$m_{水}$/g	$V_{实际}$/mL	$\Delta V_{校准}$/mL
0.00～5.00					
0.00～10.00					
0.00～15.00					
0.00～20.00					
0.00～25.00					

表 8-5　标准 HCl 溶液滴定 NaOH 溶液

记录项目		1	2	3
V_{NaOH}/mL				
V_{HCl}/mL	始读数			
	终读数			
	消耗体积			
c_{NaOH}/(mol·L^{-1})				
$\overline{c}_{NaOH}$/(mol·L^{-1})				
d_{r}/%				
$\overline{d}_{r}$/%				

表 8-6　标准 NaOH 溶液滴定 HCl 溶液

记录项目		1	2	3
V_{HCl}/mL				
V_{NaOH}/mL	始读数			
	终读数			
	消耗体积			

续表

记录项目	1	2	3
$c_{HCl}/(mol \cdot L^{-1})$			
$\overline{c}_{HCl}/(mol \cdot L^{-1})$			
$d_r/\%$			
$\overline{d}_r/\%$			

六、思考题

1. 校准滴定管时,为什么锥形瓶和水的质量只需称到 0.001 g?

2. 容量瓶校准时,为什么要晾干?在用容量瓶配制标准溶液时,是否也要晾干?

3. HCl 和 NaOH 溶液能直接配制准确浓度吗?为什么?

4. 化学计量点和滴定终点有何区别?

5. 以下情况对滴定结果有何影响?

① 滴定管中留有气泡;

② 滴定近终点时,没有用蒸馏水冲洗锥形瓶的内壁;

③ 滴定完后,有液滴悬挂在滴定管的尖端处;

④ 滴定过程中,有一些滴定液自滴定管的活塞处渗漏出来。

实验 8.3　食用白醋中醋酸总酸度的测定

中国食醋的起源已有三千余年的历史,由谷物酿造,从古到今食醋仍旧是各大菜系和广大老百姓日常生活中不可或缺的调味品。在数千年的使用过程中,人们发现醋在保健、医疗等领域也有许多妙用,同时形成了与时俱进的醋文化。食醋中醋酸含量的测定是食醋品质保障的有效手段,在测定过程中,需切身感受量变引起质变的过程(滴定突跃),注重认真、严谨、求实的职业素养的培养。

一、实验目的

1. 学习碱标准溶液的配制和标定。

2. 练习用递减称量法分次称样。

3. 了解强碱滴定弱酸过程中溶液 pH 的变化情况。

4. 进一步理解计量点与选择指示剂的关系。

二、实验原理

用间接法配制的氢氧化钠溶液,以邻苯二甲酸氢钾(于 105 ~ 120 ℃ 干燥 2 ~ 3 h)或结晶草酸($H_2C_2O_4 \cdot 2H_2O$,室温,空气干燥)等基准物质来确定它的准确浓度。

邻苯二甲酸氢钾(KHC_8H_4O_4,简写成 KHP)是一个二元弱酸的酸式盐,与氢氧化钠反应:

由于到达化学计量点时反应产物邻苯二甲酸钾钠是强碱弱酸盐,水解使溶液呈弱碱性($pH \approx 8.9$),故用酚酞作指示剂。

醋酸为一弱酸,电离常数 $K_a = 1.8 \times 10^{-5}$,用氢氧化钠标准溶液滴定时,其反应为:

$$NaOH + CH_3COOH = CH_3COONa + H_2O$$

该反应是强碱滴定弱酸,如果 NaOH 溶液和醋酸溶液的浓度均为 $0.1\ mol \cdot L^{-1}$,则滴定时溶液的 pH 突跃范围为 $7.7 \sim 9.7$,通常选用酚酞为指示剂,终点则由无色变成微红色在半分钟内不褪为止。

醋酸中除 CH_3COOH 外,还可能存在其他各种形式的酸,均能与氢氧化钠反应,因此,滴定所得为总酸度。以 CH_3COOH 的含量($g \cdot L^{-1}$)表示。

三、主要试剂与仪器

1. 试剂

氢氧化钠固体,邻苯二甲酸氢钾固体(基准试剂),醋酸试样(约 $0.4\ mol \cdot L^{-1}$),酚酞指示剂($2\ g \cdot L^{-1}$ 乙醇溶液)。

2. 仪器

电子天平(AL204),台秤,滴定分析用的玻璃器皿。

四、实验步骤

1. 计算

标定 $0.1\ mol \cdot L^{-1}$ 氢氧化钠溶液 $20 \sim 25\ mL$,计算需用邻苯二甲酸氢钾多少克。

2. NaOH 标准溶液($0.1\ mol \cdot L^{-1}$)的配制

在台秤上用小烧杯迅速称取所需氢氧化钠的固体(需用量事先算好),加水 50 mL(用 50 mL 量筒),搅动使氢氧化钠全部溶解,转入试剂瓶中,用水稀释至 300 mL,盖好瓶盖,摇匀,静置 5 min 以上待用。

3. 称量与溶解

用递减称量法准确称取每份所需邻苯二甲酸氢钾质量,分别放入 3 个锥形瓶中(瓶要编号),每瓶各加水约 30 mL(用量筒取),静置 $1 \sim 2$ min,摇至完全溶解,用洗瓶吹洗锥形瓶内壁一圈摇匀,加酚酞指示剂 $2 \sim 3$ 滴,总体积约 40 mL。

4. 标定

取出配好的氢氧化钠溶液,每次用前都要摇匀,防止水分凝结瓶壁而改变溶液浓度。然后用待标定的氢氧化钠溶液润洗滴定管,以免氢氧化钠溶液被稀释。注入 $5 \sim 10$ mL NaOH 溶液于滴定管中,两手平端滴定管,慢慢转动,使溶液流遍全管。再把滴定管竖起,捏挤玻璃珠附近的橡皮管,使溶液从下端流出。如此洗 $2 \sim 3$ 次,即可装入氢氧化钠溶液,排去滴定管下端的空气(滴定管倾斜,并使管嘴向上,然后捏挤玻璃珠附近的橡皮管,使溶液喷出,而气泡随之排除),调整液面至零线或零线稍下,准确读数并记录在预习记录本上。滴定管下端如有悬挂的液滴,应除去。

从滴定管中将氢氧化钠溶液慢慢滴入第一个锥形瓶中,并不断摇动,近终点时(若瓶壁溅有液滴,可用洗瓶顺锥形瓶壁冲洗一周),要慢滴多摇,滴至刚出现粉红色在摇动下半分钟不褪为终点,记下读数,求出消耗氢氧化钠的体积。再装满滴定管,用同样方法滴定第二份和第三份溶液。

根据邻苯二甲酸氢钾的质量(m_{KHP})和所用的碱溶液的体积(V_{NaOH}),计算碱溶液的准确浓度(c_{NaOH})(四位有效数字)。

5. 滴定醋酸试样溶液

稀释试液:用 25 mL 移液管准确移取试样溶液 25.00 mL 置于 100 mL 容量瓶中,加水至刻度,摇匀。

用 20 mL 移液管取稀释 4 倍后的试液于锥形瓶中(同时取 3 份),加水约 20 mL(用洗瓶吹洗锥形瓶内壁 3 圈),各加酚酞指示剂 2 ~ 3 滴,依次用 NaOH 标准溶液滴定至出现微红色在 30 s 内不褪色即为终点,平行滴定 3 份。

根据所得数据计算醋酸的总酸度,用 ρ_{HAc} (g·L^{-1}) 表示,列出计算公式。

五、数据处理(表 8 - 7、表 8 - 8)

表 8 - 7　NaOH 标准溶液的标定

记录项目		1	2	3
m_{KHP}/g				
V_{NaOH}/mL	始读数			
	终读数			
	消耗体积			
c_{NaOH}/(mol·L^{-1})				
$\overline{c}_{NaOH}$/(mol·L^{-1})				
d_r/%				
$\overline{d}_r$/%				

计算公式为:$c_{NaOH} = \dfrac{m_{KHP}}{M_{KHP}\dfrac{V_{NaOH}}{1\ 000}}$

表 8 - 8　食用醋试样溶液的测定

记录项目		1	2	3
V_{HAc}/mL				
V_{NaOH}/mL	始读数			
	终读数			
	消耗体积			

续表

记录项目	1	2	3
$\rho_{HAc}/(g \cdot L^{-1})$			
$\overline{\rho}_{HAc}/(g \cdot L^{-1})$			
$d_r/\%$			
$\overline{d}_r/\%$			

计算公式为：$\rho_{HAc} = \dfrac{c_{NaOH}V_{NaOH}M_{HAc}}{25.00 \times \dfrac{20.00}{100.00}}$

六、思考题

1. 能否配成准确浓度的氢氧化钠溶液？为什么？
2. 氢氧化钠滴定邻苯二甲酸氢钾溶液时，滴定前与计量点的 pH 各为多少？
3. 试解释空气中的二氧化碳为什么会影响酚酞指示剂的终点。

实验 8.4　工业纯碱分析(双指示剂法)

> "侯氏制碱法"的创始人侯德榜,1921 年在哥伦比亚大学获得博士学位,怀着工业救国的远大抱负,放弃国外优越的条件回到祖国,顶着重重压力,克服困难,破解了垄断 70 多年的苏维尔制碱法,使我国一跃成为先进的制碱国。随后他不断创新,经过 500 多次的循环实验,"侯氏制碱法"终于在 1940 年诞生了,国际科学界给予了高度评价。以此设计工业纯碱分析实验教学项目,激发年轻人奋发图强、振兴中华的斗志。

一、实验目的

1. 学习盐酸标准溶液的配制和标定。
2. 进一步了解酸碱滴定法的应用。
3. 掌握双指示剂法测定混合碱的原理和组成成分的判别及计算方法。

二、实验原理

工业纯碱 Na_2CO_3 里可能含有 NaOH 或 $NaHCO_3$。欲测定同一份试样中各组分的含量,可用 HCl 标准溶液滴定,选用两种不同指示剂分别指示第一、第二化学计量点的到达。根据到达两个化学计量点时消耗的 HCl 标准溶液的体积,便可判别试样的组成及计算各组分的含量。

在工业纯碱试样中加入酚酞指示剂,此时溶液呈红色,用 HCl 标准溶液滴定至溶液由红色恰好变位无色时,则试液所含 NaOH 完全被中和,Na_2CO_3 被中和到 $NaHCO_3$,若溶液中含 $NaHCO_3$,则未被滴定,反应如下：

$$NaOH + HCl = NaCl + H_2O$$

$$Na_2CO_3 + HCl = NaCl + NaHCO_3$$

设滴定用去的 HCl 标准溶液为 $V_1(mL)$，再加入甲基橙指示剂，继续用 HCl 标准溶液滴定到溶液由黄色变为橙色。此时试液中的 $NaHCO_3$（或是 Na_2CO_3 第一步被中和生成的，或是试样中含有的）被中和成 CO_2 和 H_2O。

$$NaHCO_3 + HCl = NaCl + CO_2 + H_2O$$

此时，又消耗 HCl 标准溶液（即第一计量点到第二计量点消耗的）的体积为 $V_2(mL)$。

当 $V_1 > V_2$ 时，试样为 Na_2CO_3 与 NaOH 的混合物，中和 Na_2CO_3 所需 HCl 是分两批加入的，两次用量应该相等。即滴定 Na_2CO_3 至产物为 H_2CO_3 所消耗的 HCl 的体积为 $2V_2$，而中和 NaOH 所消耗的 HCl 的体积为 $(V_1 - V_2)$，故计算 Na_2CO_3 与 NaOH 的含量公式应为：

$$w_{NaOH} = \frac{(V_1 - V_2)c_{HCl}M_{NaOH}}{1\,000m_s} \times 100\%$$

$$w_{Na_2CO_3} = \frac{V_2 c_{HCl}M_{Na_2CO_3}}{1\,000m_s} \times 100\%$$

当 $V_1 < V_2$ 时，试样为 Na_2CO_3 与 $NaHCO_3$ 的混合物，此时 V_1 为中和 Na_2CO_3 至 $NaHCO_3$ 时所消耗的 HCl 的体积，中和试样中含有的 $NaHCO_3$ 消耗 HCl 的体积为 $(V_2 - V_1)$，计算 $NaHCO_3$ 和 Na_2CO_3 含量的公式为：

$$w_{NaHCO_3} = \frac{(V_2 - V_1)c_{HCl}M_{NaHCO_3}}{1\,000m_s} \times 100\%$$

$$w_{Na_2CO_3} = \frac{V_1 c_{HCl}M_{Na_2CO_3}}{1\,000m_s} \times 100\%$$

式中，m_s 为混合碱试样质量(g)。

三、主要试剂与仪器

1. 试剂

工业纯碱试样，碳酸钠固体（基准试剂），酚酞指示剂（2 g·L^{-1}乙醇溶液），甲基橙指示剂（1 g·L^{-1}水溶液），甲基红指示剂（1 g·L^{-1}乙醇水溶液），HCl 标准溶液（0.1 mol·L^{-1}）。

2. 仪器

电子天平（AL204），滴定分析用的玻璃器皿。

四、实验步骤

1. HCl 标准溶液（0.1 mol·L^{-1}）的配制与标定

用量筒取一定量 6 mol·L^{-1} HCl 溶液，加蒸馏水稀释至 300 mL，储存于洗净的试剂瓶中，充分摇匀。

（1）用无水碳酸钠基准物质标定

无水碳酸钠放在称量瓶中，于烘箱中 150 ℃下烘 1 h。于干燥器中保存，用递减称量法准确称取 0.11 ~ 0.13 g 无水碳酸钠（称量速度要快些，称量瓶要盖严）于 250 mL 锥形瓶中（3份），加水 20 ~ 30 mL，溶解后，加入甲基橙指示剂 1 ~ 2 滴，用 HCl 溶液滴定至溶液由黄色变为橙色即为终点。计算 HCl 溶液浓度和表 8 – 9 中列出的项目。

（2）用硼砂 $Na_2B_4O_7 \cdot 10H_2O$ 标定

用递减法准确称取 0.40 ~ 0.60 g 硼砂于 250 mL 锥形瓶中（3 份），加水 50 mL，溶解后，加入甲基红指示剂 1 ~ 2 滴，用 HCl 溶液滴定至溶液由黄色变为浅红色即为终点。计算 HCl 溶液的浓度及相对平均偏差。计算 HCl 溶液浓度和表 8 – 9 中列出的项目。

2. 工业纯碱的分析

用递减称量法准确称取 0.20 ~ 0.23 g 试样置于锥形瓶中（同时称取 3 份）。

加水约 20 mL（用洗瓶吹洗锥形瓶内壁 3 圈），各加酚酞指示剂 2 ~ 3 滴，用 HCl 标准溶液滴定至溶液由红色转变为微红色，记下读数为 V_1。

在上述溶液中再加 1 ~ 2 滴甲基橙指示剂，滴定管里 HCl 标准溶液装满至标线稍下，继续用 HCl 标准溶液滴定至溶液由黄色转变为橙色，记下读数为 V_2，平行滴定 3 份。计算表 8 – 10 中列出的项目。

五、数据处理（表 8 – 9、表 8 – 10）

表 8 – 9　HCl 标准溶液浓度的标定

记录项目		1	2	3
$m_{硼砂}$ 或 $m_{Na_2CO_3}$ /g				
V_{HCl} /mL	始读数			
	终读数			
	消耗体积			
c_{HCl} /（mol · L^{-1}）				
$\overline{c}_{HCl}$ /（mol · L^{-1}）				
d_r /%				
$\overline{d}_r$ /%				

表 8 – 10　工业纯碱中各组分含量的测定

记录项目		1	2	3
$m_{试样}$ /g				
V_{HCl} /mL	始读数			
	第一终点读数			
	第二终点读数			
	V_1			
	V_2			

记录项目	1	2	3
V_1 与 V_2 大小比较	V_1＿＿＿＿＿ V_2	V_1＿＿＿＿＿ V_2	V_1＿＿＿＿＿ V_2
确定纯碱的组成	以上结果表明:因 V_1＿＿＿＿＿ V_2， 那么纯碱中只含有＿＿＿＿＿和＿＿＿＿＿。		
$w_{组分1}/\%$			
$\overline{w}_{组分1}/\%$			
$d_r/\%$			
相对平均偏差/%			
$w_{组分2}/\%$			
$\overline{w}_{组分2}/\%$			
$d_r/\%$			
$\overline{d}_r/\%$			

六、思考题

1. 如果在滴定过程中根据所记录的数据发现 $V_1 + V_2 < 2V_1$，说明什么问题？

2. 称取基准物无水碳酸钠时，应注意什么问题？

3. 本实验中，滴定试样溶液接近终点时，为什么要剧烈振荡？

4. 采用双指示剂法测定混合碱时，在同一份溶液中测定，试判断下列五种情况中混合碱的成分各是什么？

① $V_1 = 0, V_2 \neq 0$；

② $V_1 \neq 0, V_2 = 0$；

③ $V_1 > V_2$；

④ $V_1 < V_2$；

⑤ $V_1 = V_2$。

实验 8.5　有机胺中氨基的测定

在滴定分析过程中，被滴定的体系通常不发生明显的颜色变化，因此需要借助指示剂颜色的变化来判定滴定终点。以酚酞作为指示剂的酸碱滴定为例，其现象是溶液红色与无色之间的突变，其本质是在化学计量点附近，随着 pH 的变化，酚酞的红色碱式形体和无色酸式形体浓度的迅速改变，从而引起溶液颜色突变，完成了突跃。突跃的本质是量变的逐渐积累引起质变的必然结果。现象是本质的外在表现，透过现象看本质，才能掌握事物的根本规律，更能发挥人的主观能动性。

一、实验目的

1. 学习有机胺的测定方法。
2. 了解混合指示剂的优点及使用。

二、实验原理

氨基(—NH$_2$)是含氮元素的碱性官能团。大部分有机胺类可以在水溶液中或有机溶剂中用酸滴定法来测定。

一般来说,脂肪族胺碱性较强,多数易溶于水,在水中的离解常数 K 为 10^{-3} ~ 10^{-6},所以可用强酸(如盐酸)直接滴定。对于芳胺及其他弱有机胺类(如吡啶等),有的 K 值低到 10^{-12},又难溶于水,显然在水溶液中无法测定,但可以在特殊的有机溶剂(如乙二醇、异丙醇等)中用强酸如高氯酸作标准溶液进行滴定。

用酸滴定法测定氨基的方法比较简便,本实验用盐酸标准溶液测定样品中乙醇胺的含量,反应产物是强酸弱碱盐,滴定反应如下:

$$HOCH_2CH_2NH_2 + HCl = HOCH_2CH_2NH_2 \cdot HCl$$

化学计量点的 pH 约为 5.4,可选用甲基红($pK_a = 4.9$) – 溴甲酚绿($pK_a = 5.2$)混合指示剂,滴定终点时,溶液由绿色变为灰紫色,颜色变化明显,易于掌握,准确度较高。

三、主要试剂与仪器

1. 试剂

无水碳酸钠固体,乙醇胺试样,甲基橙指示剂(1 g·L^{-1}水溶液),甲基红 – 溴甲酚绿混合指示剂。

2. 仪器

电子天平(AL204),滴定分析用的玻璃器皿。

四、实验步骤

1. HCl 标准溶液(0.1 mol·L^{-1})的配制与标定

参见本章实验 8.4。

2. 氨基的测定

取 3 个洁净锥形瓶,分别编号,分别加入蒸馏水 30 mL,加入甲基红 – 溴甲酚绿混合指示剂 1~2 滴,用盐酸标准溶液滴至绿色恰好消失,以消除水中的碱度,一般只加半滴。

用递减法准确称量胺试样 0.1~0.15 g 于锥形瓶中,摇匀,用盐酸标准溶液滴定,由于反应进行较慢,注意慢滴多摇,至溶液的绿色突变灰紫色即为终点,记录盐酸标准溶液的用量。计算氨基含量的公式为:

$$w_{NH_2} = \frac{c_{HCl}V_{HCl}M_{NH_2}}{1\,000m_s} \times 100\%$$

五、数据处理（表 8 –11、表 8 –12）

表 8 –11　HCl 标准溶液浓度的标定

记录项目		1	2	3
$m_{硼砂}$ 或 $m_{Na_2CO_3}/g$				
V_{HCl}/mL	始读数			
	终读数			
	消耗体积			
$c_{HCl}/(mol \cdot L^{-1})$				
$\overline{c}_{HCl}/(mol \cdot L^{-1})$				
$d_r/\%$				
$\overline{d}_r/\%$				

表 8 –12　氨基的测定

记录项目		1	2	3
$m_{乙醇胺}/g$				
V_{HCl}/mL	始读数			
	终读数			
	消耗体积			
$w_{NH_2}/\%$				
$\overline{w}_{NH_2}/\%$				
$d_r/\%$				
$\overline{d}_r/\%$				

六、思考题

1. 盐酸为什么不能直接配成准确浓度的溶液？本实验标定盐酸用什么基准物质？为何要用甲基橙作指示剂？

2. 由实验观察甲基红 – 溴甲酚绿混合指示剂酸色和碱色的突变，比较其与常用指示剂的优点。

3. 实验开始，水试样中加入混合指示剂后，为什么要用盐酸标准溶液滴至绿色消失？

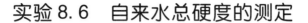

实验 8.6　自来水总硬度的测定

水总硬度是水质好坏的一个重要检测指标,通过检测可以指导其能否用于工业生产及日常生活。水质的好坏与人类健康生活密切相关,据报道,高硬度的水会引起血管、神经、泌尿造血病变等相关疾病。因此,水硬度的测定是生态文明建设中不容忽视的问题。本实验教学项目可以培养学生关爱环境、保护环境的习惯,为学生良好品质的形成奠定基础。

一、实验目的

1. 了解配位滴定的基本原理。
2. 学习 EDTA 标准溶液的配制和标定方法。
3. 学习水的总硬度测定及表示方法。
4. 了解配位滴定中酸度控制的必要性和方法。

二、实验原理

1. EDTA 溶液的标定

配位滴定广泛应用的标准溶液是乙二胺四乙酸的二钠盐,简称 EDTA,通常含两个分子结晶水,分子式用 $Na_2H_2Y \cdot 2H_2O$ 表示,为白色结晶粉末。由于 EDTA 与各价态的金属离子配合,一般都形成配位比为 1:1 的配合物,为计算简便,EDTA 标准溶液通常都用摩尔浓度表示。

EDTA 标准溶液可用基准级的固体直接配成,常用间接法先配成大约浓度,再用基准物质如碳酸钙、硫酸镁、氧化锌、金属锌等标定。标定时,一般采用铬黑 T(简称 EBT)或二甲酚橙作指示剂,不同指示剂适应的条件有所不同,应视情况而定。

例如,用锌标定 EDTA 时,在 pH≈10(氨缓冲浓度),以铬黑 T(简称 EBT)作指示剂,滴定过程中,溶液中发生的反应如下:

$$滴定前:Zn + In(蓝色) = ZnIn(红色)$$
$$滴定开始至终点前:Zn + Y = ZnY(无色)$$
$$终点时:ZnIn(红色) + Y = ZnY + In(蓝色)$$

滴定至溶液由红色变为蓝色即为终点。

2. 自来水总硬度的测定

水的硬度测定可分为水的总硬度测定和钙镁硬度测定两种。总硬度的测定是滴定钙镁总量,并以 CaO 进行计算。后一种分别测定钙和镁的含量。

测定水的总硬度,一般采用配位法,即在 pH≈10 的氨性缓冲溶液中,以铬黑 T 作指示剂,用 EDTA 标准溶液直接滴定钙镁。水中的铁、铝等干扰离子用三乙醇胺掩蔽,锰离子用盐酸羟胺掩蔽,铜等重金属离子可用 KCN、Na_2S 掩蔽。

各国对水的硬度表示方法不同,我国常用两种方法表示:一种以度(°)计,1 硬度单位表示

10^5 份水中含 1 份 CaO(即每升水中含 10 mg CaO),即 1° = 10 ppm CaO;另一种是将钙、镁折算成 CaO 的质量,即每升水中含有 CaO 的毫克数表示,单位为 mg·L^{-1}。

三、要试剂与仪器

1. 试剂

EDTA 二钠盐固体,氧化锌固体,氨缓冲溶液(pH≈10),盐酸(1:1),铬黑 T 指示剂,三乙醇胺(1:2),盐酸羟胺(1%)。

2. 仪器

电子天平(AL204),滴定分析用的玻璃器皿。

四、实验步骤

1. EDTA 标准溶液(0.01 mol·L^{-1})的配制与标定

用百分之一电子天平称取一定量 EDTA 二钠盐固体于小烧杯中,加 50 mL 水,稍加热溶解,冷却后转移至试剂瓶,加水稀释至 300 mL,摇匀,以待标定。

(1)用氧化锌基准物质标定

用递减法准确称取一定量氧化锌(自己先算好)置于小烧杯中,盖上表面皿,从烧杯嘴逐滴加入 1:1 稀盐酸(30~40 滴),摇匀,使之溶解,充分溶解后,用水冲洗烧杯和玻璃棒,然后转入 250 mL 容量瓶中,并稀释至刻度,摇匀,计算其准确浓度。

用 20 mL 移液管准确移取 Zn^{2+} 标准溶液 20.00 mL 于锥形瓶中(同时取 3 份),各加水约 20 mL(用洗瓶吹洗锥形瓶内壁 3 圈)、氨缓冲溶液 5 mL、铬黑 T 指示剂一小勺,此时溶液呈紫红色,用 EDTA 溶液慢慢滴定至溶液由紫红经紫蓝变为纯蓝,即为终点,记下所消耗 EDTA 溶液的用量。平行滴定 3 份,计算 EDTA 溶液的准确浓度。

(2)用 $CaCO_3$ 基准物质标定

用递减法准确称取一定量 105~110 ℃干燥过的 $CaCO_3$ 置于小烧杯中,加入 50 mL 水,盖上表面皿,从烧杯嘴逐滴加入 1:1 稀盐酸(30~40 滴),摇匀,使之溶解,待充分溶解后,加热近沸,冷却后用水冲洗表面皿、烧杯和玻璃棒,再定量转入 250 mL 容量瓶中,并稀释至刻度,摇匀,计算其准确浓度。

用 20 mL 移液管准确移取 Ca^{2+} 标准溶液 20.00 mL 于锥形瓶中(同时取 3 份),各加水约 20 mL(用洗瓶吹洗锥形瓶内壁 3 圈),在搅拌下加入 10 mL 20% KOH 溶液和适量的黄绿色百里酚酞混合指示剂,此时溶液应呈现绿色荧光。摇匀后用 EDTA 溶液慢慢滴定至溶液绿色荧光消失并突变为紫红色,即为终点,记下所消耗 EDTA 溶液的用量。平行滴定 3 份,计算 EDTA 溶液的准确浓度。

2. 自来水总硬度的测定

用移液管移取自来水 100.00 mL 于锥形瓶中(同时取 3~5 份),加盐酸羟胺 1~2 mL、三乙醇胺 1~2 mL,摇匀,吹洗,放置 2~3 min,加入氨缓冲溶液 10 mL、铬黑 T 指示剂一小勺,立即用 EDTA 标准溶液滴定,注意慢滴多摇,直至溶液由紫红色变蓝色为止,记下所消耗 EDTA 标准溶液的体积。平行滴定 3~5 份。

根据所取水样和 EDTA 的用量,计算水的总硬度[mg(CaO)·L^{-1}],计算公式为:

$$水的总硬度 = c_{EDTA} V_{EDTA} M_{CaO}/V_{水样}$$

五、数据处理(表 8-13、表 8-14)

表 8-13　用 Zn^{2+}标准溶液标定 EDTA 溶液

记录项目		1	2	3
m_{Zn}/g				
V_{EDTA}/mL	始读数			
	终读数			
	消耗体积			
$c_{EDTA}/(mol·L^{-1})$				
$\overline{c}_{EDTA}/(mol·L^{-1})$				
$d_r/\%$				
$\overline{d}_r/\%$				

表 8-14　自来水总硬度的测定

记录项目		1	2	3
V_{H_2O}/mL				
V_{EDTA}/mL	始读数			
	终读数			
	消耗体积			
水样总硬度/[mg(CaO)·L^{-1}]				
$d_r/\%$				
$\overline{d}_r/\%$				

六、思考题

1. 根据配位滴定反应,怎样理解"慢滴多摇"的操作过程?
2. 用 EDTA 测定水的硬度时,应注意哪些方面?
3. 解释加入的每一种试剂的作用。

实验 8.7　铝合金中铝含量的测定

铝的生产包括铝土矿的开采、氧化铝的烧结、电解铝。电解铝属于高能耗高污染产业。我国铝资源不足,很多从国外开采或进口。经过千锤百炼的轻金属铝拿在手上却是沉甸甸的。每一片金属都值得尊重和厚待。回收金属也迫在眉睫。

一、实验目的

1. 了解返滴定法的原理及其应用。
2. 掌握置换滴定法的原理,了解其应用。
3. 接触复杂试样,以提高分析问题、解决问题的能力。

二、实验原理

由于 Al^{3+} 易水解,易形成多核羟基络合物,在较低酸度时,还可与 EDTA 形成羟基络合物。同时,Al^{3+} 与 EDTA 络合速度较慢,在较高酸度下煮沸则容易络合完全,故一般采用返滴定法或置换滴定法测定铝。

返滴定法是在铝合金溶液中加入定量且过量的 EDTA 标准溶液,在 pH 为 3~4 时煮沸几分钟,使 Al^{3+} 与 EDTA 配位完全,继而在 pH 为 5~6 时,以二甲酚橙为指示剂,用 Zn^{2+} 标准溶液返滴定过量的 EDTA 而得到铝的含量。但是,返滴定法测定铝缺乏选择性,Mg^{2+}、Cu^{2+}、Zn^{2+} 等能与 EDTA 形成稳定配合物的离子都会产生干扰。对于像合金、硅酸盐、水泥和炉渣等复杂试样中的铝,往往采用置换滴定法,以提高选择性。

采用置换滴定法时,先调节 pH 为 3~4,加入过量的 EDTA 溶液,煮沸,使 Al^{3+} 与 EDTA 络合,冷却后,再调节溶液的 pH 为 5~6,以二甲酚橙为指示剂,用 Zn^{2+} 盐溶液滴定过量的 EDTA(不计体积)。然后加入过量的 NH_4F,加热至沸,使 AlY^- 与 F^- 之间发生置换反应,并释放出与 Al^{3+} 等物质的量的 EDTA:

$$AlY^- + 6F^- + 2H^+ = AlF_6^{3-} + H_2Y^{2-}$$

释放出来的 EDTA 再用 Zn^{2+} 盐标准溶液滴定至紫红色,即为终点。

试样中如含 Ti^{4+}、Zr^{4+}、Sn^{4+} 等离子时,也同时被滴定,对 Al^{3+} 的测定有干扰;Mg^{2+}、Cu^{2+}、Zn^{2+} 等离子不产生干扰。

三、主要试剂与仪器

1. 试剂

NaOH 溶液(200 g·L^{-1}),HCl 溶液(6 mol·L^{-1}),EDTA 溶液(0.02 mol·L^{-1}),二甲酚橙指示剂(2 g·L^{-1}),氨水(7 mol·L^{-1}),六亚甲基四胺溶液(200 g·L^{-1}),Zn^{2+} 标准溶液(0.02 mol·L^{-1}),NH_4F 溶液(200 g·L^{-1}),铝合金试样。

2. 仪器

电子天平(AL204),滴定分析用的玻璃器皿。

四、实验步骤

1. 铝合金试样的溶解

准确称取 0.14~0.16 g 铝合金试样于 50 mL 烧杯中,加入 10 mL 200 g·L^{-1} NaOH 溶液,并立即盖上表面皿,待试样溶解后(必要时水浴加热),用少量水冲洗表面皿,然后滴加 6 mol·L^{-1} HCl 溶液至有絮状沉淀产生,再多加 10 mL HCl 溶液。将溶液定量转移至 250 mL 容量瓶中,加蒸馏水稀释至刻度,摇匀。

2. 锌标准溶液配制

准确称取 0.30 ~ 0.32 g 基准锌片于 100 mL 烧杯中,盖上表面皿,从烧杯嘴处加 5 mL 6 mol·L^{-1} HCl 溶液,待完全溶解后,用少量水冲洗表面皿,定量转移至 250 mL 容量瓶中,加蒸馏水稀释至刻度,摇匀,计算此锌标准溶液的浓度。

3. 铝含量的置换滴定

用 20 mL 移液管吸取试液 20.00 mL 于 250 mL 锥形瓶中,加入 30 mL 0.02 mol·L^{-1} EDTA 溶液、2 滴二甲酚橙指示剂,滴加 7 mol·L^{-1} 氨水调至溶液呈紫红色,然后滴加 6 mol·L^{-1} HCl 溶液,使溶液再变为黄色,将溶液煮沸 3 min。冷却,加入 20 mL 200 g·L^{-1} 六次甲基四胺溶液,此时溶液应呈黄色,若呈红色,可滴加 6 mol·L^{-1} HCl 溶液使其变为黄色,再补加二甲酚橙指示剂 2 滴,用 0.02 mol·L^{-1} Zn^{2+} 标准溶液滴定至溶液从黄色刚好变为紫红色(紫红色为 Zn – 二甲酚橙配合物颜色,此时不计体积)。加入 10 mL 200 g·L^{-1} NH$_4$F 溶液,将溶液加热至微沸(置换反应发生)。冷却后,再补加二甲酚橙指示剂 2 滴,此时溶液应呈黄色,若溶液呈红色,应滴加 6 mol·L^{-1} HCl 溶液使溶液呈黄色,再用 0.02 mol·L^{-1} Zn^{2+} 标准溶液滴定至溶液由黄色变为紫红色时,即为终点。平行滴定 3 份,根据所消耗的 Zn^{2+} 标准溶液的体积,计算 Al 的质量分数。

五、数据处理(表 8 – 15)

表 8 – 15　铝含量的测定

记录项目		1	2	3
$m_{铝合金}$/g				
$V_{Zn^{2+}}$/mL	始读数			
	终读数			
	消耗体积			
w_{Al}/%				
$\bar{w}_{Al}$/%				
d_r/%				
$\bar{d}_r$/%				

六、思考题

1. 试述返滴定法和置换滴定法各适用于哪些铝合金试样的测定。

2. 对于复杂的铝合金试样,不用置换滴定法而用返滴定法测定,所得结果是偏高还是偏低?

3. 置换滴定中所使用的 EDTA 溶液为何不需要标定?

4. 阐述实验过程中溶液颜色反复变化的原因。

实验 8.8　补钙制剂中钙含量的测定

国家卫健委的《中国居民营养与慢性病状况报告(2020)》数据显示,近年来,我国居民的平均身高持续增长。18~44 岁的男性和女性平均身高分别比 5 年前增加了 1.2 cm 和 0.8 cm。6~17 岁的男孩和女孩平均身高分别增加了 1.6 cm 和 1 cm。营养跟上、锻炼跟上,最后大家才是拼遗传基因的。文明其思想,野蛮其体魄,生活好起来,很多以前以为是基因产生的结果,其实都是发展问题,只有发展才能解决。

一、实验目的

1. 掌握用高锰酸钾法测定钙含量的原理和方法。
2. 了解沉淀分离的基本要求和操作。

二、实验原理

利用某些金属离子(如碱土金属离子、Pb^{2+}、Cd^{2+} 等)与 $C_2O_4^{2-}$ 能形成难溶的草酸盐沉淀的反应,可以用高锰酸钾法间接测定它们的含量。以 Ca^{2+} 为例,即先将 Ca^{2+} 全部沉淀为 CaC_2O_4,沉淀经过滤洗涤后溶于稀 H_2SO_4 中,有关反应如下:

$$Ca^{2+} + C_2O_4^{2-} \rightleftharpoons CaC_2O_4 \downarrow$$

$$CaC_2O_4 + 2H^+ \rightleftharpoons H_2C_2O_4 + Ca^{2+}$$

$$5H_2C_2O_4 + 2MnO_4^- + 6H^+ \rightleftharpoons 2Mn^{2+} + 10CO_2 \uparrow + 8H_2O$$

在酸性条件下,用 $Na_2C_2O_4$ 作基准物质标定 $KMnO_4$ 溶液的反应为:

$$5C_2O_4^{2-} + 2MnO_4^- + 16 H^+ \rightleftharpoons 2Mn^{2+} + 10CO_2 \uparrow + 8H_2O$$

滴定时,利用 MnO_4^- 本身的紫红色指示终点。

计算公式:

$$c_{KMnO_4} = \frac{2 \times 1\,000 m_{Na_2C_2O_4}}{5 V_{KMnO_4} M_{Na_2C_2O_4}}$$

$$w_{Ca} = \frac{5 c_{KnMO_4} V_{KMnO_4} M_{Ca}}{2 \times 1\,000 m_s} \times 100\%$$

三、主要试剂与仪器

1. 试剂

$KMnO_4$ 溶液($0.02\ mol \cdot L^{-1}$),$Na_2C_2O_4$ 溶液($0.05\ mol \cdot L^{-1}$),H_2SO_4 溶液($3\ mol \cdot L^{-1}$),甲基橙指示剂($1\ g \cdot L^{-1}$ 水溶液),氨水($7\ mol \cdot L^{-1}$),HCl 溶液($6\ mol \cdot L^{-1}$),$AgNO_3$ 溶液($0.1\ mol \cdot L^{-1}$),钙制剂。

2. 仪器

电子天平(AL204),滴定分析用的玻璃器皿。

四、实验步骤

1. $KMnO_4$ 标准溶液($0.02\ mol\cdot L^{-1}$)的配制与标定

称取 1.6 g $KMnO_4$ 固体于 1 000 mL 烧杯中,加入 500 mL 蒸馏水使其溶解,盖上表面皿,待试样溶解后,加热至微沸并保持微沸状态 1 h。中间可补加一定量的蒸馏水,以保持溶液体积基本不变。冷却后将溶液转移至棕色瓶内,在暗处放置 2 ~ 3 天,然后用 G3 或 G4 砂芯漏斗过滤 MnO_2 等杂质,滤液储存于棕色试剂瓶中备用。有时也不经过过滤而直接取上层清液进行实验。

准确称取 0.15 ~ 0.20 g $Na_2C_2O_4$ 基准物质 3 份,分别置于 250 mL 锥形瓶中,各加入 30 mL 蒸馏水溶解,再各加 15 mL 3 $mol\cdot L^{-1}$ H_2SO_4 溶液,然后将锥形瓶置于水浴锅中加热至 75 ~ 85 ℃(刚好冒蒸汽),趁热用待标定的 $KMnO_4$ 溶液滴定至溶液呈微红色,并保持 30 s 不褪色即为终点。根据滴定所消耗的 $KMnO_4$ 溶液的体积和 $Na_2C_2O_4$ 的质量,计算 $KMnO_4$ 溶液的浓度($KMnO_4$ 溶液久置后须重新标定)。

2. 补钙制剂中钙含量的测定

准确称取补钙制剂 3 份(每份含钙约 0.05 g),分别置于 100 mL 烧杯中,加入适量蒸馏水,盖上表面皿,缓慢滴加 2 ~ 5 mL 6 $mol\cdot L^{-1}$ HCl 溶液,加热促使其溶解。稍冷后向溶液中加入 2 ~ 3 滴甲基橙指示剂,再滴加 7 $mol\cdot L^{-1}$ 氨水中和溶液由红色转变为黄色,趁热逐滴加约 50 mL $(NH_4)_2C_2O_4$ 溶液,在水浴中陈化 30 min。冷却后过滤(先将上层清液倾入漏斗中),将烧杯中的沉淀洗涤数次后转入漏斗中,继续洗涤沉淀至无 Cl^-(以小试管接洗液在 HNO_3 介质中用 $AgNO_3$ 检查不到白色沉淀为止)。将带有沉淀的滤纸铺在原烧杯的内壁上,用 50 mL 1 $mol\cdot L^{-1}$ H_2SO_4 把沉淀由滤纸上洗入烧杯中,再用洗瓶洗 2 次,加入蒸馏水,使总体积约 100 mL,加热至 70 ~ 80 ℃,用 0.02 $mol\cdot L^{-1}$ $KMnO_4$ 标准溶液滴定至溶液呈淡红色,再将滤液搅入溶液中,若溶液褪色,则继续滴定,直至出现的淡红色 30 s 内不消失即为终点。计算补钙制剂中钙含量及其相对平均偏差。

五、数据处理(表 8 - 16、表 8 - 17)

表 8 - 16　$KMnO_4$ 溶液的标定

记录项目		1	2	3
$m_{Na_2C_2O_4}/g$				
V_{KMnO_4}/mL	始读数			
	终读数			
	消耗体积			
$c_{KMnO_4}/(mol\cdot L^{-1})$				

续表

记录项目	1	2	3
$\overline{c}_{KMnO_4}/(mol \cdot L^{-1})$			
$d_r/\%$			
$\overline{d}_r/\%$			

表 8−17　钙制剂中钙含量的测定

记录项目		1	2	3
$m_{钙制剂}/g$				
V_{KMnO_4}/mL	始读数			
	终读数			
	消耗体积			
$\overline{w}_{Ca}/\%$				
$\overline{w}_{Ca}/\%$				
$d_r/\%$				
$\overline{d}_r/\%$				

六、思考题

1. 样品在溶解时,为什么要加 HCl 溶液后再滴加氨水至黄色(甲基橙作指示剂)?
2. 加入$(NH_4)_2C_2O_4$时,为什么要在热溶液中逐滴加入?
3. 洗涤 CaC_2O_4 沉淀时,用什么制备洗涤液?Cl^- 未沉淀有什么影响?
4. 钙含量的测定方法有几种?列举并比较优缺点。

实验8.9　络合滴定法连续测定铋和铅

要实现复杂体系中金属离子的选择性络合滴定,除了配位反应(主反应)常数外,还需要充分考虑体系中的共存离子、共存配体、溶液酸度等因素对主反应常数的影响,即各副反应发生程度或副反应系数的大小。因此,我们要正确地认识到复杂体系中的滴定是在变化的过程基础上升华实现的,要学会将"矛盾的转化和对立统一"这一辩证思想融入络合滴定的实验中。面对科学难题和实验困境时,学会分清主要矛盾和次要矛盾,弄清楚矛盾的转化,利用各种外部条件解决矛盾,才能引导事物向着期望的方向发展。

一、实验目的

1. 学会通过控制溶液酸度来连续测定混合溶液中的 Pb^{2+} 和 Bi^{3+}。

2. 熟悉二甲酚橙金属指示剂的应用。

二、实验原理

混合离子的滴定通常采用控制酸度法或掩蔽法进行,可根据副反应系数原理进行计算,论证它们分别滴定的可能性。

Pb^{2+} 和 Bi^{3+} 均能与 EDTA 形成稳定的 1:1 络合物,lgK 值分别是为 18.04 和 27.94。由于两者的 lgK 值差别很大,故可利用酸效应调控不同的酸度,分别进行滴定。通常在 pH≈1.0 时滴定 Bi^{3+},在 pH≈5.0 ~ 6.0 时滴定 Pb^{2+}。

在 Pb^{2+} – Bi^{3+} 混合溶液中,首先调节溶液的 pH≈1.0,以二甲酚橙为指示剂,用 EDTA 标液滴定 Bi^{3+}。此时,Bi^{3+} 与指示剂形成紫红色络合物(Pb^{2+} 在此条件下不形成紫红色络合物),然后用 EDTA 标液滴定 Bi^{3+},溶液由紫红色变成亮黄色,即为滴定 Bi^{3+} 的终点。在滴定 Bi^{3+} 后的溶液中,加入六次甲基四胺溶液,调节溶液 pH = 5.0 ~ 6.0,此时 Pb^{2+} 与二甲酚橙形成紫红色络合物,溶液再呈现为紫红色,然后用 EDTA 标液继续滴定,溶液由紫红色变为亮黄色时,即为滴定 Pb^{2+} 的终点。

$$Bi^{3+} + H_2y^{2-} = Biy^- + 2H^+ \ (pH = 1.0)$$
$$Pb^{2+} + H_2y^{2-} = Pby^{2-} + 2H^+ \ (pH = 6.0)$$

三、主要试剂与仪器

1. 试剂

EDTA 标准溶液($0.01 \ mol \cdot L^{-1}$),二甲酚橙指示剂溶液(0.2%),20% 六次甲基四胺溶液(20 g 试剂溶于水,加 4 mL 浓 HCl,稀释至 100 mL),NaOH 溶液($0.5 \ mol \cdot L^{-1}$),HNO_3 溶液($0.1 \ mol \cdot L^{-1}$)。

2. 仪器

电子天平,精密 pH(0.5 ~ 6.0)试纸,25.00 mL 移液管,250 mL 锥形瓶,10 mL 量筒,酸式滴定管,洗耳球,洗瓶。

四、实验步骤

① Pb^{2+} – Bi^{3+} 混合溶液的测定:为了平行测定 3 次,移取 25.00 mL 试液 3 份于 3 个 250 mL 的锥形瓶中。滴加 10 mL $0.1 \ mol \cdot L^{-1} \ HNO_3$,两滴 0.2% 二甲酚橙指示剂,摇匀。用 EDTA 标准溶液滴定至溶液由紫红色变为亮黄色,根据消耗的 EDTA 体积计算 Bi^{3+} 的含量(单位取 $g \cdot L^{-1}$)。由于 Bi^{3+} 与 EDTA 反应太慢,因此,临近滴定终点时滴定速度不宜太快,并且需用力摇匀。

② 在滴定 Bi^{3+} 后的溶液中,可酌情向试液中补加 1 滴二甲酚橙指示剂,并加 20% 六次甲基四胺至溶液呈稳定的紫红色,再过量 5 mL。这时溶液 pH 为 5.0 ~ 6.0,再用 EDTA 标准液滴定至溶液由紫红色变为亮黄色,即为终点。根据滴定结果,记录消耗 EDTA 的体积,计算混合溶液中 Pb^{2+} 的含量(单位取 $g \cdot L^{-1}$)。

③ 以上滴定实验均平行测定 3 次,并计算相对平均偏差。

五、数据处理与注意事项

1. 实验数据处理

$$Bi(g \cdot L^{-1}) = \frac{c_{EDTA}V_{EDTA}M_{Bi^{3+}}}{混合试液体积}$$

$$Pb(g \cdot L^{-1}) = \frac{c_{EDTA}V_{EDTA}M_{Pb^{2+}}}{混合试液体积}$$

数据记录格式可自拟。

2. 注意事项

① 当试样为 Pb–Bi 合金时,溶样方法如下:称 0.5～0.6 g 合金试样于小烧杯中,加入 7 mL 稀 HNO_3,盖上表面皿,微沸溶解,然后用洗瓶吹洗表面皿与杯壁,将溶液转入 100 mL 容量瓶中,用 0.1 mol·L^{-1} HNO_3 稀释至刻度,摇匀。

② 如果 pH 调节不准,滴定过程中不断出现终点褪色现象,此时可适当补加 NaOH。

③ 如果 NaOH 加入过量,pH > 1.6,则 Pb^{2+} 有干扰。

④ Bi^{3+} 与 EDTA 反应速度较慢,滴 Bi^{3+} 时速度不宜过快,并且要激烈摇动。

⑤ 如果 pH < 0.4,加入二甲酚橙后,溶液呈黄色,此时可补加 NaOH 至溶液转为紫红色为止。

六、思考题

1. 滴定 Pb^{2+} 和 Bi^{3+} 时,溶液酸度各控制在什么范围以及怎么样调节? 为什么?

2. 本实验中,能否先在 pH = 5.0～6.0 的溶液中测定 Pb^{2+} 和 Bi^{3+} 的含量,然后在调整 pH ≈ 1.0 时测定 Bi^{3+} 的含量?

3. 试分析本实验中,试液的酸度过高或过低会对测定有何影响。

实验 8.10　硅酸盐水泥中 SiO_2、Fe_2O_3、Al_2O_3、CaO、MgO 含量的测定

我国的水泥工业早在 1985 年产量就达到世界第一,如今更已成为世界水泥主要生产国和消费国,我们的生产技术也处于世界先进水平。然而,我国早期的水泥工业起步却很艰难。清朝末年,由于当时政治、军事、经济的需要,水泥需求日益增长,而我国国内没有一家水泥生产企业,水泥全部依赖进口,价格高昂。在这一市场条件下,开平矿务局总办唐廷枢报请北洋大臣直隶总督李鸿章批准,以唐山石灰石为原料,在唐山大城山南麓,占地 40 亩(1 亩 = 666.67 平方米),于光绪十五年(1889 年)建成唐山细绵土厂,成为我国第一家立窑水泥厂。不过,在那个积贫积弱的旧时代,我国的民族水泥工业发展整体上依旧缓慢。虽然我国的水泥工业现已今非昔比,但是我们不能忘记那些曾经为中国水泥工业奠基的人们。对照先辈们让中国工业从无到有的那种艰难环境,我们今天所处的环境优越了不少。面对发达国家,我们有后发优势;面对科研难题,我们有经济优势。作为青年一代的大学生和化学工作者,我们没有理由不撸起袖子、卷起裤子,克服各种困难与挫折,做好自己的本职工作。

一、实验目的

1. 学习复杂物质分析的方法。
2. 掌握尿素均匀沉淀法分离技术。

二、实验原理

水泥主要由硅酸盐组成。硅酸盐水泥由水泥熟料加入适量石膏而成,其成分与水泥熟料相似,可按水泥熟料化学分析法进行测定。水泥熟料、未掺混合材料的硅酸盐水泥、碱性矿渣水泥可采用酸分解法。

本实验采用的硅酸盐水泥一般较易为酸所分解。SiO_2 的测定可分成容量法和重量法。重量法又因使硅酸凝聚所用物质的不同,分为盐酸干涸法、动物胶法、氯化铵法等,本实验采用氯化铵法。将试样与 $7 \sim 8$ 倍固体 NH_4Cl 混匀后,再加 HCl 溶液分解试样,HNO_3 氧化 Fe^{2+} 为 Fe^{3+}。经沉淀分离、过滤洗涤后的 $SiO_2 \cdot nH_2O$ 在瓷坩埚中于 950 ℃ 灼烧恒重。本法测定结果较标准法约偏高 0.2% 。若改用铂坩埚在 1 100 ℃ 灼烧至恒重,经氢氟酸处理后,测定结果与标准法结果比较,误差小于 0.1% 。生产上 SiO_2 的快速分析常采用氟硅酸钾容量法。

如果不测定 SiO_2,则试样经 HCl 溶液分解后,再由 HNO_3 氧化,用均匀沉淀法使 $Fe(OH)_3$、$Al(OH)_3$ 与 Ca^{2+}、Mg^{2+} 分离。以磺基水杨酸为指示剂,用 EDTA 络合滴定 Fe;以 PAN 为指示剂,用 $CuSO_4$ 标准溶液返滴定法测定 Al。Fe、Al 含量高时,对 Ca^{2+}、Mg^{2+} 测定有干扰。用尿素分离 Fe、Al 后,Ca^{2+}、Mg^{2+} 是以 GBHA 或铬黑 T 为指示剂,用 EDTA 络合滴定法测定。若试样中含 Ti,则 $CuSO_4$ 回滴法所测得的实际上是 Al、Ti 含量。若要测定 TiO_2 的含量,可加入苦杏仁酸解蔽剂,TiY 可成为 Ti^{4+},再用标准 $CuSO_4$ 滴定释放的 EDTA。如果 Ti 含量较低,可用比色法测定。

三、主要试剂与仪器

1. 试剂

(1)EDTA 溶液($0.02 \ mol \cdot L^{-1}$)

在台秤上称取 4 g EDTA,加 100 mL 水溶解后,转移至塑料瓶中,稀释至 500 mL,摇匀,待标定。

(2)铜标准溶液($0.02 \ mol \cdot L^{-1}$)

准确称取 0.3 g 纯铜,加入 3 mL 6 $mol \cdot L^{-1}$ HCl 溶液,滴加 $2 \sim 3$ mL H_2O_2,盖上表面皿,微沸溶解,继续加热赶去 H_2O_2(小泡冒完为止)。冷却后转入 250 mL 容量瓶中,用水稀释至刻度,摇匀。

(3)指示剂

溴甲酚绿溶液($1 \ g \cdot L^{-1}$);20% 乙醇溶液;磺基水杨酸钠溶液($100 \ g \cdot L^{-1}$);PAN 乙醇溶液($3 \ g \cdot L^{-1}$);铬黑 T($1 \ g \cdot L^{-1}$),称取 0.1g 铬黑 T 溶于 75 mL 三乙醇胺和 25 mL 乙醇中;GBHA 乙醇溶液($0.4 \ g \cdot L^{-1}$)。

（4）缓冲溶液

氯乙酸-醋酸铵缓冲液（pH=2,850 mL,0.1 mol·L^{-1}）：氯乙酸与 85 mL 0.1 mol·L^{-1} NH$_4$Ac 混匀;氯乙酸-醋酸钠缓冲液（pH=3.5,250 mL,2 mol·L^{-1}）：氯乙酸与 500 mL 1 mol·L^{-1} NaAc 混匀;NaOH 强碱缓冲液（pH=12.6）:10 g NaOH 与 10 g Na$_2$B$_4$O$_7$·10H$_2$O（硼砂）溶于适量水后,稀释至 1 L;氨水-氯化铵缓冲液（pH=10）:67 g NH$_4$Cl 溶于适量水后,加入 520 mL 浓氨水,稀释至 1 L。

（5）其他试剂

NH$_4$Cl 固体,氨水,NaOH 溶液（200 g·L^{-1}）,HCl 浓溶液（6 mol·L^{-1}、2 mol·L^{-1}）,尿素溶液（500 g·L^{-1}）,浓 HNO$_3$,NH$_4$F 溶液（200 g·L^{-1}）,AgNO$_3$溶液（0.1 mol·L^{-1}）,NH$_4$NO$_3$溶液（10 g·L^{-1}）。

2. 仪器

马弗炉,瓷坩埚,干燥器,长、短坩埚钳,分析天平,酸式滴定管,铁架台,锥形瓶（250 mL）,比色管 6 支（50 mL）,分光光度计,烧杯,移液管（25 mL、10 mL）,容量瓶（100 mL、1 000 mL）。

四、实验步骤

1. EDTA 溶液的标定

用移液管准确移取 10 mL 铜标准溶液,加入 5 mL pH=3.5 的缓冲溶液和 35 mL 水,加热至 80 ℃后,加入 4 滴 PAN 指示剂,趁热用 EDTA 滴定至由红色变为绿色,即为终点,记下消耗 EDTA 溶液的体积。平行滴定 3 次。计算 EDTA 浓度。

2. SiO$_2$ 的测定

准确称取 0.4 g 试样,置于干燥的 50 mL 烧杯中,加入 2.5~3 g 固体 NH$_4$Cl,用玻璃棒混匀,滴加浓 HCl 溶液至试样全部润湿（一般约需 2 mL）,并滴加 2~3 滴浓 HNO$_3$,搅匀。小心压碎块状物,盖上表面皿,置于沸水浴上,加热 10 min,加热水约 40 mL,搅动,以溶解可溶性盐类。过滤,用热水洗涤烧杯和沉淀,直至滤液中无 Cl$^-$ 反应为止（用 AgNO$_3$检验）,弃去滤液。将沉淀连同滤纸放入已恒重的瓷坩埚中,低温干燥、炭化并灰化后,于 950 ℃灼烧 30 min 取下,置于干燥器中冷却至室温,称量。再灼烧、称量,直至恒重。计算试样中 SiO$_2$ 的质量分数。

3. Fe$_2$O$_3$、Al$_2$O$_3$、CaO、MgO 的测定

（1）溶样

准确称取约 2 g 水泥试样于 250 mL 烧杯中,加入 8 g NH$_4$Cl,用一端平头的玻璃棒压碎块状物,仔细搅拌 20 min。加入 12 mL 浓 HCl 溶液,使试样全部润湿,再滴加浓 HNO$_3$ 4~8 滴,搅匀,盖上表面皿,置于已预热的沙浴上加热 20~30 min,直至无黑色或灰色的小颗粒为止。取下烧杯,稍冷后加热水 40 mL,搅拌使盐类溶解。冷却后,连同沉淀一起转移到 500 mL 容量瓶中,用水稀释至刻度,摇匀后放置 1~2 h,使其澄清。然后用洁净干燥的虹吸管吸取溶液于洁净干燥的 400 mL 烧杯中保存,作为测定 Fe、Al、Ca、Mg 等元素之用。

（2）Fe$_2$O$_3$和 Al$_2$O$_3$含量的测定

准确移取 25 mL 试液于 250 mL 锥形瓶中,加入 10 滴磺基水杨酸、10 mL pH=2 的缓冲溶

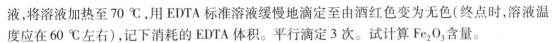

液,将溶液加热至 70 ℃,用 EDTA 标准溶液缓慢地滴定至由酒红色变为无色(终点时,溶液温度应在 60 ℃左右),记下消耗的 EDTA 体积。平行滴定 3 次。试计算 Fe_2O_3 含量。

滴定铁后的溶液中,加入 1 滴溴甲酚绿,用氨水调至黄绿色,此时 pH 大约为 3.8。然后加入 15.00 mL 过量的 EDTA 标准溶液,加热煮沸 1 min,加入 10 mL pH = 3.5 的缓冲溶液、4 滴 PAN 指示剂,用铜标准溶液滴至溶液变为红色即为终点。记下消耗的铜标准溶液的体积。平行滴定 3 份。试计算 Al_2O_3 含量。

(3)CaO 和 MgO 含量的测定

由于 Fe^{3+}、Al^{3+} 干扰 Ca^{2+}、Mg^{2+} 的测定,须将它们预先分离。为此,取试液 100 mL 于 200 mL 烧杯中,滴入氨水至红棕色沉淀生成时,再滴入 2 mol·L^{-1} HCl 溶液使沉淀刚好溶解。然后加入 25 mL 尿素溶液,加热约 20 min,不断搅拌,使 Fe^{3+}、Al^{3+} 完全沉淀,趁热过滤,滤液用 250 mL 烧杯承接,用 1% NH_4NO_3 热水洗涤沉淀至无 Cl^- 为止(用 $AgNO_3$ 溶液检查)。滤液冷却后转移至 250 mL 容量瓶中,稀释至刻度,摇匀。滤液用于测定 Ca^{2+}、Mg^{2+}。

用移液管移取 25 mL 试液于 250 mL 锥形瓶中,加入 2 滴 GBHA 指示剂,滴加 200 g·L^{-1} NaOH 使溶液变为微红色后,加入 10 mL pH = 12.6 的缓冲液和 20 mL 水,用 EDTA 标准溶液滴至由红色变为亮黄色,即为终点。记下消耗 EDTA 标准溶液的体积。平行测定 3 次,计算 CaO 的含量。

在测定 CaO 含量后的溶液中,滴加 2 mol·L^{-1} HCl 溶液至溶液黄色褪去,此时 pH 约为 10,加入 15 mL pH = 10 的氨缓冲液、2 滴铬黑 T 指示剂,用 EDTA 标准溶液滴至由红色变为纯蓝色,即为终点。记下消耗 EDTA 标准溶液体积。平行测定 3 次。计算 MgO 的含量。

五、数据处理与注意事项

1. 数据处理与表格可自拟

2. 注意事项

① 在滴定完铁的溶液中,继续用 EDTA 标准滴定溶液滴定铝离子,铁离子(Fe^{3+})不再干扰。

② 在 pH = 3 的酸度下,用 EDTA 标准滴定溶液直接滴定铝离子,加热至沸腾的温度下进行滴定,以提高 EDTA 与铝离子的反应速度,并保证 EDTA 与铝离子定量反应(铝离子与 EDTA 反应很慢)。

③ 在加热蒸发硅酸凝聚的过程中加入大量固体氯化铵,由于在含有较大量电解质的小体积溶液中析出硅,有利于硅酸的凝聚,沉淀较完全,硅酸的含水量少,结构紧密,吸附现象有所减少。

六、课后思考

1. 铜盐回滴测定铝时,为防止生成 $Al(OH)_3$,应注意什么?

2. 本实验测定 SiO_2 含量的方法和原理是什么?

3. 测定镁时,应如何避免溶液中 $Mg(OH)_2$ 的生成而影响分析结果,若有 $Mg(OH)_2$ 生成,则分析结果将偏低还是偏高?

实验 8.11 水样中化学耗氧量的测定(高锰酸钾法)

目前,水中化学耗氧量的测定常用高锰酸钾法和重铬酸钾法。重铬酸钾法对大多数有机物的氧化程度达理论值的 95% ~100% ,再现性好,适用于测定较复杂的工业废水和生活污水。但重铬酸钾是一种有毒且有致癌性的强氧化剂,该法还存在 Hg^+ 和 Ag^+ 的污染。相对而言,高锰酸钾仅是一种强氧化剂,适用于普通饮用水源水体。从试剂对人体和环境的危害性程度而言,高锰酸钾要低于重铬酸钾;此外,高锰酸钾中锰的价态高于重铬酸钾中的铬,在实验中氧化同样的化学物质,高锰酸钾试剂的使用量会更少。因此,酸性高锰酸钾法测定 COD 具有简便快速、耗资和二次污染危害较少的优点。由此可见,我们化学工作者进行化学实验时,既要关注化学试剂对化学反应本身的效果,也要从所用试剂给环境和人体带来的危害程度以及节约试剂用量等因素考虑,避免试剂为环境带来二次伤害,学会根据具体情况合理选取实验试剂的种类。保护环境和节约试剂就从节约一滴水、一滴试剂开始。

一、实验目的

1. 初步了解环境分析的重要性及水样的采集和保存方法。
2. 对水样中 COD 与水体污染的关系有所了解。
3. 掌握高锰酸钾法测定水中 COD 的原理及方法。

二、实验原理

在酸性条件下,高锰酸钾具有很强的氧化性,本实验采用酸性高锰酸钾法。向被测水样中定量加入高锰酸钾溶液,加热水样,水溶液中多数的有机污染物都可以氧化,加入定量且过量的 $Na_2C_2O_4$ 还原过量的高锰酸钾,最后再用高锰酸钾标准溶液返滴过量的草酸钠至微红色为终点,由此计算出水样的耗氧量。在煮沸过程中,$KMnO_4$ 和具有还原性的碳类物质按如下反应:

$$4MnO_4^- +5C+12H^+ = 4Mn^{2+} +5CO_2 +6H_2O$$

剩余的 $KMnO_4$ 用 $Na_2C_2O_4$ 还原:

$$2MnO_4^- +5C_2O_4^{2-} +16H^+ = 2Mn^{2+} +10CO_2 +8H_2O$$

再以 $KMnO_4$ 返滴 $Na_2C_2O_4$ 过量部分,通过实际消耗 $KMnO_4$ 的量来计算水中还原性物质的量。

三、主要试剂与仪器

1. 试剂

$KMnO_4$ 固体,$Na_2C_2O_4$ 固体,H_2SO_4 溶液($3 \ mol \cdot L^{-1}$)。

2. 仪器

加热电炉,滴定分析用的器皿。

四、实验步骤

1. $Na_2C_2O_4$ 标准溶液(约 0.005 mol·L^{-1})的配制

将 $Na_2C_2O_4$ 于 100 ~ 105 ℃ 干燥 2 h,准确称取 0.16 ~ 0.18 g 于小烧杯中,加水溶解后,定量转移至 250 mL 容量瓶中,以水稀释至刻度线,计算此溶液的实际浓度。

2. $KMnO_4$ 溶液(约 0.002 mol·L^{-1})的配制及标定

称取 $KMnO_4$ 固体约 0.16 g 溶于 500 mL 水中,盖上表面皿,加热至沸腾并保持在微沸状态 1 h,冷却后用微孔玻璃漏斗过滤存于棕瓶中。用移液管准确移取 20.00 mL 标准 $Na_2C_2O_4$ 溶液于 250 mL 锥形瓶中,加入 15 mL 3 mol·L^{-1} 的 H_2SO_4 在水浴上加热到 75 ~ 85 ℃,用 $KMnO_4$ 溶液滴定,滴定速度由慢到快再到慢来控制,至溶液呈微红色并持续 30 s 不褪色时停止滴加。记录数据,平行滴定 3 次,并计算 $KMnO_4$ 溶液的浓度。

3. 水样中耗氧量的测定

用移液管准确移取 100.00 mL 水样,置于 250 mL 锥形瓶中,加入 10 mL 3 mol·L^{-1} H_2SO_4,放在电炉上加热至微沸,再准确加入 10.00 mL 0.002 mol·L^{-1} 的 $KMnO_4$ 溶液,立即加热至沸并持续 10 min,此时紫红色不应褪去,否则应适当增加 $KMnO_4$ 溶液体积。取下锥形瓶,冷却 1 min(75 ~ 85 ℃)。趁热用移液管移入 10.00 mL $Na_2C_2O_4$ 标准溶液,摇匀,此时由红色变为无色,趁热用 $KMnO_4$ 的标准溶液滴定至溶液呈稳定的淡红色,即为终点,平行滴定 3 次,记录数据。

4. 空白样耗氧量的测定

用移液管准确移取 100.00 mL 蒸馏水,置于 250 mL 锥形瓶中,后续操作同步骤 3,并记录数据。

五、数据处理与注意事项

1. 数据表格处理(表 8 – 18、表 8 – 19)

表 8 – 18　$KMnO_4$ 溶液的标定

项　　目	I	II	III
基准物 $Na_2C_2O_4$ 的质量/g			
$c_{Na_2C_2O_4}$/(mol·L^{-1})			
移取 $V_{Na_2C_2O_4}$/mL			
初始 V_{KMnO_4}/mL			
终点 V_{KMnO_4}/mL			

项　目	I	II	III
消耗 V_{KMnO_4}/mL			
c_{KMnO_4}/(mol·L^{-1})			
$\overline{c}_{KMnO_4}$/(mol·L^{-1})			
个别测定绝对偏差			
相对平均偏差/%			

表 8 – 19　水样中化学耗氧量(COD)的测定

项　目	I	II	III	空白样
准确滴加 V_{KMnO_4}/mL				
移取 $V_{Na_2C_2O_4}$/mL				
初始 V_{KMnO_4}/mL				
终点 V_{KMnO_4}/mL				
消耗 V_{KMnO_4}/mL				
纯水中 COD/(mg·L^{-1})				
水样中 COD/(mg·L^{-1})				
平均 COD/(mg·L^{-1})				
相对平均偏差/%				

2. 注意事项

① 煮沸时,控制温度不能太高,防止溶液溅出。

② 严格控制煮沸时间,也即氧化 – 还原反应进行的时间,才能得到较好的重现性。

③ 由于含量较低,使用的 $KMnO_4$溶液浓度也低(大约 0.002 mol·L^{-1}),所以终点的颜色很浅(淡淡的微红色),因此注意不要过量了。

六、误差分析与思考题

1. 水样的采集和保存应注意哪些事项?

2. 水样加入 $KMnO_4$煮沸后,若红色消失,说明什么? 应采取什么措施?

实验 8.12　过氧化氢含量的测定(高锰酸钾法)

> 瓦尔特·赫尔曼·能斯特(Walther Hermann Nernst),德国物理化学家。1887 年毕业于维尔茨堡大学,并获博士学位。第二年,他得出了电极电势与溶液浓度之间的关系式,即能斯特方程。溶液中发生氧化还原反应时,氧化剂和还原剂之间的电子转移是氧化还原滴定法的基础,能斯特方程从理论上准确地描述了滴定电位与滴定反应物浓度之间的关系,并极大地推动了电化学研究领域的发展。瓦尔特·赫尔曼·能斯特在 1920 年被授予诺贝尔化学奖,以表彰他在热化学方面的工作。然而,他把成绩的取得归功于导师奥斯特瓦尔德的培养,因而自己也毫无保留地把知识传给学生,其学生先后有三位诺贝尔物理学奖获得者(米利肯,1923 年;安德森,1936 年;格拉泽,1960 年)。师徒五代相传,这是诺贝尔奖史上空前的。20 世纪 30 年代,德国国内纳粹主义兴起,由于拒绝为纳粹政权服务并表现出了正义精神,他遭到了纳粹政权的威胁和迫害,并于 1933 年退职,之后在农村度过了他的晚年。像瓦尔特·赫尔曼·能斯特这样的科学家不仅推动人类科学事业的发展,其正义高尚的品格也为后世所倡导,并激励着后辈树立起正确的价值观。

一、实验目的

1. 了解高锰酸钾自身指示剂的特点。
2. 学习高锰酸钾法测定过氧化氢含量的原理和操作。

二、实验原理

1. 高锰酸钾的性质

$KMnO_4$ 是强氧化剂,它的氧化作用和溶液的酸度有关,在强酸性溶液中获得 5 个电子,还原为 Mn^{2+};在中性或碱性溶液中,获得 3 个电子,还原为 MnO_2。

$$MnO_4^- + 8H^+ + 5e^- = Mn^{2+} + 4H_2O$$

$$MnO_4^- + 2H_2O + 3e^- = MnO_2\downarrow + 4OH^-$$

由于 MnO_2 为褐色,影响滴定终点观察,所以用 $KMnO_4$ 标准溶液进行滴定时,一般在强酸性溶液中进行,所用的强酸通常是 H_2SO_4,避免使用 HCl 或 HNO_3(因为 HCl 具有还原性,也能与 MnO_4^- 作用;HNO_3 具有氧化性,它可能氧化被测定的物质)。

利用 $KMnO_4$ 作氧化剂,可滴定许多还原性物质,如 Fe^{2+}、H_2O_2、草酸盐、As^{3+}、Sb^{3+}、W^{5+} 及 V^{4+} 等。有些氧化性物质,如不能用 $KMnO_4$ 溶液直接滴定,则可用间接法测定。

MnO_4^- 是深紫色的,用它滴定无色或浅色试液时,一般不需要另加指示剂,因为 MnO_4^- 被还原后的 Mn^{2+} 在浓度低时几乎无色,因此利用计量点后微过量的 MnO_4^- 本身的颜色(粉红色)来指示终点。

2. 高锰酸钾自身指示剂的变色原理

在氧化还原滴定中,利用本身的颜色变化来指示滴定终点的标准溶液或被滴定物称为自身指示剂。用高锰酸钾作标准溶液(滴定剂)指示化学计量点时,只要稍过量的高锰酸根离子就可使溶液呈粉红色,因此高锰酸根离子可作自身指示剂。

3. 高锰酸钾法测定 H_2O_2 的基本原理

过氧化氢 H_2O_2 俗名双氧水,是无色的液体,相对密度为 1.438,熔点为 −89 ℃,沸点为 151.4 ℃;能与水、乙醇或乙醚以任何比例混合;储存时,会自行分解为水和氧,其稳定性随溶液的稀释而增加。市售的商品一般是 30% 和 3% 水溶液。

H_2O_2 在酸性溶液中是强氧化剂,但遇强氧化剂(如 $KMnO_4$)时,又表现为还原剂。因此,在酸性溶液中可用 $KMnO_4$ 标准溶液直接滴定 H_2O_2。其反应为:

$$2MnO_4^- + 5H_2O_2 + 6H^+ = 2Mn^{2+} + 8H_2O + 5O_2\uparrow$$

反应在室温、稀硫酸溶液中进行,开始时反应速度较慢,但随着反应的进行,生成的 Mn^{2+} 可起催化作用(或加入 $MnSO_4$),使反应加快。以 $KMnO_4$ 自身为指示剂。用 $KMnO_4$ 溶液直接滴定至微红色,30 s 内不褪色为终点。

三、主要试剂与仪器

1. 试剂

$KMnO_4$ 溶液(0.02 $mol \cdot L^{-1}$);$Na_2C_2O_4$ 基准试剂:在 105 ~ 115 ℃ 条件下烘干 2 h 备用;H_2O_2 溶液(12 $g \cdot L^{-1}$);硫酸(3 $mol \cdot L^{-1}$)。

2. 仪器

分析天平,锥形瓶,容量瓶,滴定管,移液管。

四、实验步骤

1. 0.02 $mol \cdot L^{-1}$ $KMnO_4$ 标准溶液的配制和标定

① $KMnO_4$ 的溶解:称取约 1.6 g $KMnO_4$ 固体,置于 1 000 mL 烧杯中,加 500 mL 蒸馏水溶解,盖上表面皿,加热至沸腾并保持微沸状态约 1 h,中间可补加一定量的蒸馏水,以保持体积基本不变。冷却后转移到棕色试剂瓶内,在阴暗处放置 2 ~ 3 天,然后用砂芯漏斗过滤,去除 MnO_2 等杂质,滤液存储于棕色试剂瓶内以待标定。

② 在分析天平上称取 $Na_2C_2O_4$ 基准物质 0.2 g 左右于 250 mL 锥形瓶中。加 20 mL 蒸馏水和 15 mL 3 $mol \cdot L^{-1}$ 的硫酸溶液于锥形瓶中。水浴加热至 75 ~ 85 ℃,用待标定的 $KMnO_4$ 溶液滴定至溶液变为微红色并在 30 s 内不褪色。平行测定 3 次。

$KMnO_4$ 溶液可用还原剂作基准物质来标定。例如 $H_2C_2O_4 \cdot 2H_2O$、$Na_2C_2O_4$、$(NH_4)_2C_2O_4$、As_2O_3、$FeSO_4 \cdot 7H_2O$、$(NH_4)_2SO_4 \cdot FeSO_4 \cdot 6H_2O$ 和纯铁丝等。其中以 $Na_2C_2O_4$ 使用较多。$Na_2C_2O_4$ 容易提纯,性质稳定,不含结晶水,在 105 ~ 110 ℃ 烘干约 2 h 后,冷却即可使用。

在 H_2SO_4 溶液中,MnO_4^- 与 $C_2O_4^{2-}$ 的反应为:

$$2MnO_4^- + 5C_2O_4^{2-} + 16H^+ = 2Mn^{2+} + 10CO_2\uparrow + 8H_2O$$

为了使此反应能定量、较迅速地进行,应注意下述滴定条件:

① 温度:在室温下,此反应的速度缓慢,因此应将溶液加热至 75 ~ 85 ℃,但温度不宜过高,否则在酸性溶液中会使部分 $H_2C_2O_4$ 发生分解:

$$H_2C_2O_4 = CO_2 \uparrow + CO + H_2O$$

② 酸性:溶液保持足够的酸度,一般在开始滴定时,溶液的酸度为 $0.5 \sim 1$ $mol \cdot L^{-1}$,酸度不够时,往往容易生成 MnO_2,酸度过高又会促使 $H_2C_2O_4$ 分解。

③ 滴定速度:由于 MnO_4^- 与 $C_2O_4^{2-}$ 的反应是自动催化反应,滴定开始时,加入的第一滴 $KMnO_4$ 溶液褪色很慢(因为这时溶液中仅存在极少量 Mn^{2+}),所以开始滴定时要进行得慢些,在 $KMnO_4$ 红色没有褪去以前,不要加入第二滴,等几滴 $KMnO_4$ 溶液已经起了作用之后,滴定速度就可以稍快些,但不能让 $KMnO_4$ 溶液像流水似的流下去,否则部分加入 $KMnO_4$ 的溶液来不及与 $C_2O_4^{2-}$ 反应,此时在热的酸性溶液中会发生分解。

$$4MnO_4^- + 12H^+ \rightarrow 4Mn^{2+} + 5O_2 + 6H_2O$$

④ 终点判断:因为 MnO_4^- 本身有颜色,临近终点时,稍微过量的 MnO_4^- 使溶液呈现粉红色而指示滴定终点的到达。$KMnO_4$ 滴定的终点是不太稳定的,这是由于空气中的还原性气体及尘埃等杂质落入溶液中能使 $KMnO_4$ 缓慢分解,而使粉红色消失,所以经过半分钟不褪色,即可认为终点已到。

2. H_2O_2 样品的测定

① 用移液管量取 H_2O_2 试样 10.00 mL 于 100 mL 容量瓶中,加水稀释至刻度线,摇匀,移取 20.00 mL 该稀溶液于 250 mL 锥形瓶中。

② 加 25 mL 蒸馏水和 15 mL 3 $mol \cdot L^{-1}$ 硫酸溶液于锥形瓶中。

③ 用已标定的 $KMnO_4$ 标准溶液滴定,至溶液恰变微红色,并且 30 s 不褪色时为终点。

④ 记下所消耗的 $KMnO_4$ 标准溶液的体积,并计算 H_2O_2 的含量(以 $g \cdot L^{-1}$ 为单位),平行测定 3 次。

五、数据处理与注意事项

① 数据记录在实验报告中,表格自拟。

② 注意事项:

a. 过氧化氢和浓硫酸具有腐蚀性,使用时应注意安全。

b. 滴定时,注意滴定速度的控制,应当先慢、中间快、后慢。

六、思考题

1. 用 $Na_2C_2O_4$ 标定 $KMnO_4$ 溶液的标定条件有哪些? 为什么用硫酸溶液调节酸度?

2. H_2O_2 和 $KMnO_4$ 反应较慢,能否通过加热溶液来加快反应速率? 为什么?

3. 用 $KMnO_4$ 法测定 H_2O_2 时,能否用硝酸、盐酸或醋酸控制酸度? 为什么?

实验 8.13　铜盐中铜的测定（间接碘量法）

> 　　铜及其化合物在环境中所造成的污染称为铜污染。在冶炼、金属加工、机器制造、有机合成及其他工业的废水中都含有铜，其中以金属加工、电镀工厂所排废水含铜量最高，每升废水含铜几十至几百毫克。这种废水排入水体，会影响水的质量。水中铜含量达 $0.01\ mg \cdot L^{-1}$ 时，对水体自净有明显的抑制作用；超过 $3.0\ mg \cdot L^{-1}$，会产生异味；超过 $15\ mg \cdot L^{-1}$，就无法饮用。若用含铜废水灌溉农田，铜在土壤和农作物中累积，会造成农作物特别是水稻和大麦生长不良，并会污染粮食籽粒。灌溉水中，硫酸铜对水稻危害的临界浓度为 $0.6\ mg \cdot L^{-1}$。铜对水生生物的毒性很大，有人认为铜对鱼类毒性浓度始于 $0.002\ mg \cdot L^{-1}$，但一般认为水体含铜 $0.01\ mg \cdot L^{-1}$ 对鱼类是安全的。在一些小河中，曾发生铜污染引起水生生物的急性中毒事件；在海岸和港湾地区，曾发生铜污染引起牡蛎肉变绿的事件。由此可见，对环境中铜含量的日常测定是十分重要的。目前，我国面临着严重的环境问题，党中央和政府也一直在宣传生态文明建设思想和"金山银山不如绿水青山"的环保理念，我们化学工作者在进行实验时，更应当怀有绿色实验、绿色发展的理念和强烈的社会责任感，在实验中应分类合理地产生废弃物，并对有毒、有害的废液进行回收，避免直接导入水池而给环境造成危害。

一、实验目的

1. 掌握碘量法滴定条件。
2. 学会淀粉指示剂的配制和终点判断。
3. 掌握硫代硫酸钠标准溶液的配制。

二、实验原理

　　矿石、合金或铜盐中的铜含量可以应用间接碘法测定。首先，选用适当溶剂将试样溶解，制成二价铜盐溶液，再与碘化钾作用，发生下列反应：
$$2Cu^{2+} + 4I^- = 2CuI \downarrow + I_2$$
析出的碘用 $Na_2S_2O_3$ 标准溶液滴定，以淀粉为指示剂，可以求得铜的含量。
$$I_3^- + 2S_2O_3^{2-} = 3I^- + S_4O_6^{2-}$$
　　上述反应是可逆的，同时，由于碘化亚铜沉淀表面强烈地吸附碘，使分析结果偏低，并且影响终点突变。为此，在接近终点时加入硫代氰酸钾，使碘化亚铜（$K_{sp} = 1.1 \times 12^{-12}$）转化为溶解度更小的硫代氰酸亚铜（$K_{sp} = 4.8 \times 10^{-15}$）：
$$CuI + SCN^- = CuSCN \downarrow + I^-$$
促使反应趋于完全，加之硫代氰酸亚铜沉淀对碘的吸附倾向较小，因而可提高测定结果的准确度。

　　为防止铜盐溶液水解，反应须在酸性溶液（$pH = 3 \sim 4$）中进行，又因大量氯离子能与二价铜离子生成配合物,因而采用硫酸或醋酸作介质。另外,测定铜含量所用的硫代硫酸钠标准溶液,其浓度最好用电解纯铜标定,以抵消测定的系统误差。

三价铁离子和硝酸根离子能氧化碘离子,必须设法防止干扰,方法是加入掩蔽剂如氟化钠,使三价铁离子生成 FeF_6^{3-} 配离子而消除,硝酸根离子则在测定前加硫酸将溶液蒸发除去。

三、主要试剂与仪器

1. 试剂

硫代硫酸钠溶液($0.05\ mol\cdot L^{-1}$);硫酸($1\ mol\cdot L^{-1}$);溴酸钾固体;碳酸钠溶液(10%);碘化钾固体;铜盐样品;硫代氰酸钾溶液(10%);淀粉溶液及其配制:取淀粉一小勺,置于小烧杯中,加几滴水调成糊状,可过量几滴水,然后倾入正在沸腾的 30 mL 水中,搅拌均匀,冷却待用。

2. 仪器

分析天平,滴定管,容量瓶,移液管,试剂瓶。

四、实验步骤

1. $0.05\ mol\cdot L^{-1}$ 硫代硫酸钠溶液配制

称取 $Na_2S_2O_3\cdot 5H_2O$ 若干克(用量自己计算),加少量碳酸钠(约 0.04 g,本实验用 8~10 滴碳酸钠溶液),用新煮沸并冷却的蒸馏水溶解,稀释至 300 mL,保存于棕色试剂瓶中,在暗处放 14 天,以待标定。

2. 标定

准确称取一定量的溴酸钾(或碘酸钾)于小烧杯,加水溶解,定量地转入 100 mL 容量瓶中,稀释至刻度,摇匀。

吸取 20.00 mL 上述溶液于锥形瓶中(同时取 3 份),加碘化钾固体 1 g,摇动溶解,加硫酸溶液 5 mL,盖上表面皿,放暗处 5 min 后,加水 20 mL,用硫代硫酸钠溶液滴定,速度要慢,并且不能剧烈摇动,以减少 I_2 的挥发。当溶液由棕色变浅黄色时,加入淀粉溶液 5 mL,继续慢慢滴定至蓝色(或紫蓝色)恰好消失或溶液无色透明为终点。另两份样品用同样的方法操作。

根据溴酸钾(或碘酸钾)的质量及滴定用去 $Na_2S_2O_3$ 溶液的体积,计算 $Na_2S_2O_3$ 溶液的准确浓度。

3. 铜盐的测定

于锥形瓶中称取 0.18~0.22 g 铜盐试样共 3 份,各加入 1 mL 1 $mol\cdot L^{-1}$ 硫酸、30 mL 水(用量筒量取),摇动使之溶解。取其中试样一份,加碘化钾固体 0.5 g,立即用硫代硫酸钠标准溶液滴定到浅黄色,然后加 5 mL 淀粉溶液,继续滴到蓝灰色,加 10 mL 硫代氰酸钾溶液,摇匀,溶液的蓝色又转深,再用 $Na_2S_2O_3$ 标准溶液滴定至蓝色恰好消失,此时溶液为米色硫代氰酸亚铜的悬浮液,是为终点。

使用同样操作滴定其余两份。最后计算试样中铜和硫酸铜的百分含量。

五、数据处理与注意事项

① 数据处理:
将所有数据填写在预习报告设计的表格里,进行数据处理。

② 注意事项：

a. 淀粉溶液必须在接近终点时加入，否则易引起淀粉凝聚，而且吸附在淀粉上的 I_2 不易释放出来，影响测定结果。

b. 加入 KSCN 不能过早，而且加入后要剧烈摇动，有利于沉淀的转化。

六、思考题

1. 影响硫代硫酸钠溶液稳定的因素有哪些？配制溶液时，采取哪些相应的措施？
2. 淀粉指示剂为什么要在将近终点前加入，加入过早有什么影响？
3. 加入硫代氰酸钾的作用是什么？为什么要在接近终点时加入？
4. 碘量法的误差来源是什么？哪些操作可以减少误差？

实验 8.14　水果中抗坏血酸含量的测定（直接碘量法）

指示剂发展的历史要追溯到 17 世纪。这种物质在那个古老的年代就已经有许多做实际工作的化学家在运用了，他们在实验过程中将植物的汁液（即指示剂）收集整理在一小片试纸上，然后再在这种试纸上滴一滴他们所研究的溶液，以此来判断他们所研究的化学反应的某些性质。波义耳于 1627 年生于爱尔兰的利兹莫尔堡，他是一位出色的实验家，很善于观察事物的一些细微变化。在 16 世纪或者更早一点，人们就已经认识到某些植物的汁液具有着色剂的功效，在那个时候，法国人就已经用这些植物的汁液来染丝织品了。也有一些人观察到许多植物汁液在某种物质的作用下可改变它们的颜色，例如有人观察到酸能使某些汁液转变成红色，而碱则能够把它们变成绿色和蓝色。像科学上的许多其他发现一样，各种各样指示剂的发现是化学家善于观察、勤于思考、勇于探索的结果。以波义耳发现指示剂的过程为例，我们应学习科学家们严谨的治学精神、严密的科学方法、崇高的科学品质以及对真理不懈追求的认识，并在化学实验中培养自己的科学方法、科学精神与科学态度。

一、实验目的

1. 掌握碘标准溶液的配制和标定方法。
2. 了解直接碘量法测定抗坏血酸的原理及操作过程。

二、实验原理

维生素 C（Vc）又称抗坏血酸，分子式为 $C_6H_8O_6$。由于分子中的烯二醇具有还原性，可被 I_2 定量氧化为二酮基，因而可用 I_2 标准溶液直接滴定。其滴定反应式为：

$$C_6H_8O_6 + I_2 = C_6H_6O_6 + 2HI$$
$$I_2 + 2S_2O_3^{2-} = 2I^- + S_4O_6^{2-}$$

1 mol Vc 与 1 mol I_2 定量反应，Vc 的摩尔质量为 176.12 g·mol^{-1}。用直接碘量法可测定药片、注射液、饮料、蔬菜、水果等中的 Vc 含量。

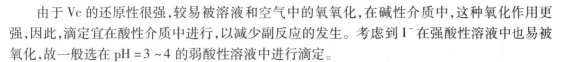

由于 Vc 的还原性很强,较易被溶液和空气中的氧氧化,在碱性介质中,这种氧化作用更强,因此,滴定宜在酸性介质中进行,以减少副反应的发生。考虑到 I^- 在强酸性溶液中也易被氧化,故一般选在 pH = 3~4 的弱酸性溶液中进行滴定。

Vc 在医药和化学上应用广泛。在分析化学中常用在分光光度法和络合滴定法中做还原剂,如使 Fe^{3+} 还原为 Fe^{2+},使 Cu^{2+} 还原为 Cu^+ 等。

硫代硫酸钠($Na_2S_2O_3 \cdot 5H_2O$)一般都含有少量的杂质,并且易风化,因此不能直接配制准确浓度的溶液。又因为 $Na_2S_2O_3$ 溶液易受空气和微生物等的作用而分解,所以配制 $Na_2S_2O_3$ 溶液时需要用新煮沸并冷却的去离子水,再加入少量碳酸钠(浓度约为 0.02%)使溶液呈弱碱性,以抑制细菌的再生长。另外,日光能促进 $Na_2S_2O_3$ 的分解,因此应储存于棕色瓶中,放置暗处,经过一周后标定。长期使用的溶液,应定期标定。

三、主要试剂与仪器

1. 试剂

I_2 溶液(约 0.05 $mol \cdot L^{-1}$):称取 3.3 g I_2 和 5 g KI,置于研钵中,加少量水,在通风橱中研磨。待 I_2 全部溶解后,将溶液转入棕色试剂瓶中,加水稀释至 250 mL,充分摇匀,放暗处保存;$Na_2S_2O_3$ 标准溶液(约 0.01 $mol \cdot L^{-1}$);淀粉溶液(0.2%);HAc(2 $mol \cdot L^{-1}$);固体 Vc 样品(维生素 C 片剂);果蔬样品(如西红柿、橙子、草莓);KI 溶液(约 25%)。

2. 仪器

分析天平,锥形瓶,容量瓶,滴定管,移液管。

四、实验步骤

1. I_2 溶液的标定

用移液管移取 20.00 mL $Na_2S_2O_3$ 标准溶液于 250 mL 锥形瓶中,加 20 mL 蒸馏水、3 mL 0.2% 淀粉溶液,然后用 I_2 溶液滴定至溶液呈浅蓝色,30 s 内不褪色即为终点。平行测定 3 份,计算 I_2 溶液的浓度。

2. 维生素 C 片剂中 Vc 含量的测定

准确称取 0.18~0.21 g 研碎了的维生素 C 药片,置于 250 mL 锥形瓶中,加入 50 mL 新煮沸过并冷却的蒸馏水、5 mL 2 $mol \cdot L^{-1}$ HAc 溶液和 3 mL 0.2% 淀粉溶液,立即用 I_2 标准溶液滴定至出现稳定的浅蓝色,并且在 30 s 内不褪色即为终点,记下消耗的 I_2 溶液体积。平行滴定 3 份,计算试样中抗坏血酸的质量分数。

3. 果蔬样品中 Vc 含量的测定

用 100 mL 干燥小烧杯准确称取 50 g 左右绞碎了的果蔬样品(如西红柿或草莓,用绞碎机打成糊状),将其转入 250 mL 锥形瓶中,用水冲洗小烧杯 1~2 次。向锥形瓶中加入 10 mL 2 $mol \cdot L^{-1}$ HAc 和 3 mL 0.2% 淀粉溶液,用 I_2 标准液滴定至试液有红色变为蓝色为终点,记录消耗的 I_2 标准液体积并计算果蔬中 Vc 含量。

五、数据处理与注意事项

1. 将所有数据填写在预习报告设计的表格里,进行数据处理。

2. 注意事项:

a. 碘在水中几乎不溶,并且有挥发性,所以配制时加入 KI,生成 KI₃ 络合物,以助其溶解,并可以降低碘的挥发性。

b. 由于滴定时反应速度较慢,应徐徐滴加,猛烈振摇直至溶液呈持久的蓝色终点为止。

c. 碘液具有挥发性与腐蚀性,应储存于具有玻璃塞的棕色(或用黑布包裹)玻璃瓶中,避免与软木塞或橡皮塞等有机物接触;并应配制后放置一周再进行标定,使其浓度保持稳定。

d. 因碘能与橡胶发生反应,因此不能装在碱式滴定管中。

e. 配制淀粉指示液时的加热时间不宜过长,并应快速冷却,以免降低其灵敏度;所配制的淀粉指示液遇碘应显纯蓝色,如显红色,即不宜使用;此指示液应临时配制。

f. 终点变色都很敏锐,小心滴定过量。

六、思考题

1. 果蔬试样捣碎后,如果不能马上分析,宜采用什么措施保存?

2. 淀粉有直链淀粉和支链淀粉,哪种淀粉与 I_2 的灵敏度更高?

实验 8.15　莫尔法测定可溶性氯化物中氯的含量

购买食盐时,是否注意到其配料表? 其中有一种物质:抗结剂亚铁氰化钾。是否会"谈氰色变"? 氰化钠剧毒,但食盐中少量亚铁氰化钾不会危害身体。有绝对"好的"和"不好"的物质吗? 没有。水喝多了还会中毒,即高容量性低钠血症,关键在于人们怎么使用。只有了解事物,了解自然界的客观规律,才能充分利用它们为人类服务。

一、实验目的

1. 掌握用莫尔法进行沉淀滴定的原理、操作和方法。

2. 学习用标定法配制硝酸银标准溶液。

二、实验原理

可溶性氯化物中氯含量的测定可采用莫尔法。在中性或弱碱性溶液中,以铬酸钾为指示剂,用硝酸银标准溶液进行滴定,当出现砖红色沉淀时即为终点。

由于 AgCl 沉淀的溶解度比 Ag_2CrO_4 的小,根据分步沉淀的原理,溶液中首先析出 AgCl 沉淀。当 AgCl 定量沉淀后,微过量的硝酸银溶液即与 CrO_4^{2-} 生成砖红色的沉淀 Ag_2CrO_4,指示终点到达。反应如下:

$$Ag^+ + Cl^- = AgCl\downarrow(白色) \qquad K_{sp, AgCl} = 1.8 \times 10^{-10}$$

$$2Ag^+ + CrO_4^{2-} = Ag_2CrO_4\downarrow(砖红色) \qquad K_{sp, Ag_2CrO_4} = 2.0 \times 10^{-12}$$

滴定必须在中性或弱碱性溶液中进行,最适宜的 pH 范围为 6.5～10.5。溶液的酸度过高,CrO_4^{2-} 浓度降低,不产生 Ag_2CrO_4 沉淀;如果溶液的碱性太强,则会形成 Ag_2O 沉淀。如溶液

中有 NH_4^+ 存在,溶液的 pH 需控制在 6.5~7.2。

指示剂 K_2CrO_4 的用量对滴定终点有影响,浓度过高,将使终点提前到达;浓度过低,终点延迟到达,一般 K_2CrO_4 浓度以 $5×10^{-3}\,mol·L^{-1}$ 为宜。指示剂必须定量加入。溶液较稀时,须做指示剂的空白校正。

凡是能与指示剂 CrO_4^{2-} 生成沉淀的阳离子都干扰测定,如 Ba^{2+}、Pb^{2+} 能与 CrO_4^{2-} 分别生成 $BaCrO_4$ 和 $PbCrO_4$ 沉淀。Ba^{2+} 的干扰可通过加入过量的 Na_2SO_4 消除。

凡是能与 Ag^+ 生成难溶化合物或稳定络合物的阴离子对测定都有干扰,如 PO_4^{3-}、AsO_4^{3-}、SO_3^{2-}、S^{2-}、CO_3^{2-}、$C_2O_4^{2-}$ 等。其中,H_2S 可加热煮沸除去。将 SO_3^{2-} 氧化成 SO_4^{2-} 后,就不再干扰测定。

大量的 Cu^{2+}、Ni^{2+}、Co^{2+} 等有色离子将影响终点观察;在中性或弱碱性溶液中易水解产生沉淀的高价金属离子如 Al^{3+}、Fe^{3+}、Bi^{3+}、Sn^{4+} 也会干扰测定。

三、主要试剂和仪器

1. 试剂

NaCl 基准:在 500~600 ℃高温炉中灼烧 0.5 h 后,置于干燥器中冷却。也可将氯化钠置于带盖的瓷坩埚中加热,用玻璃棒不断搅拌,待爆裂声停止后,继续加热 15 min,将坩埚放入干燥器中,冷却后使用。

$AgNO_3$ 标准溶液:用标定法配制 $0.1\,mol·L^{-1}$ $AgNO_3$ 标准溶液。称取 8.5 g $AgNO_3$ 溶解于 500 mL 不含 Cl^- 的蒸馏水中,将溶液转入带玻璃塞的棕色试剂瓶中,摇匀,置于暗处保存,以防止光照分解。待标定。

K_2CrO_4 溶液($50\,g·L^{-1}$):5 g K_2CrO_4 溶于 100 mL 水中。

2. 仪器

滴定分析用器皿,电子天平。

四、实验步骤

1. $AgNO_3$ 溶液的标定

准确称取 NaCl 基准试剂 0.50~0.65 g 于 100 mL 小烧杯中,用蒸馏水溶解,定量转入 100 mL 容量瓶中,以蒸馏水稀释至刻度,摇匀。计算此 NaCl 溶液的准确浓度。

用移液管移取 NaCl 溶液 20.00 mL 于 250 mL 锥形瓶中,加入 20 mL 蒸馏水稀释,以减少沉淀对被测离子的吸附。用吸量管加入 1 mL 指示剂 K_2CrO_4 溶液,在不断摇动下,用待标定的 $AgNO_3$ 溶液滴定至呈现砖红色即为终点。记录数据于表格中。平行标定 3 份,根据 $AgNO_3$ 溶液消耗的体积和 NaCl 的质量计算 $AgNO_3$ 溶液的准确浓度。银为贵金属,含银溶液应回收处理。

2. 试样的分析

在万分之一电子天平上准确称取 2 g 左右氯化物试样于烧杯中,加蒸馏水溶解后定量转入 250 mL 容量瓶中,用蒸馏水稀释至刻度,摇匀。用移液管移取此溶液 20.00 mL 于 250 mL 锥形瓶中,加入 20 mL 蒸馏水稀释,用吸量管加入 1 mL 指示剂 K_2CrO_4 溶液,在不断摇动下,用

$AgNO_3$标准溶液滴定至呈现砖红色即为终点。平行测定 3 份,计算试样中氯的含量。

3. 空白试验

取 1 mL 指示剂 K_2CrO_4 溶液,加入适量蒸馏水,然后加入无 Cl^- 的碳酸钙固体(相当于滴定时氯化银的沉淀量),制成相似于实际滴定的浑浊溶液。逐渐滴入 $AgNO_3$ 标准溶液,至与终点颜色相同为止,记录数据。计算试液氯含量的时候,$AgNO_3$ 标准溶液消耗体积应扣除此读数(扣除空白值)。

实验完毕后,滴定管中剩余的溶液要回收,滴定管及时用蒸馏水清洗干净,不要用自来水清洗,自来水中有残余 Cl^-,以免生成 $AgCl$ 留于管内不易洗涤。

五、数据记录及处理(表 8 – 20、表 8 – 21)

表 8 – 20　$AgNO_3$ 溶液的标定

编号	1	2	3
$m_{NaCl\ 基准}/g$			
$V_{NaCl\ 基准}/mL$			
$V_{AgNO_3\ 起始}/mL$			
$V_{AgNO_3\ 终点}/mL$			
$V_{AgNO_3\ 消耗}/mL$			
c_{AgNO_3} 计算公式			
$c_{AgNO_3}/(mol \cdot L^{-1})$			
$\overline{c}_{AgNO_3}/(mol \cdot L^{-1})$			
相对平均偏差/%			

表 8 – 21　氯含量的测定

编号	1	2	3
$m_{试样}/g$			
$V_{试样}/mL$			
$V_{AgNO_3\ 起始}/mL$			
$V_{AgNO_3\ 终点}/mL$			
$V_{AgNO_3\ 消耗}/mL$			
空白值/mL			
试样氯含量计算公式			
试样氯含量/%			
试样氯含量平均值/%			
相对平均偏差/%			

六、思考题

1. 用莫尔法测氯时,为什么溶液的 pH 要控制在 6.5 ~ 10.5?
2. 以 K_2CrO_4 作指示剂时,指示剂浓度过大或过小对结果有何影响?
3. 溶液中有 NH_4^+ 存在时,为什么溶液的 pH 需控制在 6.5 ~ 7.2?

实验 8.16　钡盐中钡含量的测定(硫酸钡沉淀重量法)

> 数学家华罗庚曾用"烧水泡茶"为例通俗地介绍了"统筹方法",其实生活中处处有统筹。本实验时长超过 6 h,沉淀过滤、灼烧等待过程中,能干点什么?提高实验效率,节约时间成本,古往今来,一切成功的人,都精于统筹和善于利用时间。"未觉池塘春草绿,阶前梧桐已秋声",每寸光阴不可轻啊。

一、实验目的

1. 学习重量法测定钡含量的原理和方法。
2. 掌握晶形沉淀的制备、陈化、过滤、洗涤、灼烧及恒重等基本操作。
3. 学习晶形沉淀的条件。

二、实验原理

本实验用 $BaSO_4$ 晶形沉淀重量法测定二水合氯化钡中钡的含量,此法也可以用于测定 SO_4^{2-} 的含量。重量分析过程中,一般不需要与基准物质进行比较,也没有容量器皿引起的数据误差,所以重量分析法准确度好,精密度高。

称取一定量的 $BaCl_2 \cdot 2H_2O$,用蒸馏水溶解,加稀 HCl 溶液酸化,加热至微沸,在不断搅动下,慢慢加入稀、热的 H_2SO_4 溶液,Ba^{2+} 与 SO_4^{2-} 反应,形成晶形沉淀。所得沉淀经陈化、过滤、洗涤、烘干、炭化、灰化、灼烧后,以 $BaSO_4$ 形式称量,可求出 $BaCl_2 \cdot 2H_2O$ 中 Ba 的含量。

能与 Ba^{2+} 生成微溶、难溶化合物的还有其他离子,如 CO_3^{2-}、CrO_4^{2-}、HPO_4^{2-}、$C_2O_4^{2-}$,其中以 $BaSO_4$ 的溶解度最小,100 mL 溶液中,100 ℃时溶解 0.4 mg,25 ℃时仅溶解 0.25 mg。当过量沉淀剂存在时,溶解度大为减小,一般可以忽略不计。为了防止 $BaCO_3$、BaC_2O_4、$BaCrO_4$、$BaHPO_4$、$BaHAsO_4$ 等弱酸盐沉淀的干扰以及防止生成 $Ba(OH)_2$ 共沉淀,$BaSO_4$ 重量法一般在 $0.05 \ mol \cdot L^{-1}$ 左右盐酸介质中进行沉淀,适当提高的酸度可以增加 $BaSO_4$ 在沉淀过程中的溶解度,以降低其相对过饱和度,有利于获得较大颗粒的晶形沉淀。

用 $BaSO_4$ 晶形沉淀重量法测定钡含量时,沉淀剂用稀 H_2SO_4。由于有同离子效应,用过量 H_2SO_4 可以使 Ba^{2+} 沉淀完全,并且过量的 H_2SO_4 在高温下可挥发除去,故沉淀带入的 H_2SO_4 不致引起误差,因此沉淀剂可过量。但过量太多会引起盐效应、酸效应等,反而使沉淀的溶解度增大。因此,过量 50% ~ 100% 合适。但如果用 $BaSO_4$ 重量法测定 SO_4^{2-},沉淀剂 $BaCl_2$ 只允许过量 20% ~ 30%,因为 $BaCl_2$ 灼烧时不易挥发除去。

由于 $PbSO_4$、$SrSO_4$ 的溶解度较小,故 Pb^{2+}、Sr^{2+} 对钡的测定有干扰。NO_3^-、ClO_3^-、Cl^- 等阴离子和 K^+、Na^+、Ca^{2+}、Fe^{3+} 等阳离子均可引起共沉淀现象,故应严格掌握沉淀条件,减少共沉淀现象,以获得纯净的 $BaSO_4$ 晶形沉淀。

三、主要试剂和仪器

1. 试剂

样品固体 $BaCl_2 \cdot 2H_2O$,H_2SO_4 溶液($1 \ mol \cdot L^{-1}$、$0.1 \ mol \cdot L^{-1}$),HCl 溶液($2 \ mol \cdot L^{-1}$),$AgNO_3$ 溶液($0.1 \ mol \cdot L^{-1}$),HNO_3 溶液($2 \ mol \cdot L^{-1}$)。

2. 仪器

定量滤纸(慢速或中速),电子分析天平,马弗炉,干燥器,瓷坩埚(25 mL),坩埚钳,沉淀帚,玻璃漏斗,小试管(或黑色点滴板),烧杯。

四、实验步骤

1. 沉淀的制备

在分析天平上准确称取 $BaCl_2 \cdot 2H_2O$ 试样 0.4 ~ 0.6 g,置于 250 mL 烧杯中,加入约 100 mL 纯水,加 $2 \ mol \cdot L^{-1}$ 的 HCl 溶液 3 mL,搅拌溶解,在有石棉网的电炉上加热至近沸,勿使试液沸腾。可以同时做两份。

另取 100 mL 小烧杯,加入 4 mL $1 \ mol \cdot L^{-1}$ H_2SO_4 溶液,加约 30 mL 纯水,加热至近沸。趁热用小滴管将热的稀 H_2SO_4 溶液逐滴加入热的钡盐溶液中,并用玻璃棒不断搅动,直到沉淀剂加完为止。待沉淀下沉后,在上层清液中加入 1 ~ 2 滴 $0.1 \ mol \cdot L^{-1}$ H_2SO_4 溶液,观察是否沉淀完全(沿烧杯内壁加入,观察加入溶液与上层清液刚接触时是否有沉淀产生。若有沉淀出现,应补加一些沉淀剂直至沉淀完全。若溶液澄清无浑浊,证明已经沉淀完全)。将玻璃棒靠在烧杯边沿,盖上表面皿,放置过夜陈化。也可将沉淀放在水浴或沙浴上保温 40 min 陈化。

2. 空坩埚的恒重

在等待陈化的时候,将瓷坩埚洗净,晾干,在 800 ~ 850 ℃马弗炉中灼烧。第一次灼烧 40 min,取出,放冷后转入干燥器中冷却至室温,称重,然后再放入同样温度的马弗炉中进行第二次灼烧,时间为 20 min,取出冷却,之后于干燥器中冷却至室温,再称重。如此操作,直到相邻两次称重结果相差不超过 0.3 mg,即为恒重。记录空坩埚的质量。

3. 沉淀的过滤、洗涤

准备过滤用器具,用中速或慢速定量滤纸过滤。折叠滤纸时,撕下一小块放于干净的表面皿上。取 1 mL $1 \ mol \cdot L^{-1}$ H_2SO_4 溶液于小烧杯中,加 100 mL 纯水,稀释成稀 H_2SO_4 溶液用于洗涤沉淀。

溶液自然冷却后,用倾泻法先将上层清液倾注于滤纸上,用稀 H_2SO_4 溶液洗涤沉淀 3 ~ 4 次,每次约 10 mL。洗涤后,待沉淀澄清,将上层清液倾注于滤纸上。每次均需漏斗中溶液流完后再加洗涤液。然后将沉淀定量转移至滤纸上,用沉淀帚由上到下擦拭烧杯内壁,并用折叠时撕下的小片滤纸擦拭杯壁,将此滤纸片也放入漏斗内,继续用稀 H_2SO_4 溶液洗涤沉淀,直至洗涤液中不含氯离子为止。检验方法:用表面皿或试管收集 2 mL 滤液,加 1 滴 2 mol·L⁻¹ HNO₃溶液酸化,再加入 2 滴 0.1 mol·L⁻¹ AgNO₃溶液,若无白色浑浊产生,表示氯离子已经洗净。

将包裹沉淀的滤纸包取出(取出和折叠方法见无机化学实验基本操作),置于已恒重的坩埚中,烘干、碳化、灰化(方法见无机化学实验基本操作),于 800 ~ 850 ℃ 马弗炉中灼烧至恒重,记录数据,计算钡的含量。数据表格见表 8 - 22。

注意:滤纸灰化时,空气要充足,否则 BaSO₄易被滤纸的碳还原为灰黑色的 BaS。如遇此情况,可加 2 ~ 3 滴(1 + 1)H₂SO₄溶液,小心加热,冒烟后重新灼烧。灼烧温度不能太高,若超过950 ℃,可能有部分 BaSO₄分解。

五、实验数据记录表格(表 8 - 22)

表 8 - 22　钡含量的测定

项目	1	2
$m_{试样}$/g		
$m_{1,空坩埚}$/g		
$m_{2,空坩埚 + 灼烧后试样}$/g		
$m_2 - m_1$/g		
试样中钡的含量计算式		
试样中钡的含量/%		
平均值/%		
相对偏差/%		

六、思考题

1. 沉淀过程中哪些细节体现了晶形沉淀的沉淀条件热、稀、慢、搅、陈? 在操作中体会沉淀条件。

2. 沉淀 BaSO₄时,为什么要在稀、热 HCl 溶液中? HCl 加入太多有何影响?

3. 什么叫倾泻法过滤? 洗涤沉淀时,为什么加洗涤液要少量多次?

4. 为什么要冷却后过滤?

5. 什么叫灼烧至恒重? 为什么要将空坩埚灼烧至恒重?

实验 8.17　铁矿石中铁的测定(重铬酸钾电位滴定法)

铁矿石之所以价值高,在于资源的有限性和铁的重要战略地位。我国铁矿石资源多而不富,以中低品位矿为主,需要进口。有些国家抹黑中国,趁势掀起矿石贸易之战,扰乱经济秩序。我国相应出台多项措施:遏制市场投机炒作;启动新的贸易关系,降低负面影响。只有祖国强大,才有更多的话语权。

一、实验目的

1. 掌握氧化还原滴定的原理。
2. 了解电位滴定的原理和方法。
3. 了解电位滴定常规分析仪器的使用。

二、实验原理

试样用盐酸分解后,在浓、热盐酸溶液中用 $SnCl_2$ 将 Fe^{3+} 还原为 Fe^{2+},过量的 $SnCl_2$ 用 $HgCl_2$ 氧化除去。

用 $K_2Cr_2O_7$ 溶液滴定 Fe^{2+} 的反应式为:

$$Cr_2O_7^{2-} + 6Fe^{2+} + 14H^+ = 2Cr^{3+} + 6Fe^{3+} + 7H_2O$$

在计量点附近产生电位突跃($0.64 \sim 1.07$ V)。氧化还原指示剂二苯胺磺酸钠($\varphi^\theta = 0.84$ V)可作指示剂。

两个电对的氧化态和还原态都是离子,这类氧化还原滴定可用惰性金属铂电极作指示电极、饱和甘汞电极作参比电极组成工作电池。在滴定过程中,指示电极电位随滴定剂的加入而变化,将相应的电极电位数值和滴定剂用量作图得到滴定曲线。计量点附近产生电位突跃,滴定曲线陡直,仪器自动感知终点,停止滴定。根据消耗的体积和标准溶液的浓度计算试液含量。滴定前在仪器程序上设置参数,能自动报出未知液含量。

三、主要试剂和仪器

1. 试剂

$K_2Cr_2O_7$ 标准溶液(浓度见仪器储液瓶),硫磷混合酸,含亚铁分析液。

2. 仪器

铂电极,甘汞电极(或复合电极),10 mL 量筒,5 mL 移液管,洗耳球,铁芯搅拌棒,100 mL 玻璃烧杯,废液杯,电位滴定常规分析仪器。

四、实验步骤

1. 试样的分解

根据实验室具体条件,由实验技术人员统一分解铁矿石,或者学生自行分解。

准确称取 $1.0 \sim 1.5$ g 铁矿石粉于 250 mL 烧杯中,用少量蒸馏水润湿后,加 20 mL 浓盐酸,盖上表面皿,在沙浴上加热 $20 \sim 30$ min,并不时摇动,避免沸腾。如有带色不溶残渣,可滴加 $20 \sim 30$ 滴 100 $g \cdot L^{-1}$ $SnCl_2$ 溶液助溶。试样分解完全时,剩余残渣为白色或非常接近白色(即 SiO_2),此时可用少量蒸馏水吹洗表面皿及烧杯壁,冷却后将溶液定量转移到 250 mL 容量瓶中,加蒸馏水稀释至刻度,摇匀。

2. 仪器的准备

由实验技术人员调试,输入参数。

将铂电极与甘汞电极用蒸馏水洗净。洗涤时,下面用废液杯接,不要把水溅到仪器上。

放 100 mL 玻璃烧杯于电极下方,在仪器操作界面上选择"滴定管"→"冲洗",冲洗一次。将冲洗液倒入重铬酸钾回收桶。冲洗的主要作用是赶走管中的气泡。平行测定时,只需赶走一次即可。

3. 试样的分析

准确吸取亚铁溶液 5 mL 置于放有一根铁芯搅拌棒的 100 mL 烧坏中,加硫－磷混合酸 10 mL、水约 30 mL。

把待测试液的烧杯放到磁力搅拌器的中央,将调速开关打至最小,开搅拌器电源,慢慢将调速开关调大,并稍稍移动小烧杯使铁芯搅拌棒在小烧杯中匀速转动,然后将铂电极与甘汞电极插入溶液中,电极不能插入溶液底部,以防搅拌棒击碎电极。

在仪器操作界面上单击"滴定分析",开始滴定,等仪器自动停止运转,则滴定完成。注意观察烧杯中溶液颜色,有微黄色时,随时手动停止滴定,上报老师处理。

待滴定结束后,取出电极,用蒸馏水洗净电极(洗涤时,下面用废液杯接),并把自己用的小烧杯中的溶液倒在废液收集桶中,用蒸馏水洗干净小烧杯和搅拌棒。

所有含有 $K_2Cr_2O_7$ 的废液都要回收。

五、数据记录及处理

将实验数据记在记录本上,填写实验报告。

六、思考题

1. 为什么用氧化剂滴定亚铁离子要用铂电极作指示电极?
2. 氧化还原反应介质为什么用磷－硫混合酸? 是否可用盐酸?
3. 铁矿石中全铁量的测定,可用电位滴定法,也可以用常规滴定法,二者有什么优劣?

第9章 仪器分析实验

实验9.1 邻二氮菲分光光度法测定铁的条件实验

> 2021年,火星探测器"天问一号"成功着陆在火星北半球的乌托邦平原。火星车搭载了哪些分析仪器? 共有6台科学载荷,其中有火星表面成分探测仪。仪器分析既能应用于日常化学检测,也能应用于高精尖科技发展。本书的仪器分析实验只是冰山一角,更广阔的世界待年轻的你们去发现和开拓。

一、实验目的

1. 了解分析测定中确定实验条件的基本原理和方法。
2. 学习分光光度计和酸度计的使用方法。

二、实验原理

在可见光分光光度测定中,通常是将被测物质与显色剂反应,使之生成有色物质,然后测量其吸光度,进而求得被测物质的含量。因此,显色反应的完全程度和吸光度的物理测量条件都影响测定结果的准确性。

显色反应的完全程度取决于介质的酸度、显色剂的用量、反应的温度和时间等因素。在建立分析方法时,需要通过实验确定最佳反应条件。为此,可改变其中一个因素(例如介质的pH),暂时固定其他因素,显色后测量相应溶液的吸光度,通过吸光度 - pH 曲线确定显色反应的适宜酸度范围。其他几个影响因素的适宜值也可按这一方式分别确定。

本实验以邻二氮菲为显色剂,找出测定微量铁的适宜显色条件。

三、主要试剂与仪器

1. 试剂

铁标准溶液($100\ \mu g \cdot mL^{-1}$),0.1%邻二氮菲(又称邻菲啰啉)水溶液,10%盐酸羟胺水溶液(新鲜配制),NaAc 溶液($1\ mol \cdot L^{-1}$),NaOH 溶液($0.5\ mol \cdot L^{-1}$),HCl 溶液($0.5\ mol \cdot L^{-1}$)。

2. 仪器

分光光度计,酸度计,容量瓶(50 mL),吸量管(5 mL、10 mL)等。

四、实验步骤

1. 酸度影响

于 9 只 50 mL 容量瓶中,用刻度吸量管各加入 1.0 mL 0.100 mg·mL^{-1} 的铁标准溶液,再加入 1 mL 盐酸羟胺溶液和 2 mL 邻二氮菲溶液,每加一种试剂,要摇匀后再加下一种试剂。然后按表 9 – 1 分别加入不同体积的 NaOH 溶液,用蒸馏水稀释至刻度,摇匀。放置几分钟后分别测定各溶液的 pH 和吸光度。吸光度测定条件为:1 cm 比色皿,以蒸馏水作参比,测定波长为 510 nm。数据记入表 9 – 1。

表 9 – 1   NaOH 溶液的加入量、pH 和吸光度的测定

编号	1	2	3	4	5	6	7	8	9
V_{NaOH}/mL			0.0	0.2	0.5	1.0	1.5	2.0	3.0
pH									
吸光度									

2. 显色剂用量的影响

取 8 个 50 mL 容量瓶,依次加入 1.0 mL 0.100 mg·mL^{-1} 的铁标准溶液、1 mL 盐酸羟胺溶液和 5 mL NaAc 溶液,摇匀。然后分别加入邻二氮菲溶液 0.1 mL、0.3 mL、0.5 mL、0.8 mL、1.0 mL、1.5 mL、2.0 mL、4.0 mL。用蒸馏水稀释至刻度,摇匀。放置几分钟后测定各溶液的吸光度。

吸光度测定条件与前面测定相同,即 1 cm 比色皿,以蒸馏水作参比,测定波长为 510 nm。

3. 显色反应时间的影响及有色溶液的稳定性

在第 2 步中加入 2.0 mL 邻二氮菲显色剂的溶液,配好后(也可另取一容量瓶新配),立刻记下容量瓶稀释至刻度后的时间(t_0),立即以蒸馏水为参比溶液,在波长 510 nm 处测定该溶液的吸光度。然后依次测定放置 5 min、10 min、30 min、60 min、90 min 和 120 min 的吸光度,每次测完将溶液倒回原瓶中,下一时刻测定再取原瓶中的溶液测量。

五、数据处理

1. 酸度的影响及最佳测定酸度的确定

根据酸度影响所测定的数据,在坐标纸上作出吸光度 – pH 变化曲线,根据曲线确定显色反应适宜的 pH 范围。

2. 显色剂用量的影响

将显色剂用量影响的测定数据记入表 9 – 2 中。

表9-2　显色剂用量影响的测定

编号	1	2	3	4	5	6	7	8
V/mL								
吸光度								

绘制吸光度-显色剂用量曲线,根据所得曲线确定显色反应所需的最佳用量范围。

3. 显色反应时间的影响及有色溶液的稳定性(表9-3)

表9-3　显色剂稳定性的测定

时间 t/min	0	5	10	30	60	90	120
吸光度							

根据所得数据绘制吸光度-反应时间曲线,并据此确定显色反应适宜的显色时间范围和显色溶液的稳定性。

六、思考题

1. 根据什么原则从吸光度-pH曲线选定显色的适宜pH范围?如果选择不当,其后果怎样?

2. 从吸光度-反应时间曲线确定适宜的显色时间范围时,主要应考虑什么问题?如果时间选择过短或过长,对测定有何影响?

实验9.2　分光光度法测微量铁

水中铁含量测定是水质分析的一项重要指标,我国生活饮用水标准规定,含铁量不得超过 0.3 mg·L^{-1}。常规检测已无法满足此检测限要求,随着分析化学进入以仪器分析为主的现代分析化学的时代,分光光度法逐渐成为检测水中微量铁的最主要方法。随着社会科技和经济的不断发展,需要敢于求新求变的创新精神,发展测定设备简单、操作简便、灵敏度高的新方法。

一、实验目的

1. 进一步了解朗伯-比尔定律的应用。
2. 学会用邻二氮菲分光光度法测定铁的方法和正确绘制邻二氮菲-铁的标准曲线。
3. 了解分光光度计的构造及使用。

二、实验原理

朗伯-比尔定律为

$$A = \varepsilon b c$$

式中,A 为吸光度;b 为液池厚度(cm);c 为溶液浓度($mol \cdot L^{-1}$);ε 为摩尔吸光系数($L \cdot mol^{-1} \cdot cm^{-1}$)。

邻二氮菲是测定微量铁的一种较好试剂,其结构如下:

在 pH 为 2.0 ~ 9.0 的条件下,Fe^{2+} 与邻菲罗啉生成很稳定的橙红色配合物,反应式如下:

$$Fe^{2+} + 3 \text{(邻菲罗啉)} = [\text{(配合物)}]^{2+}_3 \text{(橙红色)}$$

邻菲罗啉　　　　　　　　　橙红色

此配合物的 $\lg K_{稳} = 21.3$,$\varepsilon_{510} = 11\,000\ L \cdot mol^{-1} \cdot cm^{-1}$。

在发色前,首先用盐酸羟胺把 Fe^{3+} 还原为 Fe^{2+}:

$$4Fe^{3+} + 2NH_2OH \cdot HCl = 4Fe^{2+} + N_2O + H_2O + 6H^+ + 2Cl^-$$

测定时,控制溶液酸度在 pH 为 2 ~ 9 较适宜,酸度过高,反应速较慢,酸度太低,则 Fe^{2+} 水解,影响显色。

Bi^{3+}、Ca^{2+}、Hg^{2+}、Ag^+、Zn^{2+} 与显色剂生成沉淀,Cu^{2+}、Co^{2+}、Ni^{2+} 则形成有色配合物,因此当这些离子共存时应注意它们的干扰作用。

三、主要试剂与仪器

1. 试剂

铁标准溶液($100\ \mu g \cdot mL^{-1}$),0.1% 邻二氮菲(又称邻菲罗啉)水溶液,1% 盐酸羟胺水溶液(新鲜配制),NaAc 溶液($1\ mol \cdot L^{-1}$),HCl 溶液($6\ mol \cdot L^{-1}$)。

2. 仪器

分光光度计,50 mL 容量瓶 7 个(先编好 1、2、3、4、5、6、7 号),10 mL 移液管(有刻度)1 支,5 mL 移液管(有刻度)4 支,5 mL 量筒 1 个,500 mL 烧杯 1 个,洗瓶 1 个,洗耳球 1 个,小滤纸,镜头纸。

四、实验步骤

1. 标准溶液的配制

用移液管移取 10 mL $100\ \mu g \cdot mL^{-1}$ 的铁标准溶液于 100 mL 容量瓶中,再加入 1 mL 6 mol·L^{-1} HCl 溶液,用蒸馏水稀释至刻度线,摇匀。此溶液铁溶度为 $10\ \mu g \cdot mL^{-1}$。分别移取 10 μg·

mL^{-1} 的铁标准溶液 0.0 mL、2.0 mL、4.0 mL、6.0 mL、8.0 mL、10.0 mL 于 1~6 号 50 mL 容量瓶中,依次分别加入 5.0 mL NaAc 溶液、1 mL 盐酸羟胺溶液、3 mL 邻二氮菲溶液,用蒸馏水稀释至刻度,摇匀,放置 10 min。

2. 吸收曲线的绘制和测量波长的选择

① 按仪器说明书要求,将分光光度计各部分线路接好,光源接 10 V 电压。

② 用 1 cm 比色皿以试剂空白(1 号溶液)为参比,在 450~550 nm 范围内每隔 10 nm 测量 1 次 5 号溶液的吸光度。在峰值附近每间隔 5 nm 测量 1 次。以波长为横坐标、吸光度为纵坐标绘制吸收曲线,确定最大吸收波长 λ_{max}。

3. 标准曲线绘制

按仪器使用说明"操作步骤"的要求,在其最大吸收波长(510 nm)下,以试剂空白(1 号溶液)为参比,用 1 cm 的比色皿测得各标准液的吸光度。

4. 试样中铁的含量测定

① 吸取试液 5.00 mL 于 7 号 50 mL 容量瓶中,加入 5.0 mL NaAc 溶液、1 mL 盐酸羟胺溶液、3 mL 邻二氮菲溶液,用蒸馏水稀释至刻度,摇匀,放置 10 min,仍以试剂空白(1 号溶液)为参比,于分光光度计上测定吸光度。

② 实验完毕后,用去离子水将比色皿洗干净,用滤纸、镜头纸吸干水分,放回原处。

五、数据处理(表 9-4)

表 9-4　标准溶液和未知液吸光度的测定

	标准溶液($0.02\ g \cdot L^{-1}$)						未知液
容量瓶编号	1	2	3	4	5	6	7
吸取的体积/mL	0	2.0	4.0	6.0	8.0	10.0	10.0
吸光度 A							
含铁量/($mg \cdot L^{-1}$)							

① 以波长为横坐标,相应的吸光度为纵坐标绘制吸收曲线。

② 以标准铁盐溶液的浓度为横坐标,相应的吸光度为纵坐标绘制邻二氮菲铁标准曲线。

③ 在标准曲线图纵坐标上找到试液的吸光度,然后在横坐标处查得相应铁的含量,乘以稀释的倍数,便可得原试液中铁的含量($mg \cdot L^{-1}$)。

六、思考题

1. 发色前加入盐酸羟胺的目的是什么? 如测定一般铁盐的总铁量,是否需要加入盐酸羟胺?

2. 本实验中哪些试剂加入量的体积需要比较准确? 哪些试剂则可不必? 为什么?

3. 根据自己的实验数据,计算在最适波长下邻二氮菲铁配合物的摩尔吸光系数。

实验 9.3　原子吸收光谱法测定自来水中钠的含量

　　1963 年,黄本立院士、张展霞教授和钱振彭教授分别向国内同行介绍了原子吸收光谱分析法。1964 年,黄本立院士等将蔡司 ID 型滤光片式火焰光度计改装为一台简易原子吸收光谱装置,测定了溶液中的钠,研究了三种醇类对分析信号的影响机理,这是我国学者最早发表的原子吸收光谱分析的研究论文,从此开启了我国原子吸收光谱分析法发展的航程。黄本立院士是我国原子吸收光谱分析法的倡导者和开拓者。正是科学家们长期不懈的努力,为我国原子吸收光谱分析事业未来的发展奠定了良好的基础。他们求真务实的科学精神和严谨细致的科学态度,激发着青年人精益求精、专注创新。

一、实验目的

1. 学习原子吸收分光光度法的基本原理。
2. 了解原子吸收分光光度计的基本结构和使用方法。
3. 掌握应用标准曲线法测定自来水中的钠含量。

二、实验原理

　　原子吸收分光光度法是根据物质所产生的原子蒸气对特定谱线(即待测元素的特征谱线)的吸收作用进行定量分析的。

　　若使用锐线光源,当发射光通过原子蒸气时,蒸气中基态原子将选择性地吸收该元素的特征谱线。这时,入射光将被减弱,其减弱程度与蒸气中该元素的浓度成正比,吸光度符合朗伯－比尔定律,是原子吸收分光光度法的定量基础。定量方法可用标准加入法或标准曲线法。

　　标准曲线法是原子吸收光谱法中常用的定量方法,适用于待测溶液中共存的基体成分较为简单的情况。标准曲线有时会发生向浓度轴(向下)或向吸光度轴(向上)弯曲的现象,要获得好的标准曲线,必须选择合适的实验条件。

三、主要试剂与仪器

1. 试剂

钠标准工作溶液($1\,000\ \mu g \cdot mL^{-1}$),1% HCl 溶液。

2. 仪器

AA－7020 型原子吸收分光光度计(北京东西仪器公司)及计算机,钠空心阴极灯(HCL),JB－Ⅱ型无油气体压缩机(天津市医疗器械二厂),乙炔钢瓶,通风设备。

四、实验步骤

1. 溶液配制

① 配制钠标准溶液系列:取钠标准工作液,配制 6 个 50 mL 的标准溶液(浓度分别为 0 μg ·

mL^{-1}、1 μg·mL^{-1}、2 μg·mL^{-1}、3 μg·mL^{-1}、4 μg·mL^{-1}、5 μg·mL^{-1}),用 1% 的 HCl 溶液稀释至刻度,摇匀备用。

② 自来水样品溶液配制:准确吸取自来水 20~50 mL 到容量瓶中,以去离子水稀释至刻度。

2. 仪器测量参数的设置

按所用型号原子吸收分光光度计使用说明,熟悉使用方法。待仪器充分预热后,按表 9-5 所给测定条件,调好仪器参数,并用去离子水喷雾调仪器零点。

表 9-5 仪器测定参数一览表

检测元素	波长/nm	灯电流/mA	乙炔流量/(mL·min^{-1})	空气流量/MPa	狭缝/nm
Na	589.0	3	1.5	0.3	0.2

3. 标准溶液和样品溶液的测定

在界面上单击空白处,将吸样管放入空白样瓶(1 号溶液),进行空白样检测,连续检测三次;单击"采样"选项,将吸样管分别依次放入系列标准溶液和样品溶液,进行检测,每种溶液连续检测三次,完成后单击"数据管理"选项,命名后保存,然后打印。列表记录相应的吸光度值。

4. 关机操作

① 关闭燃气,继续输送空气,燃烧完管道中的燃气,同时,用蒸馏水喷雾 2~3 min,清洗雾化室。

② 关闭点火开关及空压机,关闭电源。

五、数据处理(表 9-6)

表 9-6 钠标准溶液和自来水吸光度的测定

	标准溶液/(1 000 g·L^{-1})						自来水样
容量瓶编号	1	2	3	4	5	6	7
吸取的体积/mL	0	2.0	4.0	6.0	8.0	10.0	20.0
吸光度 A							
Na 浓度/(mg·L^{-1})							

以钠标准溶液的浓度为横坐标、吸光度为纵坐标,用方格坐标纸或用 Excel、Origin 等作图软件绘制工作曲线,并得到曲线方程。由样品读数及曲线方程得出样品中 Na^+ 的浓度。

六、思考题

1. 简述火焰原子化器的组成、原理和特点。

2. 原子吸收分光光度分析为什么要用待测元素的空心阴极灯作为光源?可否用氘灯或钨灯代替,为什么?

3. 为什么原子吸收分光光度分析可在自然光(加火焰光)环境中直接测定,并且单色器置于原子化器之后;而紫外可见分光光度分析中,测试样品一般需要环境光隔离,并且其单色器置于样品室之前?

实验 9.4 荧光光度法测定维生素 B1

19 世纪以前,荧光的观察是靠肉眼进行的,直到 1928 年,才由 Jette 和 West 推出了一台光电荧光计。光电荧光计的灵敏度是有限的,1939 年,Zworykin 和 Rajchman 发明光电倍增管以后,在增加灵敏度和容许使用分辨率更高的单色器等方面,是一个非常重要的阶段。1943 年,Dutton 和 Bailey 提出了一种荧光光谱的手工校正步骤。1948 年,Studer 推出了一台自动光谱校正装置,到 1952 年才出现商品化的校正光谱仪器。可见每台仪器构造背后都凝结着科研工作者的智慧与汗水,同时也鼓励青年人不畏困难、大胆创新和勇于担当。

一、实验目的

1. 学习荧光分光光度法分析的基本原理。
2. 掌握荧光光度计的使用方法。

二、实验原理

维生素 B1(又名硫胺素)在碱性高铁氰化钾溶液中氧化成硫色素,可用正丁醇提取,硫色素在紫外线($\lambda_{ex} = 365$ nm)照射下,发出蓝色荧光($\lambda_{em} = 435$ nm),荧光的强弱与维生素 B1 含量成正比,这是维生素 B1 荧光定量测定的根据。

本实验采用标准对照法进行定量分析。

三、主要试剂与仪器

1. 试剂

碱性铁氰化钾溶液(避光保存),维生素 B1 标准液(50 μg·mL^{-1},用 0.1 mol·L^{-1} HCl 配制),15% NaOH 溶液,正丁醇(AR),去离子水。

2. 仪器

荧光分光光度计,5 mL 吸量管 3 支,1 mL 吸量移液管 2 支,10 mL 比色管 4 只,漩涡混合器。

四、实验步骤

1. 待测液配制(表 9 - 7)

表 9 - 7 待测液配制表

溶液	标准溶液	标准空白	样品溶液	样品空白
VB1 标准溶液/mL	1	1	1	1

续表

溶液	标准溶液	标准空白	样品溶液	样品空白
15% NaOH/mL		3		3
碱性铁氰化钾/mL	3		3	
加入蒸馏水至 5 mL,摇匀				
正丁醇/mL	5	5	5	5
摇匀 50 s,静置分层				

2. 激发光谱扫描

吸取标准溶液的正丁醇上清液于比色池中,固定测量波长,改变激发光波长,测量荧光强度的变化。以激发光波长为横坐标、荧光强度为纵坐标作图,即得激发光谱,记录最大激发波长。

3. 发射光谱扫描

固定最大激发光波长为其激发波长,测定不同发射波长处的荧光强度,以荧光波长为横坐标、荧光强度为纵坐标作图,即得发射光谱。记录发射光波长。

4. 各待测溶液荧光强度的测定

设置荧光测定条件(激发光波长、激发光狭缝 10 nm、发射光波长、发射光狭缝 2 nm),取各管上层正丁醇清液依次测定并记录以下荧光强度:标准溶液荧光强度(F_s)、标准空白溶液荧光强度(F_{s0})、样品溶液荧光强度(F_x)、样品空白溶液荧光强度(F_{x0})。

五、数据处理

$$维生素 B1 样品溶液含量(\mu g \cdot mL^{-1}) = \frac{样品溶液\ F_x - 样品空白\ F_{x0}}{标准溶液\ F_s - 标准空白\ F_{s0}} \times 50$$

六、思考题

1. 试解释荧光光度法较吸收光度法灵敏度高的原因。
2. 荧光光度计的光路有何特点?如何绘制激发光谱和荧光激发光谱?

实验9.5　有机化合物红外光谱的测绘及结构分析

20世纪60年代,疟原虫对奎宁类药物已经产生了抗药性,严重影响到治疗效果。中国科学家屠呦呦受中国典籍《肘后备急方》启发,创造性地研制出抗疟新药——青蒿素和双氢青蒿素,获得对疟原虫100%的抑制率,为中医药走向世界指明一条方向,被誉为"拯救2亿人口"的发现。屠呦呦因此获2015年诺贝尔生理学或医学奖,成为第一个获得诺贝尔奖的中国人。以此设计青蒿素的红外光谱结构鉴定实验教学项目,激发学生的学习兴趣、爱国主义情怀和民族自豪感。

一、实验目的

1. 掌握 KBr 压片法制备样品的方法。
2. 了解红外光谱仪的结构,熟悉红外光谱仪的使用方法。
3. 了解青蒿素的红外光谱特征,通过实验掌握有机化合物的红外光谱定性方法。

二、实验原理

红外光谱是样品受到频率连续变化的红外光照射时,分子中有偶极矩变化的振动产生的吸收所得到的光谱。红外光谱用于定性分析时,就是根据实验所测绘的红外光谱图的吸收峰位置、强度和形状,通过各种特征吸收图表,确定吸收带的归属,确定分子中所含的基团或键,然后与推断所得的化合物的标准谱图进行对照,做出结论。

青蒿素分子含有一个内过氧化物、缩酮、乙缩醛、内酯的特征结构。$3\,461.90\ cm^{-1}$ 归属为羟基伸缩振动吸收,$2\,955.74\ cm^{-1}$、$2\,910.58\ cm^{-1}$、$2\,852.95\ cm^{-1}$ 为—CH_3、—CH_2 官能团的 C—H 伸缩振动吸收峰;$1\,738.61\ cm^{-1}$ 为羰基官能团的 C=O 伸缩振动吸收峰;$1\,459.83\ cm^{-1}$、$1\,375.73\ cm^{-1}$ 分别为—CH_3、—CH_2 官能团的 C—H 弯曲振动吸收峰;$1\,188.06\ cm^{-1}$、$1\,113.30\ cm^{-1}$、$1\,026.09\ cm^{-1}$ 为 C—O 伸缩振动吸收峰;$883.58\ cm^{-1}$ 为青蒿素 O—O 伸缩振动吸收峰,是青蒿素抗疟原虫的活性成分。

本实验以青蒿素为例,用固体压片法测得红外吸收光谱后,根据谱图中各特征吸收峰来确定分子中存在的基团及其在分子结构中的相对位置。

三、主要试剂与仪器

1. 试剂

KBr 粉末(光谱纯),无水乙醇(AR),青蒿素。

2. 仪器

Niclot 380 型红外光谱仪,压片机(油压机),压片模具,玛瑙研钵,不锈钢铲,镊子,红外灯。

四、实验步骤

1. 开机

接通 220 V 电源,依次打开傅里叶变换红外光谱仪、计算机及打印机。仪器预热 15 min后,打开 Omnic 软件。

2. 参数设置

光谱收集参数:包括扫描次数(20)、分辨率(4.0)、测定方式(% transmittance)、采集的光谱范围(400 ~ 4 000 cm^{-1})。

设置背景:指定背景使用时间为 1 000 min。

3. 制片

在红外灯下,用镊子取酒精药棉,将所有的玛瑙研钵、药匙、压片模具的表面等擦拭一遍,烘干。取 150 ~ 200 mg KBr 粉末在玛瑙研钵中研磨,使其粒度为 2.5 μm。用不锈钢铲移取适量粉末放入模具中,把压模置于压片机上,旋转压力丝杆手轮压紧模具,顺时针旋转放油阀至底部,然后一边抽气,一边缓慢上下移动压把,加压至 25 MPa 时,停止加压,维持 2 min,反时针旋转放油阀,解除加压,压力表指针指"0",旋松压力丝杆手轮取出压模,即可得到一定直径及厚度的 KBr 透明片。

再取 1 ~ 2 mg 待测样品加入剩余的 KBr 粉末中(样品与 KBr 的质量比为 1:100),在玛瑙研钵中混匀,继续研磨至粒度在 600 目以上。与 KBr 相同压片,得试样薄片。

4. 测样

首先测背景,把 KBr 薄片置于固体样品架上,样品插入红外光谱仪的试样窗口,关闭样品室,在 400 ~ 4 000 cm^{-1} 波数范围内扫描测绘其红外光谱图。然后用与测背景同样的方法测试样的红外光谱图。

5. 光谱处理

基线校正、平滑和标峰,保存图片。

6. 关机

清理实验台,用无水乙醇清洗压片模具、研钵等,并在红外烘箱中烘干;关闭所有电源。

五、数据处理

①确定未知物各主要吸收峰,并确认其归属。
②通过谱库,比较标准青蒿素与样品青蒿素的谱图,列表比较和讨论它们主要吸收峰的位置。

六、思考题

1. 用压片法制样时,为什么要求将固体试样研磨至粒径至 600 目? 样品及所有器具不干燥会对实验结果产生什么影响?
2. 羰基化合物谱图的主要特征峰是什么?

实验 9.6   离子选择电极法测定牙膏中的氟

骨骼和牙齿的坚固是因为氟,WHO 一直向大众推荐使用含氟牙膏来预防龋齿。目前,国内大众已经普遍的接受使用含氟牙膏,不少制作商也以"含氟"作为卖点。其实,在不同地区的生态环境中,氟的含量本身就有差异性,所以含氟牙膏并不是人人都适用。因此需要通过一系列实验来确定氟加入量的安全范围,以确保含氟牙膏的安全性和有效性。可见科学研究的根本目的就是更好地服务人类。

一、实验目的

1. 掌握电位分析法的基本原理。

2. 学习用氟离子选择性电极法测定 F⁻ 含量的方法。

3. 掌握标准曲线法和标准加入法测定牙膏中氟的方法。

4. 了解使用总离子强度调节缓冲溶液的意义和作用。

5. 熟悉氟电极和饱和甘汞电极的结构与使用方法。

6. 掌握 SX3808 型精密离子计的使用方法。

二、实验原理

目前,人们广泛使用各类含氟牙膏。如果氟的含量太低,则易得龋齿,过高则会发生氟中毒现象。因此,监测牙膏中 F⁻ 含量至关重要。氟离子选择性电极法具有结构简单、使用方便、灵敏度高、选择性好的特点,已被确定为测定牙膏中氟含量的方法。

氟离子选择性电极是对 F⁻ 具有特异响应的电位法指示电极,它可将溶液中 F⁻ 的活度转换成相应的电位信号。氟离子选择性电极的敏感膜为 LaF_3 单晶膜,电极管内放入 NaCl-NaF 混合溶液作为内参比溶液,以 Ag-AgCl 作内参比电极。当氟离子选择性电极(作指示电极)和甘汞电极(参比电极)插入被测溶液中组成工作电池时,电池的电动势 E 在一定条件下与 F⁻ 活度符合 Nernst 方程:

$$E = K - S \lg a_{F^-}$$

式中,K 值在一定条件下为定值;S 为电极线性响应斜率(25 ℃时为 0.059 V)。当溶液的总离子强度不变时,离子的活度系数为一定值,上式可写成:

$$E = K' - S \lg c_{F^-}$$

由此式可知,工作电池电动势与 F⁻ 浓度的对数呈线性关系,这就是氟离子选择性电极测定 F⁻ 的理论基础。

为了测定 F⁻ 浓度,常在待测溶液中加入高离子强度的惰性电解质,以维持总离子强度恒定。通常是加入大量的 NaCl 溶液。

试液的 pH 对氟电极的电位响应有影响。pH 过低,溶液中 H⁺ 与部分 F⁻ 形成 HF 或 HF_2^- 等在氟电极上不响应的形式,从而降低了 F⁻ 的浓度;pH 过高,OH⁻ 在氟电极上与 F⁻ 产生竞争响应。此外,OH⁻ 也能与 LaF_3 晶体膜产生如下反应:

$$LaF_3 + 3OH^- = La(OH)_3 + 3F^-$$

干扰电位响应使测定结果偏高,因此,测定需要在 pH 为 5~6 的溶液中进行,常用缓冲溶液 HAc – NaAc 来调节。

溶液中与 F⁻ 生成稳定络合物的阳离子如 Al^{3+}、Fe^{3+} 等以及能与 La^{3+} 形成络合物的阴离子会干扰测定,通常可用柠檬酸钠、EDTA、磺基水杨酸或磷酸盐等加以掩蔽。

使用氟电极测定溶液中 F⁻ 浓度时,通常是将控制溶液酸度、离子强度的试剂和掩蔽剂结合起来考虑,即使用总离子强度调节缓冲溶液(TISAB)来控制最佳测定条件。本实验的 TISAB 的组成为 NaCl(0.1 mol·L⁻¹)、HAc(0.25 mol·L⁻¹)、NaAc(0.75 mol·L⁻¹)和柠檬酸钠(0.001 mol·L⁻¹),pH = 5.0,总离子强度为 1.75。

在本实验中,分别选用了标准曲线法和标准加入法进行定量测定。当待测试样组成已知或较简单时,宜选用标准曲线法,尤其在样品数目较多的例行分析中更能显示出优越性。若对试样组成不甚了解,或样品组成较复杂,配制组成相近的标准系列溶液就有困难。此时为得到较高准确度,就应采用标准加入法。同时,该法只需一种标准溶液,操作简便快速。

三、主要试剂与仪器

1. 试剂

氟标准溶液($10\ \mu g \cdot mL^{-1}$),总离子强度调节缓冲溶液(TISAB),牙膏。

2. 仪器

SX3808 型精密离子计,氟离子选择性电极,饱和甘汞电极,电磁搅拌器。

四、实验步骤

1. 离子计调节

安装好测定装置,氟电极接离子计负极,甘汞电极接正极。按离子计使用方法调节好仪器,用"$-mV$"挡进行测量。

2. 标准曲线法测氟

① 氟标准溶液系列的配制:准确移取 $10.0\ mg \cdot L^{-1}$ 氟标准溶液 $1.00\ mL$、$4.00\ mL$、$7.00\ mL$、$10.00\ mL$、$13.00\ mL$ 分别放入 5 个 $100\ mL$ 容量瓶中,各加入 $10\ mL$ TISAB,用蒸馏水稀释定容,摇匀,即得到浓度分别为 $0.10\ mg \cdot L^{-1}$、$0.40\ mg \cdot L^{-1}$、$0.70\ mg \cdot L^{-1}$、$1.00\ mg \cdot L^{-1}$、$1.30\ mg \cdot L^{-1}$ 的氟离子标准溶液。

② 标准曲线的绘制:将上述配好的标准溶液按低浓度到高浓度的顺序逐个转入 $50\ mL$ 小塑料杯中(转换溶液时,氟离子选择性电极可不用清洗,而只要用滤纸吸去附着的溶液即可),将准备好的氟离子选择性电极和饱和甘汞电极浸入溶液中。在电磁搅拌下,读取平衡电位值。

③ 试样中氟含量的测定:称取牙膏约 $1.00\ g$ 于 $200\ mL$ 烧杯中,加入 $100\ mL$ 去离子水溶解,取上清液 $1\ mL$,加入 $10\ mL$ TISAB,用去离子水稀释定容到 $100\ mL$ 容量瓶中,摇匀。

用上述方法测牙膏溶液。在电磁搅拌下读取平衡电位 E_1,在标准曲线上找到与 E_1 相对应的 $-lgc_{F^-}$ 值。

3. 标准加入法

① 准确吸取 $1.00\ mL$ 牙膏溶液样于 $100\ mL$ 容量瓶中,再准确加入 $1.00\ mL$ $10.0\ mg \cdot L^{-1}$ 氟标准溶液、$10\ mL$ TISAB,并用去离子水稀释定容,摇匀。

② 将氟离子选择性电极和甘汞电极插入盛有上述溶液的小塑料杯中,在电磁搅拌下测其平衡电位值 E_2,再根据 E_1 和 E_2 计算出原牙膏溶液中的氟含量:

$$c_x = \frac{c_s V_s}{V_0}\left(10^{\frac{E_2-E_1}{S}} - 1\right)^{-1}$$

五、数据处理

① 氟离子选择性电极电位测定(表9-8)。

表9-8 氟标准溶液和牙膏溶液电极电位的测定

	标准溶液/(10.0 mg·L^{-1})						牙膏溶液
编号	1	2	3	4	5	6	7
吸取的体积/mL	1.00	4.00	7.00	10.00	13.00	1.00	1.00+1.00(标准溶液)
电极电位/mV							
F$^-$浓度/(mg·L^{-1})							

② 以电位 E(mV)为纵坐标、$-\lg c_{F^-}$为横坐标绘制 E-$\lg c_{F^-}$ 标准曲线。

③ 用标准曲线法计算牙膏中 F$^-$ 的含量。

④ 用标准加入法计算牙膏中 F$^-$ 的含量。

六、思考题

1. 氟离子选择性电极测得的是 F$^-$ 的浓度还是活度？如果要测定 F$^-$ 的浓度，应该怎么办？

2. TISAB 溶液包含哪些组分？各组分有何作用？

3. 测定 F$^-$ 浓度时，为什么要控制在 pH≈5，pH 过高或过低有什么影响？

4. 氟电极在使用前应该怎样处理？使用后应该怎样保存？

5. 标准加入法为什么要加入比欲测组分浓度大很多的标准溶液？

6. 测定氟离子标准溶液时，为什么按从稀到浓的顺序进行测定？反之则如何？

实验9.7　循环伏安判断电极过程

> 　　循环伏安法是一种常用的电化学研究方法。常用来测量电极反应参数，判断其控制步骤和反应机理，并观察整个电势扫描范围内可发生哪些反应，以及其性质如何。对于一个新的电化学体系，首选的研究方法往往就是循环伏安法，可称之为"电化学的谱图"。其检测设备电化学工作站的核心部件高位数的数/模、模/数转换器受美国禁运，造成国产电化学工作站在时间分辨和测量精度方面还落后于进口设备，但是国内老一辈科学家仍然在缺乏核心零部件的情况下，坚持开展国产设备的搭建和研制工作；国外高端测试仪在国内外售价、维修和保养有巨大差价，也激励着年轻人直面困难、开拓创新，为我国从制造大国向制造强国的转变中贡献自己的力量。

一、实验目的

1. 掌握循环伏安法的基本原理。

2. 学会从循环伏安曲线上分析电极过程特征。

3. 学习电化学工作站循环伏安功能的使用方法。

二、实验原理

循环伏安法与单扫描极谱法类似。在电极上施加线性扫描电压，当达到某设定的终止电

压后,再反向回扫至某设定的起始电压。若溶液中存在氧化态 O,电极上将发生还原反应:
$O + ne \rightarrow R$;反向回扫时,电极上生成的还原态 R 将发生氧化反应:$R \rightarrow O - ne$。

峰电流可表示为

$$i_p = K z^{\frac{2}{3}} D^{\frac{1}{2}} m^{\frac{2}{3}} t^{\frac{2}{3}} v^{\frac{1}{2}} c$$

峰电流与被测物质浓度 c、扫描速率 v 等因素有关。

从循环伏安图可确定氧化峰峰电流 i_{pa} 和还原峰峰电流 i_{pc}、氧化峰峰电位 φ_{pa} 和还原峰峰电位 φ_{pc}。

对于可逆体系,氧化峰峰电流与还原峰峰电流比为

$$\frac{i_{pa}}{i_{pc}} = 1$$

氧化峰峰电位与还原峰峰电位差为

$$\Delta\varphi = \varphi_{pa} - \varphi_{pc} \approx \frac{0.058}{z}$$

条件电位 $\varphi^{\theta\prime}$ 为

$$\varphi^{\theta\prime} = \frac{\varphi_{pa} - \varphi_{pc}}{2}$$

由此可以判断电极过程的可逆性。

三、主要试剂与仪器

1. 试剂

KCl 水溶液($1.0\ mol \cdot L^{-1}$),$K_3Fe(CN)_6$ 溶液($1.00 \times 10^{-2}\ mol \cdot L^{-1}$),KCl 水溶液($0.1\ mol \cdot L^{-1}$)。

2. 仪器

CHI660 电化学工作站,磁力搅拌器,金盘工作电极(直径 2 mm),铂盘辅助电极,KCl 饱和甘汞电极,电解池,计算机及打印机。

四、实验步骤

1. 电极的预处理

将金盘工作电极先后在 2 000 目、12 000 目粗细砂纸上轻轻擦拭光亮,充分水洗,洗耳球吹干后备用。

检查 KCl 饱和甘汞电极的内参比溶液(饱和 KCl 水溶液)的液面高度,要求内参比溶液与参比电极接通。

2. 开机

预热仪器,设置实验参数。

3. 变浓度实验

准确移取 $1.00 \times 10^{-2}\ mol \cdot L^{-1}$ $K_3Fe(CN)_6$ + $0.1\ mol \cdot L^{-1}$ KCl 水溶液 20.00 mL、2.00 mL、0.20 mL,分别放入 3 个 200 mL 容量瓶中,用 $1.0\ mol \cdot L^{-1}$ KCl 水溶液定容,摇匀,即

得到浓度分别为 1.00×10^{-3} mol·L^{-1}、1.00×10^{-4} mol·L^{-1}、1.00×10^{-5} 的 $K_3Fe(CN)_6$ 水溶液。

将上述配好的系列浓度以及 1.00×10^{-2} mol·L^{-1} $K_3Fe(CN)_6$ + 0.1 mol·L^{-1} KCl 水溶液逐个转入 100 mL 的电解池中，插入 WE、CE、RE 到溶液中，将电极连接到电化学工作站(绿线接 WE，红线接 CE，白线接 RE)。

以扫描速率 20 mV·s^{-1} 从 0.80 V 到 0.20 V 扫描，以合适的文件名保存 CV 测试结果，并记录各浓度下的峰电位、峰电流和峰电位间距。

4. 变扫速实验

在以上实验结束后的 1.00×10^{-3} mol·L^{-1} $K_3Fe(CN)_6$ 溶液中，改变扫描速率，依次取 10 mV·s^{-1}、20 mV·s^{-1}、40 mV·s^{-1}、80 mV·s^{-1}、100 mV·s^{-1}、200 mV·s^{-1} 进行 CV 测试，保存 CV 测试结果，并记录各扫速下的峰电位、峰电流和峰电位间距。

5. 关机

实验完毕，关闭电源，拔下电源开关。

五、数据处理

① 绘制出同一扫描速度下的 $K_3Fe(CN)_6$ 浓度(c)与 i_{pa}、i_{pc} 的关系曲线，说明电流和浓度之间的关系。

② 绘制出同一 $K_3Fe(CN)_6$ 浓度下 i_{pa} 和 i_{pc} 与相应 $v^{1/2}$ 的关系曲线，说明电流和扫描速率之间的关系。

③ 计算 i_{pa}/i_{pc} 和 $\Delta\varphi_P$ 值，从实验结果说明 $K_3Fe(CN)_6$ 在 KCl 溶液中电极过程的可逆性。

六、思考题

1. 电位扫描范围对测定结果有何影响？是否电位范围越大，测得的结果越好？
2. 如何用循环伏安法判断极谱电极过程的可逆性？

实验 9.8 混合样中乙酸乙酯含量分析(气相色谱法)

茨维特是俄国植物生理学家和化学家，他最重大的贡献是发明分析化学中极重要的实验方法——色谱法。他在西方很多重要刊物上都发表了论文成果，详细叙述了利用自己设计的色谱分析仪器分离出胡萝卜素、叶绿素和叶黄素的方法。然而在接下来的 20 年里，茨维特的色谱新方法并没有得到科学界的重视，这是由于德国著名化学家维尔斯泰特(1905 年获诺贝尔化学奖)对色谱法的排斥和不信任——他曾指出叶黄素在色谱分离过程中会发生氧化作用。这其实是维尔斯泰特在实验过程中使用不合适的吸附剂造成的。茨维特建议使用菊粉或蔗粉作为吸附剂，但是维尔斯泰特并未理会。直到 1931 年(茨维特已去世 12 年)，R.库恩利用这个被埋没多年的方法，用氧化铝和碳酸钙粉末的色谱柱成功地将胡萝卜素分离成 α 和 β 两个同分异构体，色谱法才得到普遍的推广和应用。可见，从事科研工作时，面对学术问题时，务必要保持不骄不躁、谦虚谨慎的科学态度。

一、实验目的

1. 了解气相色谱分析的原理。
2. 熟悉有关气相色谱分析的操作技术。
3. 学会运用内标法进行定量分析的方法和计算。

二、实验原理

在气相色谱分析中,当试样中的组分不能全部出峰,或只要求测定试样中某个或某几个组分时,可用内标法定量分析:

$$\omega_i = \frac{m_s \cdot f_i' A_i}{m \cdot A_s} \times 100\%$$

$$f_i' = \frac{A_s \cdot m_i}{A_i \cdot m_s}$$

式中,A_s 为内标物质的峰面积;f_i' 为相对质量校正因子;m_s 为内标物质的质量;m 为试样质量;ω_i 为待测组分的质量分数;A_i 为待测组分的峰面积;m_i 为待测物质的质量。

三、主要试剂与仪器

1. 试剂

苯,丙酮,乙酸甲酯,乙酸乙酯(均为 A. R.)。

2. 仪器

Clarus 500 气相色谱仪(美国 Perkin 公司,带热导检测器),N2000 色谱数据工作站,氮气钢瓶,50 μL 微量注射器(尖头),分析天平。

四、实验步骤

1. 操作条件

检测器:热导池;层析室温度:80 ℃;桥电流:120 mA;检测室温度:100 ℃;载气:H_2;出口温度:110 ℃;流量:35 mL · min^{-1};汽化温度:110 ℃;纸速:300 mm · h^{-1};衰减:1/2;色谱柱:不锈钢柱,15% 邻苯二甲酸二壬酯固定液涂在 0. 25 ~ 0. 17 mm 的 6201 载体上。

2. 定性分析

① 分别用微量注射器吸取乙酸甲酯、乙酸乙酯和苯的标准物进样,并测定各自的保留时间。

② 分别用微量注射器吸取上述 3 种标准物的混合液及未知样品进样,并测定各峰的保留时间。

③ 将在同一条件下所得的各标准物的保留时间和未知样品中各峰的保留时间进行比较,确定样品中所含的组分。

3. 操作条件

① 内标物溶液的配制:取一干净带橡皮塞的小称量瓶,准确称出其质量,然后注入 1 mL

待测组分(乙酸乙酯)的标准物,称出其准确质量,2 次质量之差即为被测组分的质量 m_i。用同样的方法再注入内标物(苯)1 mL,称出其准确质量,与上次称重之差即为内标物的质量 m_s。

② 校正因子的测定:将上述配好的内标物溶液混合均匀,然后取 2 μL 进样,并测定各峰峰面积(A_i 及 A_s),计算出 f_i'。

4. 样品的测定

① 样品溶液的制备:用上述方法准确称取由乙酸甲酯、乙酸乙酯各 1 mL 配成的样品 m(g),然后注入 1 mL 苯作内标物,并称出其质量。

② 样品的测定:将上述配好的样品溶液混合均匀后,取 2 μL 进样,并测定乙酸乙酯及内标物苯的峰面积(A_i' 及 A_s')。

五、数据处理

根据上述实验所得的数据,按下式计算样品中乙酸乙酯的质量分数,并与理论值比较算出相对误差。

$$P = \frac{A_i' \cdot m_s'}{A_s' \cdot m} \times f_i' \times 100\%$$

六、思考题

1. 在同一操作条件下,为什么可用保留时间来鉴定未知物?

2. 用内标法计算时,为什么要用校正因子? 它的物理意义是什么?

3. 为什么启动仪器时,要先通载气后通电源,而实验完毕后,要先关电源,稍后才关载气?

实验 9.9　果汁中有机酸的分析(液相色谱法)

20 世纪 70 年代,卢佩章及其团队成功研究 K-1 型细内径高效液相色谱柱,达到世界领先水平,连美国著名色谱专家埃特伍德也承认,美国 PE 公司要一年以后才能达到中国的水平。卢佩章曾说道:"一个科学家最大的幸福是能对社会、人类做出些贡献。科学家要有创新,必须有坚实的理论和技术基础。有一颗热爱科学的心,才能选准方向,坚持下去。"卢佩章院士身上体现的老一辈化学家脚踏实地、埋头苦干、开拓进取、无私奉献的精神,就像一面旗帜,激发着无数青年学者的爱国热情、强烈的民族自信心和自豪感,以及树立努力学习实现中华民族伟大复兴的理想信念。

一、实验目的

1. 了解高效液相色谱仪的基本结构、工作原理以及初步掌握其操作技能。

2. 学习 HPLC 保留值法定性分析。

3. 学会利用内标法定量分析的方法。

二、实验原理

在食品中,主要的有机酸是乙酸、丁二酸、苹果酸、柠檬酸、酒石酸等。它们可能来自原料、发酵过程或是添加剂。苹果汁中的有机酸主要是苹果酸和柠檬酸,本实验采用 HPLC 分离上述有机酸。分离的原理是利用分子状态的有机酸的疏水性,使其在 C_{18} 键合相色谱柱中能够保留。由于不同有机酸的疏水性不同,疏水性大的有机酸在固定相中保留强,较晚流出色谱柱,反之则较早流出,从而使各组分得到分离。

高效液相色谱法的定性和定量分析,与气相色谱分析相似。在定性分析中,采用保留值定性,或与其他定性能力强的仪器分析方法(如质谱法、红外吸收光谱法等)联用。

在定量分析中。采用测量峰面积的归一化法、内标法或外标法等。内标法就是将准确称量的纯物质作为内标物,加入准确计量的样品中,根据内标物和样品的量及相应的峰面积 A 求出待测组分的含量。此法的优点是定量准确,操作条件和进样量不必严格控制,限制条件较少。不要求样品中所有组分都出峰,当样品中组分不能全部流出色谱柱、某些组分在检测器上无信号或只需测定样品中的个别组分时,可采用内标法。

本实验采用内标法,选择酒石酸为内标物,只对苹果汁中的苹果酸和柠檬酸进行定量分析。

三、主要试剂与仪器

1. 试剂

甲醇(色谱级),磷酸二氢铵(优级纯,配置 0.8 mmol·L^{-1} 的甲醇溶液、0.2 mol·L^{-1} 的水溶液,经 0.45 μm 滤膜过滤后使用),苹果酸(优级纯,准确称取一定量的苹果酸,用重蒸水配制 1 000 mg·L^{-1} 的溶液,作为储备液),柠檬酸、酒石酸(皆为优级纯,标准储备液配制方法同苹果酸),苹果酸、柠檬酸和酒石酸的标准溶液(将上述 3 种储备液定量稀释 5 倍,即得到 200 mg·L^{-1} 的 3 种有机酸的标准溶液,经 0.45 μm 滤膜过滤后使用),3 种有机酸的标准混合溶液(各含约 200 mg·L^{-1},经 0.45 μm 滤膜过滤后使用),苹果汁(市售苹果汁用 0.45 μm 滤膜过滤后使用)。

2. 仪器

LC-20AT 高效液相色谱仪(日本岛津制作,包括两台高压输液泵、一台紫外 - 可见分光光度检测器、一个六通阀和色谱工作站),超声仪,50 μL 圆头注射器。

四、实验步骤

1. 仪器操作

按仪器操作说明书使色谱仪正常运行,并将实验色谱条件设定为流动相:0.8 mmol·L^{-1} 磷酸二氢铵甲醇溶液和 0.2 mol·L^{-1} 磷酸二氢铵水溶液,比例为 1:1(体积比),使用前超声脱气 20 min;流速:1.0 mL·min^{-1};进样量:20 μL;检测器:紫外检测器,波长 230 nm;柱温:30 ℃;色谱柱:C18 柱 150 mm×4.6 mm,不锈钢柱。

2. 进样

在基线平直后,用试样溶液清洗注射器,并排除气泡后抽取 20 μL 进样。

3. 定性测定

① 分别注入 3 种有机酸的标准溶液,单击"采集数据"选项,记录各峰值的保留时间 t_R。

② 在 100 mL 容量瓶中加入准确称量的待测苹果汁样品。再准确加入一定量的内标物酒石酸样品,记录各自的称量值,摇匀待用。

③ 取上述 20 μL 待测溶液,单击"采集数据"选项,开始测试,得到由 3 个主要峰组成的色谱图,以合适的文件名保存图谱,然后打印,记录峰的保留时间等信息。根据①中的各种物质的保留时间,进行定性分析。

4. 定量测定

① 注入有机酸混合标样,记录酒石酸、苹果酸和柠檬酸的峰面积,用于计算苹果酸和柠檬酸相对于酒石酸的校正因子。

② 取第 3 步中②中的待测溶液 20 μL 进样,记录酒石酸、苹果酸和柠檬酸的峰面积。

5. 关机

按关机程序关机。

五、数据处理

① 根据上述第 3 步①记录的酒石酸、苹果酸和柠檬酸保留时间,对未知物进行定性分析。

② 相对校正因子的测定:根据上述第 4 步①记录的标准混合溶液酒石酸、苹果酸和柠檬酸峰面积,按下式计算苹果酸和柠檬酸对于酒石酸的相对校正因子。

$$f_i' = \frac{A_s \cdot m_i}{A_i \cdot m_s}$$

式中,m_i、A_i 及 m_s、A_s 分别为有机酸混合标样中内标物酒石酸和待测物(苹果酸或柠檬酸)的质量与峰面积。

③ 根据上述第 4 步②记录的待测溶液中酒石酸、苹果酸和柠檬酸的峰面积,按下式计算苹果酸和柠檬酸的质量百分含量。

$$m_i = \frac{m_s \cdot f_i' A_i'}{m \cdot A_s'} \times 100\%$$

式中,f_i' 为苹果酸或柠檬酸相对于酒石酸的相对校正因子;A_i'、A_s' 为待测溶液苹果酸或柠檬酸及内标物酒石酸的峰面积;m_s 为内标物的质量;m 为待测试样的总质量。

六、思考题

1. 简述液相色谱仪的基本组成和使用注意事项。
2. 与气相色谱法相比,液相色谱法有什么特点?
3. 在内标法定量分析中,内标的选择有什么考虑?

第 四 篇

无机与分析化学综合设计实验

第10章 无机与分析化学综合设计实验

实验 10.1 分光光度法测定水和废水中的总磷

磷在地壳中的质量分数约为0.118%。磷在自然界都以各种磷酸盐的形式出现。磷存在于细胞、骨骼和牙齿中,是动植物和人体所必需的重要组成部分。正常时人每天需要从水和食物中补充1.4 g磷,但都是以各种无机态磷酸盐或有机磷化合物形式吸收。然而,当磷以单质磷形式存在于水和废水中时,将对环境带来危害。元素磷属剧毒物质,进入生物体内可引起急性中毒,人摄入1 mg·kg^{-1}量便可致死。黄磷是重要的化工原料,在其生产过程中,用水喷洗熔炉的废气,冷却后产生对环境危害极大的"磷毒水",这种污水含有大量可溶和悬浮态的元素磷。因此,元素磷是一种不可忽视的污染物。

一、实验目的

1. 掌握钼锑抗钼蓝光度法测定总磷的原理和操作方法。
2. 掌握用过硫酸钾消解水样的方法。
3. 掌握用吸光光度法分析实验的重要环节,并熟练使用分光光度计。

二、实验原理

在天然水和废水中,磷几乎都以各种磷酸盐的形式存在,分别是正磷酸盐、缩合磷酸盐(焦磷酸盐、偏磷酸盐和多磷酸盐)以及与有机物相结合的磷酸盐。它们普遍存在于溶液、腐殖质粒子、水生生物或其他悬浮物中。关于水中磷的测定,通常按其存在形态,分别测定总磷、溶解性正磷酸盐和总溶解性磷。本实验所测定的是水中总磷。主要分为两步:第一步,用氧化剂过硫酸钾将水样中不同形态的磷转化成正磷酸盐;第二步,测定正磷酸盐浓度,从而求得总磷含量。

本实验采用过硫酸钾氧化-钼锑抗钼蓝光度法测定总磷。在微沸条件下,过硫酸钾将试样中不同形态的磷氧化为磷酸根。在酸性条件下,正磷酸盐与钼酸铵反应(以酒石酸锑钾为催化剂),生成磷钼杂多酸,被抗坏血酸还原,变成蓝色络合物,即磷钼蓝。其钼蓝浓度的多少与磷含量成正相关,以此测定水样中的总磷。相关反应式如下:

$$2K_2S_2O_8 + 2H_2O = 4KHSO_4 + O_2$$

$$P(缩合磷酸盐或有机磷中的磷) + 2O_2 = PO_4^{3-}$$

$$PO_4^{3-} + 12MoO_4^{2-} + 24H^+ + 3NH_4^+ = (NH_4)_3PO_4 \cdot 12MoO_3 + 12H_2O$$

本方法的最低检出浓度为 $0.01\ mg \cdot L^{-1}$，测定上限为 $0.6\ mg \cdot L^{-1}$，适用于地面水、生活污水及日化、磷肥、机械加工表面的磷化处理、农药、钢铁、焦化等行业的工业废水中的正磷酸盐分析。砷含量大于 $2\ mg \cdot L^{-1}$ 时，可用硫代硫酸钠除去干扰；硫化物含量大于 $2\ mg \cdot L^{-1}$ 时，可以通入氮气除去干扰；若是铬含量大于 $50\ mg \cdot L^{-1}$，可用亚硫酸钠除去干扰。

三、主要试剂与仪器

1. 试剂

$K_2S_2O_8$ 溶液（$50\ g \cdot L^{-1}$），H_2SO_4 溶液（$1\ mol \cdot L^{-1}$、$6\ mol \cdot L^{-1}$、$9\ mol \cdot L^{-1}$），NaOH 溶液（$1\ mol \cdot L^{-1}$、$6\ mol \cdot L^{-1}$），酚酞指示剂，95% 的乙醇溶液。

抗坏血酸溶液（$100\ g \cdot L^{-1}$）：用少量水将 10 g 抗坏血酸溶解于烧杯中，并稀释至 100 mL，储存于棕色细口瓶中，待用。此溶液在较低温度下可稳定 3 周，如果发现变黄，则应重新配制。

钼酸铵溶液：溶解 13 g 钼酸铵 $[(NH_4)_6Mo_7O_{24} \cdot 4H_2O]$ 于 100 mL 水中，另溶解 0.35 g 酒石酸锑钾 $[KSbC_4H_4O_7 \cdot 1/2H_2O]$ 于 100 mL 水中，在不断搅拌下，将钼酸铵溶液缓慢加入 300 mL 的 $9\ mol \cdot L^{-1}$ H_2SO_4 中，再加入酒石酸锑钾溶液，混匀，储存于棕色细口瓶中，置于冷处保存，至少可以稳定 2 个月。

磷标准储备溶液（$50\ ℃ \cdot mL^{-1}$）：将装有磷酸二氢钾的称量瓶置于 $105 \sim 110\ ℃$ 的干燥箱中，干燥 2 h，取出冷却后放入干燥器中。准确称取 $(0.219\ 7 \pm 0.000\ 1)$ g 经过干燥的磷酸二氢钾置于烧杯中，加水溶解后转移至 1 000 mL 容量瓶中，加入约 800 mL 水、5 mL H_2SO_4（$9\ mol \cdot L^{-1}$），再用水稀释至刻度，摇匀。

磷标准工作溶液（$2.0\ \mu g \cdot mL^{-1}$）：准确吸取磷标准储备溶液 10.00 mL 于 250 mL 容量瓶中，用水稀释至刻度，摇匀。使用当天配制。

2. 仪器

分光光度计，比色管，可调温电炉（或电热板），容量瓶（50 mL、250 mL、1 000 mL），烧杯（250 mL），移液管（10 mL），刻度吸量管（1 mL、2 mL、5 mL、10 mL、20 mL），量筒（10 mL），过滤装置，棕色细口瓶。

四、实验步骤

1. 水样的采取、消解及预处理

① 从附近水域用适当方式采取足够水样，封闭待用。

② 从水样瓶中分取适量混匀的水样（含磷≤30 $\mu g \cdot mL^{-1}$）于 250 mL 锥形瓶中，加水至 50 mL，加数粒玻璃珠，加 1 mL $6\ mol \cdot L^{-1}$ H_2SO_4、5 mL $50\ g \cdot L^{-1}$ $K_2S_2O_8$。置于可调温电炉或电热板上加热至沸，保持微沸 $30 \sim 40$ min，至体积约 10 mL 为止。冷却后，加 1 滴酚酞，边摇边滴加 NaOH 溶液至刚呈微红色，再滴加 $1\ mol \cdot L^{-1}$ H_2SO_4 使红色刚好褪去。如果溶液不够澄

清,则用滤纸过滤于 50 mL 比色管中,用水洗涤锥形瓶和滤纸,洗涤液并入比色管中,加水至刻度线,供"试样测定"步骤使用。

2. 制作标准曲线

取 7 只 50 mL 容量瓶,分别加入磷标准操作溶液 0.00 mL、0.50 mL、1.00 mL、2.00 mL、4.00 mL、8.00 mL、10.00 mL。

① 显色:向容量瓶中加入 10% 抗坏血酸溶液 0.5 mL,混匀,30 s 后加 1 mL 钼酸铵溶液充分混匀,放置 15 min。加水至容量瓶刻度 50 mL。

② 测定:使用光程为 20 mm 或者 30 mm 比色皿,于 700 nm 波长处,以试剂空白溶液为参比,测定吸光度。以磷含量为横坐标、吸光度值为纵坐标绘制标准曲线。

3. 试样测定

取步骤 1 中制备好的待测水样适量,一般取 10.00 mL,按步骤 2 进行显色和测定吸光度。从标准曲线上查出磷的含量。

五、数据记录及处理

以吸光度(A)为纵坐标、磷标准溶液的浓度($\mu g \cdot mL^{-1}$)为横坐标,绘制标准曲线,同时,将溶解后并稀释至标线的水样按标准曲线制作步骤进行显色和测量。根据测得的吸光度(A)的大小,从标准曲线上查出含磷量,计算水样中总磷的含量[$c_{(P_总)}$ 以 $mg \cdot mL^{-1}$ 表示],填入表 10 - 1 中。

表 10 - 1　水样中总磷的含量的测定

容量瓶编号	1	2	3	4	5	6	7
$V_{磷标准溶液}$/mL	0.00	0.05	1.00	2.00	4.00	8.00	10.00
吸光度 A							
$c_{P_总}$ 计算公式							
$c_{P_总}$/($mg \cdot mL^{-1}$)							
$\bar{c}_{P_总}$/($mol \cdot L^{-1}$)							
相对平均偏差/%							

六、思考题

1. 本实验测定吸光度时,以试剂空白溶液为参比,这同以水做参比时相比较,在扣除试剂空白方面,做法有何不同?

2. 通过本实验,总结吸光光度分析的重要环节。

实验 10.2　三草酸合铁(Ⅲ)酸钾的制备及组成分析

一、实验目的

1. 了解三草酸合铁(Ⅲ)酸钾的性质和制备方法。

2. 练习溶解、沉淀、蒸发、浓缩等操作。

3. 了解表征配合物结构的方法,了解简单盐与配合物的区别,通过实验对配合物的组成进行简单分析。

4. 掌握用 $KMnO_4$ 法测定 $C_2O_4^{2-}$ 与 Fe^{3+} 的原理和方法。

二、实验原理

三草酸合铁(Ⅲ)酸钾 $K_3[Fe(C_2O_4)_3]\cdot 3H_2O$ 为绿色单斜晶体,密度为 $2.138\ g\cdot cm^{-3}$,溶于水[溶解度:$4.7\ g/100\ g(0\ ℃)$、$117.7\ g/100\ g(100\ ℃)$],难溶于乙醇。加热至 $100\ ℃$ 失去全部结晶水,$230\ ℃$ 时分解;对光敏感。遇光照射发生分解:

$$2K_3[Fe(C_2O_4)_3]=3K_2C_2O_4+2FeC_2O_4+2CO_2(黄色)$$

三草酸合铁(Ⅲ)酸钾是制备负载型活性铁催化剂的主要原料,也是一些有机反应的良好催化剂,具有工业应用价值。合成 $K_3[Fe(C_2O_4)_3]\cdot 3H_2O$ 的工艺路线有多种。本实验以莫尔盐和草酸形成草酸亚铁后经氧化、配位、结晶得到 $K_3[Fe(C_2O_4)_3]\cdot 3H_2O$。

本实验以硫酸亚铁铵为原料,与草酸在酸性溶液中先制得草酸亚铁沉淀,然后再用草酸亚铁在草酸钾和草酸的存在下,以过氧化氢为氧化剂,得到铁(Ⅲ)草酸配合物,主要反应为:

$$(NH_4)_2Fe(SO_4)_2+H_2C_2O_4+2H_2O=FeC_2O_4\cdot 2H_2O\downarrow+(NH_4)_2SO_4+H_2SO_4$$
$$2FeC_2O_4\cdot 2H_2O+H_2O_2+3K_2C_2O_4+H_2C_2O_4=2K_3[Fe(C_2O_4)_3]\cdot 3H_2O$$

采用化学分析法对产物进行定性分析,其原理如下:

K^+ 与 $Na_3[Co(NO_2)_6]$ 在中性或稀醋酸介质中,生成亮黄色的 $K_2Na[Co(NO_2)_6]$ 沉淀:

$$2K^++Na^++[Co(NO_2)_6]^{3-}=K_2Na[Co(NO_2)_6](s)$$

Fe^{3+} 与 KSCN 反应生成血红色 $Fe(NCS)_n^{3-n}$,$C_2O_4^{2-}$ 与 Ca^{2+} 生成白色沉淀 CaC_2O_4,可以判断 Fe^{3+}、$C_2O_4^{2-}$ 处于配合物的内层还是外层。

配阴离子可用化学分析方法进行测定,用稀 H_2SO_4 溶解试样,在酸性介质中用 $KMnO_4$ 标准溶液滴定待测液中的 $C_2O_4^{2-}$;在滴定 $C_2O_4^{2-}$ 后的溶液中用 Zn 粉还原 Fe^{3+} 为 Fe^{2+},再用 $KMnO_4$ 标准溶液滴定 Fe^{2+};通过消耗 $KMnO_4$ 标准溶液的量来计算 $C_2O_4^{2-}$ 和 Fe^{3+} 的量以及 $C_2O_4^{2-}$ 和 Fe^{3+} 的配位比。

用 $KMnO_4$ 法测定产品中的 Fe^{3+} 含量和 $C_2O_4^{2-}$ 的含量,并确定 Fe^{3+} 和 $C_2O_4^{2-}$ 的配位比。在酸性介质中,用 $KMnO_4$ 标准溶液滴定试液中的 $C_2O_4^{2-}$,根据 $KMnO_4$ 标准溶液的消耗量可直接计算出 $C_2O_4^{2-}$ 的质量分数,其反应式为:

$$5C_2O_4^{2-}+2MnO_4^-+16H^+=10CO_2+2Mn^{2+}+8H_2O$$

$$c_{MnO_4^-}=\frac{2}{5}\frac{m_{Na_2C_2O_4}}{M_{Na_2C_2O_4}V_{MnO_4^-}}$$

$$w_{C_2O_4^{2-}} = \frac{\frac{5}{2}c_{KMnO_4}V_{KMnO_4}M_{C_2O_4^{2-}}}{m_S}$$

在上述测定草酸根后剩余的溶液中,用锌粉将 Fe^{3+} 还原为 Fe^{2+},再利用 $KMnO_4$ 标准溶液滴定 Fe^{2+},其反应式为:

$$Zn + 2Fe^{3+} = 2Fe^{2+} + Zn^{2+}$$

$$5Fe^{3+} + MnO_4^- + 8H^+ = 5Fe^{3+} + Mn^{2+} + 4H_2O$$

根据 $KMnO_4$ 标准溶液的消耗量,可计算出 Fe^{3+} 的质量分数:

$$w_{Fe^{3+}} = \frac{5(c_{KMnO_4}V_{KMnO_4} - c_{KMnO_4}V_{KMnO_4}^{C_2O_4^{2-}})M_{Fe^{3+}}}{m_S}$$

根据

$$n(Fe^{3+}):n(C_2O_4^{2-}) = [w(Fe^{3+})/55.8]:[w(C_2O_4^{2-})/88.0]$$

可确定 Fe^{3+} 与 $C_2O_4^{2-}$ 的配位比。

$$n_{Fe^{3+}}:n_{C_2O_4^{2-}} = \frac{m_{Fe^{3+}}}{55.8}:\frac{m_{C_2O_4^{2-}}}{88.0} = \frac{w_{Fe^{3+}}}{55.8}:\frac{w_{C_2O_4^{2-}}}{88.0}$$

实验所需相关数据见表 10－2。

表 10－2　实验所需相关数据

物质名称	化学式	摩尔质量/(g·mol⁻¹)
莫尔盐	$(NH_4)_2Fe(SO_4)_2 \cdot 6H_2O$	392.13
草酸	$H_2C_2O_4$	90.04
草酸钾	$K_2C_2O_4$	166.21
高锰酸钾	$KMnO_4$	158.03
草酸根	$C_2O_4^{2-}$	88.02
铁	Fe	55.85
三水合三草酸合铁酸钾	$K_3[Fe(C_2O_4)_3] \cdot 3H_2O$	491.24

三、主要试剂与仪器

1. 试剂

$(NH_4)_2Fe(SO_4)_2 \cdot 6H_2O$ 固体,饱和草酸钾溶液,饱和草酸溶液,Zn 粉(A.R),无水乙醇,乙醇－丙酮 1:1,$KMnO_4$ 标准溶液($0.020\ 0\ mol \cdot L^{-1}$),$H_2O_2(w = 5\%)$。

2. 仪器

常量滴定用仪器,布氏漏斗,抽滤瓶。

四、实验步骤

1. 三草酸合铁(Ⅲ)酸钾制备

方案一

(1)草酸亚铁的制备

用 100 mL 洁净干燥烧杯称取 5.0 g $(NH_4)_2Fe(SO_4)_2 \cdot 6H_2O$ 加入 1 mL 1 mol·L^{-1} H_2SO_4 和 15 mL 去离子水,小火加热溶解,再加入 25 mL $H_2C_2O_4$ 饱和溶液,搅拌并加热煮沸,停止加热、静置,待析出的黄色 $FeC_2O_4 \cdot 2H_2O$ 晶体完全沉降后,倾去上层清液。用倾析法洗涤该沉淀 3 次,每次用 20 mL 温热的去离子水,得到较纯净 $FeC_2O_4 \cdot 2H_2O$ 晶体待用。

(2)Fe(Ⅱ)氧化成 Fe(Ⅲ)

在 $FeC_2O_4 \cdot 2H_2O$ 晶体中加入 10 mL 饱和的 $K_2C_2O_4$ 溶液,水浴加热约 40 ℃,用滴管缓慢滴加 20 mL $w = 5\%$ 的 H_2O_2,不断搅拌并维持温度在 40 ℃ 左右,使 Fe(Ⅱ)充分地氧化成 Fe(Ⅲ);溶液转变为棕红色并有棕红色沉淀产生。H_2O_2 加完后,将溶液直接加热(垫上石棉网)至沸除去过量的 H_2O_2(加热时间不宜太长,煮沸即可认为 H_2O_2 分解基本完全,停止加热)。

(3)酸溶、配位反应

取大约 8 mL 饱和 $H_2C_2O_4$ 溶液,在快速搅拌下用滴管滴加 $H_2C_2O_4$ 溶液,使沉淀溶解变为亮绿色透明溶液,溶液的 pH 控制在 3.0~4.0;如果溶液中有浑浊不溶物质存在,趁热过滤(如果溶液是透明的,则不需要过滤);冷却至室温后,在溶液中加入 10 mL 无水乙醇,将溶液在冰水中冷却约 20 min,可以看到烧杯底部有晶体析出(翠绿色),待结晶完全后,抽滤,并用少量乙醇-丙酮(1:1)(或乙醇)洗涤晶体。取下晶体,用滤纸吸干,转入称量瓶(事先称量好空的称量瓶,并记录)中称重,记录下相关称量数据,计算产率,并将晶体放在干燥器内避光保存。注意事项:减压过滤要规范。尤其注意在抽滤过程中,勿用水冲洗黏附在烧杯和布氏滤斗上的少量绿色产品,否则,将大大影响产量。

方案二

(1)氢氧化铁制备

称取 4 g $(NH_4)_2Fe(SO_4)_2 \cdot 6H_2O$,加入约 100 mL 水配成溶液,在 50 ℃ 水浴加热和搅拌下,滴加约 20 mL 2 mol·L^{-1} NaOH 溶液生成沉淀。为加速反应,立马滴加 6% 的 H_2O_2,当变成棕色后,多加 2 滴,再煮沸 10 min。稍冷后用双层滤纸吸滤,用少量水洗 2~3 次,得 $Fe(OH)_3$。

(2)草酸氢钾制备

在约 20 mL 水中溶解 2 g $H_2C_2O_4 \cdot 2H_2O$(小火加热)后分次加入 1.2 g K_2CO_3,生成 KHC_2O_4 溶液。

(3)三草酸合铁(Ⅲ)酸钾制备

将 KHC_2O_4 溶液用 80 ℃ 水浴加热,先加入 5 mL,后改用滴管滴加 KHC_2O_4 溶液到 $Fe(OH)_3$ 中,用 80 ℃ 水浴加热。大部分 $Fe(OH)_3$ 溶解后,溶液为透明的亮绿色,稍冷抽滤,将抽滤液浓缩到原体积的 1/2 左右,用水彻底冷却(加 10 mL 酒精),待大量晶体吸出后吸滤,并用少量乙醇洗晶体一次,用滤纸吸干,称重,计算产率。

2. 产物的定性分析

(1) K^+ 的鉴定

在试管中加入少量产物,用去离子水溶解,再加入 1 mL $Na_3[Co(NO_2)_6]$ 溶液,放置片刻,观察现象。

(2) Fe^{3+} 的鉴定

在试管中加入少量产物,用去离子水溶解,另取一支试管加入少量的 $FeCl_3$ 溶液。各加入 2 滴 0.1 $mol \cdot L^{-1}$ KSCN,观察现象。在装有产物溶液的试管中加入 3 滴 2 $mol \cdot L^{-1}$ H_2SO_4,再观察溶液颜色有何变化,解释实验现象。

(3) $C_2O_4^{2-}$ 的鉴定

在试管中加入少量产物,用去离子水溶解,另取一支试管加入少量的 $K_2C_2O_4$ 溶液。各加入 2 滴 0.5 $mol \cdot L^{-1}$ $CaCl_2$ 溶液,观察实验现象有何不同。

3. 产物组成的定量分析

(1) 结晶水质量分数的测定

洗净两个称量瓶,在 110 ℃ 电烘箱中干燥 1 h,置于干燥器中冷却,至室温时在电子分析天平上称量。然后再放到 110 ℃ 电烘箱中干燥 0.5 h,重复上述干燥、冷却、称量操作,直至质量恒定(两次称量相差不超过 0.3 mg)为止。

在电子分析天平上准确称取两份产品各 0.5~0.6 g,分别放入上述已质量恒定的两个称量瓶中。在 110 ℃ 电烘箱中干燥 1 h,然后置于干燥器中冷却,至室温后称量。重复上述干燥(改为 0.5 h)、冷却、称量操作,直至质量恒定。根据称量结果计算产品结晶水的质量分数。

(2) $C_2O_4^{2-}$ 和 Fe^{3+} 质量分数的测定

① 称样。

准确称取约 1 g 合成的 $K_3[Fe(C_2O_4)_3] \cdot 3H_2O$ 于烧杯中,加入 25 mL 3 $mol \cdot L^{-1}$ H_2SO_4 溶液使之溶解,再转移至 250 mL 容量瓶中,稀释至刻度,摇匀,静置。

② $C_2O_4^{2-}$ 的测定。

准确移取 25.00 mL 上述试液于锥形瓶中,加入 20 mL 3 $mol \cdot L^{-1}$ H_2SO_4 溶液,在 75~85 ℃ 水浴中加热 10 min,用 $KMnO_4$ 标准溶液滴定溶液呈浅粉色,30 s 不褪色即为终点,记录读数。根据消耗 $KMnO_4$ 溶液的体积,计算产物中 $C_2O_4^{2-}$ 的质量分数。平行滴定 3 次。

③ Fe^{3+} 的测定。

往滴定完草酸根的锥形瓶中加入锌粉约 1 g 和 5 mL 3 $mol \cdot L^{-1}$ H_2SO_4 溶液,摇动 10 min 后,过滤除去过量的 Zn 粉,滤液用另一锥形瓶承接。用约 40 mL 0.2 $mol \cdot L^{-1}$ H_2SO_4(自己用 3 $mol \cdot L^{-1}$ H_2SO_4 配制)溶液分 3~4 次洗涤原锥形瓶和沉淀,然后用 $KMnO_4$ 标准溶液滴定溶液呈浅粉色,30 s 不褪色即为终点,记录读数。根据消耗 $KMnO_4$ 溶液的体积,计算 Fe^{3+} 的质量分数。

平行滴定 3 次。

根据①、②、③的实验结果,计算 K^+ 的质量分数,结合实验步骤 2 的结果,推断出配合物的化学式。

五、数据记录及处理

1. 三草酸合铁(Ⅲ)酸钾的制备(表 10-3)

表 10-3　合成实验结果与数据处理

项　目	数　据
$(NH_4)_2Fe(SO_4)_2 \cdot 6H_2O$ 的质量/g	
$K_3[Fe(C_2O_4)_3] \cdot 3H_2O$ 理论产量/g	
(空)称量瓶质量/g	
(称量瓶 + 产品)质量/g	
$K_3[Fe(C_2O_4)_3] \cdot 3H_2O$ 实际质量/g	
产率/%	
$K_3[Fe(C_2O_4)_3] \cdot 3H_2O$ 的颜色	

2. 组成分析实验结果与数据处理(表 10-4、表 10-5)

表 10-4　产物定性分析

现　象	$Na_3[Co(NO_2)_6]$	$0.1\ mol \cdot L^{-1}$ KSCN	$0.5\ mol \cdot L^{-1}$ $CaCl_2$
K^+ 的鉴定			
Fe^{3+} 的鉴定			
$C_2O_4^{2-}$ 的鉴定			

表 10-5　产物定量分析

项　目	Ⅰ	Ⅱ	Ⅲ
样品质量/g			
试液体积/mL	25.00	25.00	25.00
消耗 $KMnO_4$ 体积 V_1/mL			
消耗 $KMnO_4$ 体积 V_2/mL			
$c(KMnO_4)/(mol \cdot L^{-1})$			
$w(C_2O_4^{2-})/\%$			
$\overline{w}(C_2O_4^{2-})/\%$			
相对误差/%			
$w(Fe^{3+})/\%$			
$\overline{w}(Fe^{3+})/\%$			
相对误差/%			

六、思考题

1. 根据实验结果,写出产品中配阴离子的化学式。
2. 氧化 $FeC_2O_4 \cdot 2H_2O$ 时,氧化温度控制在 40 ℃,不能太高,为什么?
3. $KMnO_4$ 滴定 $C_2O_4^{2-}$ 应注意哪些实验条件? 为什么要在此温度下进行?
4. 用乙醇洗涤的作用是什么?

实验 10.3　碳酸钠的制备与分析

> 　　20 世纪初,我国所需纯碱全依赖进口。在第一次世界大战期间,欧亚交通梗阻,英国在华的卜内门公司为了攫取暴利,大肆囤积纯碱,以纯碱为原料的民族工业被死死地卡住命脉,严重影响国计民生。那时一吨纯碱在中国的价格相当于 1 盎司黄金。侯德榜身先士卒,和工人们一起埋头苦干。1926 年 6 月 29 日,永利碱厂第二次试车生产,成功生产出了中国自己的优质纯碱,纯碱碳酸钠含量高达 99%。产品迅速超过 30 吨,打破了英商卜内门公司的垄断。他不仅放弃专利申请,还总结制碱经验,无偿地用英文写了本《纯碱制造》,并于 1932 年在纽约出版,把索尔维制碱法分享给了全世界的人。这本书的出版打破了先前掌握制碱法的几个国家的垄断,让全世界都能够用得上相对廉价的纯碱。
>
> 　　爱国、敬业、诚信、友善在很多科学家身上都有所体现,他们往往在国家最需要的时候挺身而出。中华人民共和国成立初期,内有国民党特务、外有国外势力阻拦,侯德榜不畏险阻,为我国的制碱工业和化学工业的发展做出了卓越贡献。

一、实验目的

1. 了解盐类溶解度的差异。
2. 掌握利用复分解反应制取化合物的方法。

二、实验原理

碳酸钠(俗称纯碱)的工业制法是将氨气和二氧化碳通入氯化钠溶液中,生成碳酸氢钠,经过高温灼烧,失去二氧化碳和水,生成碳酸钠。

$$NH_3 + CO_2 + H_2O + NaCl = NaHCO_3 \downarrow + NH_4Cl$$
$$2NaHCO_3 = Na_2CO_3 + CO_2 \uparrow + H_2O$$

本实验是根据复分解反应直接采用碳酸氢铵与氯化钠作用制取碳酸氢钠,最后再灼烧分解为碳酸钠。

$$NH_4HCO_3 + NaCl = NaHCO_3 \downarrow + NH_4Cl$$

在 NH_4HCO_3、$NaCl$、$NaHCO_3$ 和 NH_4Cl 组成的水溶液多元体系中,在各种不同温度下,$NaHCO_3$ 的溶解度在四种盐中都是最小的,而温度过高会引进 NH_4HCO_3 的分解,温度过低其溶解度降低,不利于复分解反应的进行。因此,控制温度在 30 ~ 35 ℃ 条件下制备、分离 $NaHCO_3$ 是较适宜的。

常用酸碱滴定法测定其总碱度来检测产品的质量。以 HCl 标准溶液作为滴定剂,滴定反应如下:

$$CO_3^{2-} + 2H^+ = H_2CO_3 = CO_2 \uparrow + H_2O$$

反应生成的 H_2CO_3 的过饱和部分分解成 CO_2 逸出,化学计量点时,溶液的 pH 为 3.8 ~ 3.9,以甲基橙作指示剂,用 HCl 标液滴定至橙色(pH 4.0)为终点。

HCl 标准溶液用无水碳酸钠作为基准物质进行标定,采用与测定相同的方法和指示剂。

三、主要试剂与仪器

1. 试剂

25% 纯 NaCl,NH_4HCO_3 固体,HCl 溶液,甲基橙指示剂。

2. 仪器

滴定分析用仪器,电子天平。

四、实验步骤

1. 碳酸钠的制备

(1)$NaHCO_3$ 中间产物的制取

①取 25 mL 含 25%(1.186 g·mL^{-1})纯 NaCl 的溶液于小烧杯中,放在水浴锅上加热,温度控制在 30 ~ 35 ℃。

②称取 NH_4HCO_3 固体细粉末 10 g,在不断搅拌下分几次加入上述溶液中。

③加完 NH_4HCO_3 固体后,继续充分搅拌并保持在此温度下反应 20 min 左右。静置 5 min 后减压过滤,得到 $NaHCO_3$ 晶体。用少量水淋洗晶体,以除去黏附的铵盐,再尽量抽干母液。将布氏漏斗中的 $NaHCO_3$ 晶体取出,在台秤上称其湿重并记录 $NaHCO_3$ 的质量 $m(NaHCO_3)$。

(2)Na_2CO_3 制备

① 将上面制得的中间产物 $NaHCO_3$ 放在蒸发皿中,置于石棉网上加热直接加热,同时必须用玻璃棒不停地翻搅,使固体均匀受热并防止结块。

② 开始加热灼烧时,可适当采用温火,5 min 后改用强火,灼烧 0.5 h 左右即可制得干燥的白色细粉状 Na_2CO_3 产品。

③ 冷却到室温后,在台秤上称量并记录最终产品 Na_2CO_3 的质量 $m(Na_2CO_3)$,计算产率。

2. 碳酸钠(产品)中总碱度的分析

(1)0.1 mol·L^{-1} HCl 溶液的标定

准确称取 0.15 ~ 0.2 g 基准试剂无水 Na_2CO_3 三份,分别放于 250 mL 锥形瓶中。加入约 30 mL 水使之溶解,加入 2 滴甲基橙指示剂,用待标定的 HCl 溶液滴定至溶液由黄色恰变为橙色,即为终点。记下所消耗 HCl 溶液的体积,计算每次标定的 HCl 溶液浓度,并求其平均值及各次的相对偏差。

（2）总碱度的测定

准确称取 0.5～0.55 g 自制的 Na_2CO_3 产品于烧杯中，加入少量水使其溶解，必要时可稍加热以促进溶解。冷却后，将溶液定量转入 100 mL 容量瓶中，加水稀释至刻度，充分摇匀。平行移取试液 25.00 mL 三份于 250 mL 锥形瓶中，加 20 mL 水及 2 滴甲基橙指示剂，用 HCl 标准溶液滴定至溶液由黄色恰变为橙色，即为终点。记下所消耗 HCl 溶液的体积，计算各次测定的试样总碱度，并求其平均值及各次的相对偏差。

五、数据记录及处理（表 10 - 6）

表 10 - 6　碳酸钠的制备与分析

项　目	第一次	第二次	第三次
称取碳酸钠质量/g			
消耗盐酸体积 V_1/mL			
消耗盐酸体积 V_2/mL			
计算碳酸钠的质量/g			
碳酸钠的含量/%			
碳酸钠的含量平均值/%			

六、思考题

1. 无水 Na_2CO_3 如保存不当，吸收了少量水分，对标定 HCl 溶液的浓度有什么影响？Na_2CO_3 基准试剂使用前为什么要在 270～300 ℃下烘干？温度过高或过低对标定有何影响？

2. 标定 HCl 溶液常用的基准物质有哪些？测定总碱度应选用何种基准物质来标定 HCl？为什么？

3. 本实验有哪些主要因素影响产品的产量？影响产品纯度的主要因素有哪些？

实验 10.4　四种金属离子混合液的定性和定量分析

一、实验目的

1. 掌握混合溶液中几种金属离子的定性和定量分析。

2. 考查分析化学实验基本操作掌握的规范与熟练程度，运用实验技能和相关化学知识解决实验问题的能力。

二、实验原理

1. 金属离子混合液中 Fe^{3+}、Pb^{2+}、Cu^{2+} 和 Ni^{2+} 定性分析

采用 $K_4[Fe(CN)_6]$ 或 NH_4SCN 鉴定 Fe^{3+}。

利用 HCl 沉淀 Pb^{2+},根据 $PbCl_2$ 易溶于热水,并在弱酸介质中,Pb^{2+} 与 CrO_4^{2-} 反应生成黄色 $PbCrO_4$ 沉淀来鉴定 Pb^{2+},必要时加入 NaOH 溶液,将沉淀溶解,以确证 Pb^{2+} 的存在。

利用 $NH_3 \cdot H_2O$ 将 Fe^{3+}、Pb^{2+} 与 Cu^{2+}、Ni^{2+} 分离为 $Fe(OH)_3$、$Pb(OH)_2$ 和 $Cu(NH_3)_4^{2+}$、$Ni(NH_3)_4^{2+}$。滤液在弱酸(HAc)介质中,$K_4[Fe(CN)_6]$ 溶液与 Cu^{2+} 生成红棕色沉淀鉴定 Cu^{2+};在氨性介质中,Ni^{2+} 与丁二酮肟生成鲜红色丁二肟镍沉淀鉴定 Ni^{2+}。

2. 金属离子混合液中 Fe^{3+}、Pb^{2+}、Cu^{2+} 和 Ni^{2+} 定量分析

根据 Fe^{3+} 与 Pb^{2+}、Cu^{2+} 和 Ni^{2+} 的稳定常数的差别($\Delta lg cK \geqslant 6$),采用控制酸度的方法测定 Fe^{3+}。

利用 $NH_3 \cdot H_2O$ 将 Fe^{3+}、Pb^{2+} 与 Cu^{2+}、Ni^{2+} 分离为 $Fe(OH)_3$、$Pb(OH)_2$ 和 $Cu(NH_3)_4^{2+}$、$Ni(NH_3)_4^{2+}$。过滤后的 $Cu(NH_3)_4^{2+}$、$Ni(NH_3)_4^{2+}$ 滤液用酸中和,$Na_2S_2O_3$ 掩蔽 Cu^{2+},采用返滴定法测定 Ni^{2+};利用返滴定法测定 Cu^{2+}、Ni^{2+} 总量,采用差减法确定 Cu^{2+} 的含量。

利用返滴定法测定 Fe^{3+}、Ni^{2+}、Cu^{2+}、Pb^{2+} 总量,采用差减法确定 Pb^{2+} 的含量。

三、主要试剂和仪器

1. 试剂

金属离子混合液,EDTA 二钠盐($Na_2H_2Y \cdot 2H_2O$)(分析纯),金属 Zn(分析纯,基准物质),2% 的磺基水杨酸,0.2% 的二甲酚橙。

2. 仪器

电子天平,电子台秤,烘箱,精密 pH 试纸(或 pH 计),滴定分析用玻璃器皿。

四、实验步骤

1. 0.02 mol·L^{-1} Zn^{2+} 标准溶液的配制

用干净的小烧杯(或称量纸)准确称取 0.32 ~ 0.34 g 配制 250 mL 0.02 mol·L^{-1} 的锌溶液所需的纯锌片于 150 mL 烧杯中,加入 7.5 mL 6 mol·L^{-1} 的 HCl 溶液,立即盖上表面皿,微热,待锌完全溶解后,以少量水冲洗表面皿和烧杯内壁,冷却后,定量转移至 250.00 mL 的容量瓶中,以水稀释至刻度,摇匀。计算其准确浓度。

2. 0.02 mol·L^{-1} EDTA 标准溶液的配制及标定

用洁净的 500 mL 烧杯称取配制 400 mL 0.02 mol·L^{-1} EDTA 溶液所需的 EDTA 二钠盐($Na_2H_2Y \cdot 2H_2O$)固体 3.0 g,在烧杯中加水、温热溶解、冷却后转移入试剂瓶中,摇匀。吸取 10.00 mL 0.02 mol·L^{-1} 的 Zn^{2+} 标准溶液于锥形瓶中,加入 2 滴二甲酚橙指示剂,滴加 20% 的 pH = 5.5 的 $(CH_2)_6N_4$(六次甲基四胺)溶液至溶液呈现稳定的紫红色,再过量 5 mL。用 0.02 mol·L^{-1} EDTA 溶液滴定至溶液由紫红色变为亮黄色即为终点。平行标定三份,计算 EDTA 溶液的准确浓度。数据记录和结果表达见表 10-7。

3. Fe 的测定

取原液 10.00 mL 于 100 mL 容量瓶中,以水稀至刻度,摇匀。从中吸取 10.00 mL 溶液于锥形瓶中,加入 10 mL 0.01 mol·L^{-1} HNO_3(pH = 1.5 ~ 2.5),摇匀后,加热到 40 ~ 50 ℃(注

意:实验过程中应保持在40~50 ℃)。加入2%磺基水杨酸8滴,用0.02 mol·L⁻¹ EDTA进行滴定,消耗体积为 V_{EDTA} mL,由紫红色变成黄绿色为终点。平行测定三份,计算 Fe 的含量。数据记录和结果表达见表10-8。

Fe³⁺定性分析:取原液2滴于白色点滴板上,加1滴 K₄[Fe(CN)₆]溶液,立即生成蓝色沉淀,表明 Fe³⁺存在;或加1滴饱和 NH₄SCN 溶液,溶液呈血红色,表明有 Fe³⁺。加2滴20% KF 溶液,则红色褪去,确定有 Fe³⁺。

4. 混合液预处理(Fe³⁺、Pb²⁺与 Cu²⁺、Ni²⁺分离)

取原液10.00 mL 于150 mL 烧杯中,小心分次加入10 mL NH₃·H₂O(1+1),再多加20 mL 浓氨水。加热,微沸腾1 min。冷却,将沉淀与溶液一起转移至100.00 mL 容量瓶中,以水稀至刻度,摇匀。干过滤(滤纸、漏斗、接滤液的烧杯都应是干的)。过滤后的滤液含 Cu(NH₃)₄²⁺、Ni(NH₃)₄²⁺;沉淀含 Pb(OH)₂、Fe(OH)₃。

5. Ni 的测定

吸取滤液10.00 mL 于锥形瓶中,用2 mol·L⁻¹ HCl 酸化(留意能否观察到有沉淀产生后又溶解)。加入10 mL pH=5.5的20%(CH₂)₆N₄缓冲液,加入10滴20%的 KF 溶液(除去过滤不完全的 Fe³⁺),摇匀后再加入10% Na₂S₂O₃ 6 mL(或加 Na₂S₂O₃至无色后多加1 mL)。加入过量的0.02 mol·L⁻¹ EDTA V_1 mL,用0.02 mol·L⁻¹ Zn²⁺标准溶液进行返滴定,消耗 V_2 mL,以二甲酚橙为指示剂,亮黄色变成酒红色为终点。平行测定三份,确定 Ni 的含量。数据记录和结果表达见表10-9。

Ni²⁺定性分析:取滤液2滴于白色点滴板上,加1%的丁二酮肟1滴,生成红色沉淀,表明有 Ni²⁺存在。

6. Cu 的测定

吸取滤液10.00 mL 于锥形瓶中,用2 mol·L⁻¹ HCl 酸化(留意能否观察到有沉淀产生后又溶解)。加入10 mL pH=5.5的20%(CH₂)₆N₄缓冲液,加入10滴20%的 KF 溶液(除去过滤不完全的 Fe³⁺)。加入 V_3 mL 过量的0.02 mol·L⁻¹ EDTA,用0.02 mol·L⁻¹ Zn²⁺标准溶液进行返滴定,以二甲酚橙为指示剂,滴定终点后,消耗 V_4 mL。平行测定三份,确定 Cu 的含量。数据记录和结果表达见表10-10。

Cu²⁺定性分析:取滤液2滴于白色点滴板上(或试管),加浓 HAc 至弱酸性,再加入2滴 K₄[Fe(CN)₆]溶液,生成红棕色 Cu₂[Fe(CN)₆]沉淀,表明 Cu²⁺存在。

7. Pb 的测定

吸取步骤3(Fe 的测定)原液稀释液10.00 mL 于锥形瓶中,加入 V_5 mL 过量的0.02 mol·L⁻¹ EDTA,加入10 mL pH=5.5的20%(CH₂)₆N₄缓冲液,用0.02 mol·L⁻¹ Zn²⁺标准溶液进行返滴定,以二甲酚橙为指示剂,滴定终点后,消耗 V_6 mL。平行测定三份,确定 Pb 的含量。数据记录和结果表达见表10-11。

Pb²⁺定性分析:取5滴原液于离心管中,加入2滴定2 mol·L⁻¹ HCl 溶液于混合液中,充分搅拌并加热2 min,冷却后,离心分离。加5滴热水于沉淀上,滴加1滴6 mol·L⁻¹ HAc 溶液和2滴5%的 K₂CrO₄溶液,如有黄色沉淀,表明有 Pb²⁺存在。必要时可进一步加数滴2 mol·L⁻¹ NaOH 溶液,将沉淀溶解,以确证 Pb²⁺存在。

五、数据记录及处理(表 10 −7 ~ 表 10 −11)

表 10 − 7   0.02 mol · L⁻¹ EDTA 溶液的标定

标 定 次 数	1	2	3
m_{Zn}/g			
V_{EDTA}/mL			
$c_{EDTA}/(mol \cdot L^{-1})^*$			
$\bar{c}_{EDTA}/(mol \cdot L^{-1})$			
单次测定偏差 $d/(mol \cdot L^{-1})$			
相对平均偏差/%			

表 10 − 8   Fe 含量的测定

测 定 次 数	1	2	3
V/mL		10.00	
V_{EDTA}/mL			
$c_{Fe}/(g \cdot L^{-1*})$			
$\bar{c}_{Fe}/(g \cdot L^{-1})$			
单次测定偏差 $d/(g \cdot L^{-1})$			
相对平均偏差/%			

表 10 − 9   Ni 含量的测定

测 定 次 数	1	2	3
$V_{滤液}/mL$		10.00	
V_1/mL			
V_2/mL			
$c_{Ni}/(g \cdot L^{-1*})$			
$\bar{c}_{Ni}/(g \cdot L^{-1})$			
单次测定偏差 $d/(g \cdot L^{-1})$			
相对平均偏差/%			

表 10 – 10　Cu 含量的测定

测 定 次 数	1	2	3
$V_{滤液}/mL$		10.00	
V_3/mL			
V_4/mL			
$c_{Cu}/(g \cdot L^{-1})$ *			
$\bar{c}_{Cu}/(g \cdot L^{-1})$			
单次测定偏差 $d/(g \cdot L^{-1})$			
相对平均偏差/%			

表 10 – 11　Pb 含量的测定

测 定 次 数	1	2	3
V/mL		10.00	
V_5/mL			
V_6/mL			
$c_{Pb}/(g \cdot L^{-1})$ *			
$\bar{c}_{Pb}/(g \cdot L^{-1})$			
单次测定偏差 $d/(g \cdot L^{-1})$			
相对平均偏差/%			

六、思考题

1. 何为封闭效应? 在络合滴定中,采用 EDTA 滴定剂测定 Fe^{3+}、Cu^{2+}、Ni^{2+}、Pb^{2+} 时,以二甲酚橙为指示剂,哪些金属离子对指示剂产生封闭效应?

2. 何为返滴定法? 返滴定法适合哪些情况? 如采用以下实验方法测定 Ni^{2+}:在 pH = 5 ~ 6 时,先加入一定量过量的 EDTA 与 Ni^{2+} 络合,然后用标准 Zn^{2+} 溶液回滴剩余的 EDTA。该方法的合理性如何?

3. Fe^{3+} 与 Cu^{2+}、Ni^{2+} 和 Pb^{2+} 的混合液中,如何测定其中的 Fe^{3+}? 其理论基础是什么? 请确定用 0.02 mol·L^{-1} EDTA 滴定 Fe^{3+} 时的最低酸度和最高酸度? 络合滴定测定 Fe^{3+} 时,应采取什么适宜的实验步骤?

4. 在混合液 Fe^{3+}、Pb^{2+} 与 Cu^{2+}、Ni^{2+} 分离的预处理中,可以采用以下步骤:取原液 10.00 mL 于 150 mL 烧杯中,小心分次加入 10 mL $NH_3 \cdot H_2O$(1 + 1),再多加 20 mL 浓氨水。加热,微沸腾 1 min。冷却,将沉淀与溶液一起转移至 100.00 mL 容量瓶中,以水稀至刻度,摇匀。干过滤(滤纸、漏斗、接滤液的烧杯都是干的)。请问:

(1)过滤后的滤液和沉淀各含哪些物质?

(2)干过滤中,为什么要保持滤纸、漏斗、接滤液的烧杯都应是干的?

(3)采用滤液进行分析时,用 2 mol·L^{-1} HCl 中和过量的 $NH_3 \cdot H_2O$ 时,能观察到沉淀产生后又溶解,请解释其原因。

实验 10.5 硫酸四氨合铜(Ⅱ)的制备及组成分析

一、实验目的

1. 用精制的硫酸铜通过配位取代反应制备硫酸四氨合铜(Ⅱ)。

2. 学会用吸光光度法、酸碱滴定法分别测定硫酸四氨合铜(Ⅱ)配离子组成中 SO_4^{2-}、Cu^{2+} 及 NH_4^+。

二、实验原理

硫酸四氨合铜(Ⅱ)($[Cu(NH_3)_4]SO_4 \cdot H_2O$)为深蓝色晶体,主要用于印染、纤维、杀虫剂及制备某些含铜的化合物。本实验以硫酸铜为原料与过量的 $NH_3 \cdot H_2O$ 反应来制备:

$$CuSO_4 + 4NH_3 + H_2O = [Cu(NH_3)_4]SO_4 \cdot H_2O$$

硫酸四氨合铜溶于水,不溶于乙醇,因此在 $[Cu(NH_3)_4]SO_4$ 溶液中加入乙醇,即可析出 $[Cu(NH_3)_4]SO_4 \cdot H_2O$ 晶体。

$[Cu(NH_3)_4]SO_4 \cdot H_2O$ 中的 Cu^{2+}、SO_4^{2-} 及 NH_3 含量可以用吸光光度法、重量分析法、酸碱滴定法分别测定。

$[Cu(NH_3)_4]SO_4 \cdot H_2O$ 在酸性介质中被破坏为 Cu^{2+} 及 NH_4^+,加入过量 NH_3 可以形成稳定的深蓝色配离子 $[Cu(NH_3)_4]^{2+}$。根据朗伯-比尔定律:

$$A = kbc$$

式中,A 为吸光度;k 为有色溶液的摩尔吸收系数;c 为试液中有色物质的浓度;b 为液层的厚度。

配制一系列已知铜浓度的标准溶液,在一定波长下用分光光度计测定 $[Cu(NH_3)_4]^{2+}$ 溶液的吸光度,绘制标准曲线。由标准曲线法求出 Cu^{2+} 的浓度,从而可以计算出样品中的铜含量。

$[Cu(NH_3)_4]SO_4 \cdot H_2O$ 在碱性介质中被破坏为 $Cu(OH)_2$ 和 NH_3。在加热条件下把氨蒸入过量的标准溶液中,再用标准碱溶液进行滴定,从而准确测定样品中的氨含量。

三、主要试剂与仪器

1. 试剂

$NH_3 \cdot H_2O$(1:1),$CuSO_4 \cdot 5H_2O$ 固体,H_2SO_4(3 mol · L^{-1}),HCl 标准溶液(0.1 mol · L^{-1}),NaOH(10% 0.1 mol · L^{-1}),$NH_3 \cdot H_2O$(2 mol · L^{-1}),标准铜溶液(0.050 0 mol · L^{-1}),乙醇(95%),酚酞(0.2%)。

2. 仪器

台秤,研钵,布氏漏斗,抽滤瓶,电子天平(0.1 mg),722 分光光度计,吸量管(5 mL、10 mL),容量瓶(50 mL、100 mL),比色皿(2 cm),滴定管(酸式、碱式 25 mL),锥形瓶(100 mL)。

四、实验步骤

1. 硫酸四氨合铜(Ⅱ)的制备

在小烧杯中加入 $NH_3 \cdot H_2O$(1:1)20 mL,在不断搅拌下慢慢加入精制 $CuSO_4 \cdot 5H_2O$ 5 g,继续搅拌,使其完全溶解成深蓝色溶液。待溶液冷却后,缓慢加入 20 mL 乙醇(95%),即有深蓝色晶体析出。盖上表面皿,静置约 15 min,抽滤,并用 1:1 $NH_3 \cdot H_2O$ – 乙醇混合液(1:1 氨水与乙醇等体积混合)淋洗晶体两次,每次用量 2 ~ 3 mL,将其在 60 ℃ 左右烘干,称量。按 $CuSO_4 \cdot 5H_2O$ 的量计算 $[Cu(NH_3)_4]SO_4 \cdot H_2O$ 的产率。评价产品的质和量,并分析原因。

2. 硫酸四氨合铜(Ⅱ)的组成测定

(1)$[Cu(NH_3)_4]^{2+}$ 的吸收曲线的绘制

用吸量管吸取 0.050 0 $mol \cdot L^{-1}$ 标准铜溶液 0 mL、2.0 mL、4.0 mL,分别注入三个 50 mL 容量瓶中,加入 10 mL 2 $mol \cdot L^{-1}$ $NH_3 \cdot H_2O$,用蒸馏水稀释至刻度,摇匀。以试剂空白溶液(即不加标准铜溶液)为参比溶液,用 2 cm 比色皿,用分光光度计分别测定 500 ~ 680 nm 时的吸光度。以吸光度为纵坐标波长为横坐标绘制吸收曲线,求出 $[Cu(NH_3)_4]^{2+}$ 的最大吸收波长(λ_{max})。

(2)标准曲线的绘制

用吸量管分别吸取 0.050 0 $mol \cdot L^{-1}$ 标准铜溶液 0.00 mL、1.00 mL、2.00 mL、3.00 mL、4.00 mL、5.00 mL,注入六个 50 mL 容量瓶中,加入 10 mL 2.0 $mol \cdot L^{-1}$ $NH_3 \cdot H_2O$ 溶液后,用蒸馏水稀释至刻度,摇匀。以试剂空白溶液为参比溶液,用 2 cm 比色皿,在 $[Cu(NH_3)_4]^{2+}$ 的最大吸收波长(λ_{max})下,分别测定它们的吸光度。以吸光度为纵坐标,相应的 Cu^{2+} 含量为横坐标,绘制标准曲线。

(3)样品中 Cu^{2+} 含量的测定

准确称取样品 0.2 ~ 0.3 g 于小烧杯中,加 5 mL 水溶解后,滴加 6 $mol \cdot L^{-1}$ H_2SO_4 至溶液从深蓝色变至蓝色(表示络合物已解离),将溶液定量转移至 100 mL 容量瓶中,加入蒸馏水稀释至刻度,摇匀。准确吸取样品 10.00 mL 置于 50 mL 容量瓶中,加 10 mL 2.0 $mol \cdot L^{-1}$ $NH_3 \cdot H_2O$,用蒸馏水稀释至刻度,摇匀。以试剂空白溶液为参比溶液,用 2 cm 比色皿,在 $[Cu(NH_3)_4]^{2+}$ 最大吸收波长(λ_{max})下测定其吸光度。从标准曲线上求出 Cu^{2+} 含量,并计算样品中铜的含量。

2. 氨含量的测定

氨含量的测定在简易的定氮装置中进行,如图 10 – 1 所示。测定时,先准确称取 0.25 ~ 0.30 g 样品置于锥形瓶中,加入 80 mL 水溶解,然后加入 10 mL 10% NaOH 溶液。在另一锥形瓶中准确加入 30 ~ 35 mL HCl 标准溶液(0.5 $mol \cdot L^{-1}$)。使用蒸氨装置将 NH_3 蒸出。蒸出的氨通过导管被标准 HCl 溶液吸收。20 min 左右可将氨全部蒸除。取出并拔掉插入 HCl 溶液中的导管,用少量水将导管内外可能沾附的溶液洗入锥形瓶内。用标准 NaOH 溶液滴定过量的 HCl(以甲基红为指示剂)。根据加入的 HCl 溶液体积及浓度和滴定所用 NaOH 溶液体积及浓度,计算样品中氨的含量。

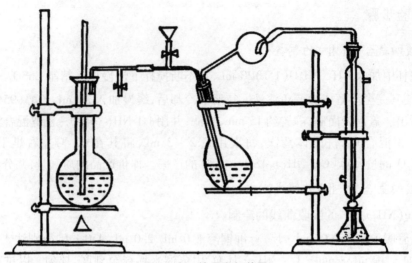

图 10 – 1　简易定氮装置

五、数据记录及处理(表 10 – 12、表 10 – 13)

表 10 – 12　$[Cu(NH_3)_4]^{2+}$ 最大吸收波长 λ_{max} 的测定

λ/nm	500	520	540	560	580
A(2.00 mL)					
A(4.00 mL)					
λ/nm	600	620	640	660	680
A(2.00 mL)					
A(4.00 mL)					

表 10 – 13　$[Cu(NH_3)_4]^{2+}$ 标准曲线的绘制

V/mL	0.0	1.0	2.0	3.0	4.0	5.0	样品
A							

六、思考题

1. 硫酸四氨合铜中 Cu^{2+}、SO_4^{2-}、NH_3 还可以用哪些方法测定?

2. 加热样品溶液近沸,为何要改为小火保持微沸,而不能煮沸?

实验 10.6　五水硫酸铜的制备及铜含量的测定

在人类发展史上,我国是唯一保持几千年文明传承的国家,伟大的中国劳动人民留下了无数的科技、文化结晶,今天仍有着很大的影响和借鉴意义。比如明朝宋应星的《天工开物》,是一本百科全书式的科学巨著,图文并茂,集中展示了 17 世纪中国的农业和工业的科技技术,书中记载的酿酒、造纸、制糖工艺等原理,与现代并无根本区别。尤其是传到欧洲以后,对于欧洲的科技启迪、科学介绍起到很大作用,时至今日,西方国家对这本书的评价还是非常高。再比如葛洪的《抱朴子》中提到的"以曾青涂铁,铁赤色如铜",其实就是铁和硫酸铜溶液反应,也就是湿法炼铜,诸如此类,我国古代很多炼丹师、铸剑、军工等技术人员,积累了极为丰富、成熟的化学工艺和技术,创造出越王剑、唐刀等让现代人惊叹不已的武器。

一、实验目的

1. 学习由不活泼金属与酸作用制备盐的方法及重结晶提取物质。
2. 学会减压过滤、溶解和结晶、固体的灼烧。

二、实验原理

五水硫酸铜是蓝色晶体,溶解度随温度升高而增大,不溶于乙醇。受热时,$CuSO_4 \cdot 5H_2O$ 逐步失水,最终变为白色粉末状的无水硫酸铜。

$$CuSO_4 \cdot 5H_2O \rightarrow CuSO_4 \cdot 3H_2O \rightarrow CuSO_4 \cdot H_2O \rightarrow CuSO_4$$

本实验利用单质铜粉与硫酸在过氧化氢的存在下制备五水硫酸铜,由于铜粉不纯,含有少量的铁,所得的硫酸铜溶液中含有少量的硫酸铁,通过调节溶液的酸度使其转化为氢氧化铁而除去。

用 EDTA 配位滴定法测定产品中的铜含量。

三、主要试剂与仪器

1. 试剂

$NH_3 \cdot H_2O$-NH_4Cl 缓冲液,甲基红指示剂,铬黑 T 指示剂,紫脲酸铵指示剂,铜粉,EDTA 固体,盐酸溶液,硫酸溶液。

2. 仪器

滴定分析用仪器,电子天平。

四、实验步骤

1. 五水硫酸铜的制备及提纯

称取 2.0 g 铜粉(含有少量 Fe)放于小烧杯中,加入 6 mol·L^{-1} H$_2$SO$_4$ 溶液 8 mL,水浴加热,用胶头滴管缓慢加入 20 mL 5% H$_2$O$_2$ 至反应完全(如反应未完全,可适当补充 H$_2$O$_2$,如有晶体析出,则补充蒸馏水),加热煮沸约 5 min。将溶液转移到蒸发皿中,水浴锅上蒸发浓缩,当表面出现薄的晶膜时,取出蒸发皿,冷却至室温,减压抽滤,10 mL 无水乙醇洗涤沉淀 2~3 次,得到五水硫酸铜粗产品。用方形滤纸吸干水分,将产品转入洁净干燥的小烧杯中,称量产品质量,记录数据。

根据粗产品的质量,向小烧杯中加入适量蒸馏水,使得溶液浓度约为 1 mol·L^{-1},加热搅拌至完全溶解,用 2 mol·L^{-1} NaOH 调节至 pH≈4.0,加热溶液至沸腾,数分钟后趁热常压过滤。将滤液转移到蒸发皿中,用 1 mol·L^{-1} 的 H$_2$SO$_4$ 溶液调节 pH = 1~2,水浴锅上蒸发浓缩至表面有薄晶膜出现,取下蒸发皿,冷却至室温,抽滤得到五水硫酸铜产品,用 10 mL 无水乙醇洗涤 2~3 次,用方形滤纸吸干后转入称量瓶中,称量产品质量,记录数据。

2. EDTA 溶液的配制与标定

称取 3.2 g EDTA 于小烧杯中,加入适量蒸馏水溶解,转移至 500 mL 试剂瓶中,配制成 400 mL 约 0.02 mol/L 的 EDTA 溶液。

在电子分析天平上准确称取 0.4~0.5 g CaCO$_3$ 于小烧杯中,加入少量蒸馏水,盖上表面皿,从烧杯嘴处加入约 5 mL 6 mol·L^{-1} HCl,使其完全溶解。加蒸馏水 50 mL,加热微沸约 2 min。冷却后用蒸馏水冲洗烧杯内壁和表面皿,定量转移溶液至 250 mL 容量瓶中,用蒸馏水稀释至刻度,摇匀。准确移取 25.00 mL Ca^{2+} 标准溶液于锥形瓶中,滴加 1~2 滴甲基红指示剂,滴加(1+1)氨水至溶液呈黄色,然后加入 10 mL NH$_3$·H$_2$O–NH$_4$Cl 缓冲溶液、8~10 滴铬黑 T 指示剂,用 EDTA 溶液滴定至酒红色变为蓝色为终点,记录读数。

3. 铜(Ⅱ)含量的测定

在电子分析天平上准确称取产品 0.20~0.25 g 于锥形瓶中,加入 20 mL 蒸馏水使其完全溶解,加入 10 mL NH$_3$·H$_2$O–NH$_4$Cl 缓冲溶液,再加入 70 mL 蒸馏水、0.2~0.3 g 紫脲酸铵指示剂,摇动锥形瓶,使固体指示剂完全溶解,用 EDTA 溶液滴定至溶液由黄绿色变为紫色为终点,记录读数。

五、数据记录及处理(表 10–14)

表 10–14 五水硫酸铜的制备及铜含量的测定

项目	第一次	第二次	第三次
称取硫酸铜粗产品质量/g			
提纯后硫酸铜质量/g			
消耗 EDTA 溶液体积 V_1/mL			
消耗 EDTA 溶液体积 V_2/mL			

项目	第一次	第二次	第三次
计算 EDTA 浓度/mol/L			
称取硫酸铜质量/g			
消耗 EDTA 溶液体积 V_3/mL			
消耗 EDTA 溶液体积 V_4/mL			
铜(Ⅱ)含量/%			
铜(Ⅱ)含量平均值/%			

六、思考题

1. 在五水硫酸铜的提纯过程中,为什么调节 pH ≈ 4.0? ($K_{sp,Cu(OH)_2} = 2.2 \times 1.0^{-20}$,
$K_{sp,Fe(OH)_3} = 4.0 \times 1.0^{-38}$)

2. 本次实验中有三次对小烧杯中的溶液加热煮沸或微沸,请问它们的用意是什么?

3. 对于铜的分析检测,除了用 EDTA 配位滴定的方式进行外,还可以用哪些方法分析?

实验 10.7　二草酸合铜(Ⅱ)酸钾的制备及组成测定

一、实验目的

1. 利用草酸钾和硫酸铜为原料制备二草酸合铜(Ⅱ)酸钾,进一步掌握溶解、沉淀、吸滤、蒸发、浓缩等基本操作。

2. 用重量分析法测定产物结晶水含量;用 EDTA 配位滴定法测定产物中铜含量;用高锰酸钾法测定产物中草酸根含量,制备二草酸合铜(Ⅱ)酸钾晶体。

3. 利用分光光度法测定产物的吸收光谱,确定最大吸收波长,确定二草酸合铜(Ⅱ)酸钾的组成。

二、实验原理

二草酸合铜(Ⅱ)酸钾的制备方法很多,可以由硫酸铜与草酸钾直接混合来制备,也可以由氢氧化铜或氧化铜与草酸氢钾反应制备。本实验由氧化铜与草酸氢钾反应制备二草酸合铜(Ⅱ)酸钾。$CuSO_4$ 在碱性条件下生成 $Cu(OH)_2$ 沉淀,加热沉淀则转化为易过滤的 CuO。一定量的 $H_2C_2O_4$ 溶于水后,加入 K_2CO_3 得到 KHC_2O_4 和 $K_2C_2O_4$ 混合溶液,该混合溶液与 CuO 作用生成二草酸合铜(Ⅱ)酸钾 $K_2[Cu(C_2O_4)_2]$,经水浴蒸发、浓缩,冷却后得到蓝色 $K_2[Cu(C_2O_4)_2] \cdot 2H_2O$ 晶体。涉及的反应有:

$$CuSO_4 + 2NaOH = Cu(OH)_2 + Na_2SO_4$$
$$Cu(OH)_2 = CuO + H_2O$$
$$2H_2C_2O_4 + K_2CO_3 = 2KHC_2O_4 + CO_2 + H_2O$$

$$2KHC_2O_4 + CuO = K_2\left[Cu(C_2O_4)_2\right] + H_2O$$

称取一定量试样在氨水中溶解、定容。取一份试样,用 H_2SO_4 中和,并在硫酸溶液中用 $KMnO_4$ 滴定试样中的 $C_2O_4^{2-}$。另取一份试样在 HCl 溶液中加入 PAR 指示剂,在 $pH = 6.5 \sim 7.5$ 的条件下,加热近沸,并趁热用 EDTA 滴定至绿色为终点,以测定晶体中的 Cu^{2+}。

通过消耗的 $KMnO_4$ 和 EDTA 的体积及其浓度计算 $C_2O_4^{2-}$ 及 Cu^{2+} 的含量,并确定 $C_2O_4^{2-}$ 及 Cu^{2+} 组分比(推算出产物的实验式)。

草酸合铜酸钾化合物在水中的溶解度很小,但可加入适量的氨水,使 Cu^{2+} 形成铜氨离子而溶解。溶解时,pH 约为 10,溶剂也可采用 $2 \ mol \cdot L^{-1} \ NH_4Cl$ 和 $1 \ mol \cdot L^{-1}$ 氨水等体积混合组成缓冲溶液。

三、主要试剂与仪器

1. 试剂

紫脲酸胺指示剂,$CuSO_4 \cdot 5H_2O$ 固体,$K_2C_2O_4 \cdot H_2O$ 固体。

2. 仪器

常量滴定用仪器,电子天平。

四、实验步骤

1. 二草酸合铜(Ⅱ)酸钾的制备

称取 3.0 g $CuSO_4 \cdot 5H_2O$ 溶于 6 mL 90 ℃ 水中;称取 9.0 g $K_2C_2O_4 \cdot H_2O$ 溶于 25 mL 90 ℃ 水中。在剧烈搅拌(转速约 1 100 $r \cdot min^{-1}$)下,趁热将 $K_2C_2O_4$ 溶液迅速加入 $CuSO_4$ 溶液中,自然冷却至接近室温,有晶体析出;再用冰水浴冷至母液呈浅蓝色或接近无色,减压抽滤,用 6 ~ 8 mL 冷水分三次洗涤沉淀,抽干;将产品转移至蒸发皿中,蒸气浴加热干燥,转入称量瓶(事先称量好空的称量瓶)中称重并记录。

2. 二草酸合铜(Ⅱ)酸钾的组成测定

(1)结晶水的测定

准确称取 0.5 ~ 0.6 g 产物,分别放入两个已恒重(事先称量好)的坩埚中,放入烘箱,在 150 ℃ 时干燥 1 h,然后放入干燥器中冷却 30 min 后称量。同法再干燥 30 min,冷却,称量。根据称量结果,计算结晶水含量。

(2)草酸根的含量测定

准确称取 0.21 ~ 0.23 g 产物,用 2 mL 浓 $NH_3 \cdot H_2O$ 溶解后,再加入 30 mL 2 $mol \cdot L^{-1}$ H_2SO_4 溶液,此时会有淡蓝色沉淀出现,加水稀释至 100 mL。在 75 ~ 85 ℃ 水浴加热 10 min,趁热用 $KMnO_4$ 标准溶液滴定,直至溶液出现浅粉红色(在 30 s 内不褪色)即为终点(沉淀在滴定过程中逐渐消失)。记录读数。平行滴定 3 次。根据滴定结果,计算 $C_2O_4^{2-}$ 含量。

(3)铜(Ⅱ)含量的测定

准确称取 0.70 ~ 0.75 g 产物,用 30 mL $NH_3 \cdot H_2O$-NH_4Cl 缓冲溶液溶解后,转入 100 mL 容量瓶,用蒸馏水定容,摇匀。用 25 mL 移液管移取三份,分别置于 250 mL 锥形瓶。加 15 mL $NH_3 \cdot H_2O$-NH_4Cl 缓冲溶液,再加水稀释至 100 mL。加紫脲酸胺指示剂半勺,用 0.02 mol ·

L^{-1} 标准 EDTA 溶液滴定,当溶液由黄绿色变至紫色时即到终点。记录读数。根据滴定结果,计算 Cu^{2+} 含量。根据以上测定结果,求出产物的化学式。

3. 二草酸合铜(Ⅱ)酸钾的吸收光谱和最大吸收波长的测定

先称取 0.2 g $K_2C_2O_4 \cdot H_2O$ 溶于 20 mL 水中,分成两份,一份作参比,另一份再称取 0.1 g 产物溶于其中,用 722 型分光光度计在 $600 \sim 900$ nm 波长范围内测定溶液的吸收度,绘制吸收光谱,并确定其最大吸收波长。

五、数据记录与处理(表 10-15、表 10-16)

表 10-15　合成实验结果与数据处理

项　目	数　据
(空)称量瓶质量/g	
(称量瓶 + 产品)质量/g	
二草酸合铜(Ⅱ)酸钾实际质量/g	
产率/%	

表 10-16　二草酸合铜(Ⅱ)酸钾的组成测定

项　目	Ⅰ	Ⅱ
干燥前质量/g		
干燥后质量/g		
结晶水含量/g		
$KMnO_4$ 标准溶液体积/mL		
$C_2O_4^{2-}$ 含量/%		
标准 EDTA 溶液体积/mL		
Cu^{2+} 含量/%		
化学式		

六、思考题

1. 除用 EDTA 测量 Cu^{2+} 含量外,还有哪些方法能测 Cu^{2+} 含量?
2. 在测定 $C_2O_4^{2-}$ 含量时,对溶液的酸度、温度有何要求? 为什么?

实验 10.8 过碳酸钠($2Na_2CO_3 \cdot 3H_2O_2$)的制备及产品质量检验

> 过碳酸钠是一种新型氧系漂白剂,它集洗涤、漂白、杀菌于一体,无毒无味,漂白性能温和,无环境污染。另外,它还可用作供氧源、食品保鲜剂、氧化剂和金属表面处理剂等。在纺织行业中,它是一种新型的漂白剂,性能在许多方面优于次氯酸钠和双氧水。与次氯酸钠相比,其对纤维无破坏作用,无异味,无污染。与双氧水相比,其放氧速度温和,操作安全性高。它的采用带来漂染行业的一次"工业革命"。

一、实验目的

1. 了解过碳酸钠的组成、性质和应用。
2. 学习并掌握用溶剂法合成过碳酸钠。
3. 学习并掌握测定过碳酸钠的活性氧含量方法。

二、实验原理

过碳酸钠又名过氧碳酸钠,为碳酸钠和过氧化氢的加成化合物,属于正交晶系层状结构,其分子式为 $2Na_2CO_3 \cdot 3H_2O_2$,相对分子质量为 314.58,其理论活性氧值为 15.3%。在水中的溶解度:10 ℃时为 12.3 g/(100 g H_2O),30 ℃时为 16.2 g/(100 g H_2O),随着温度的升高,溶解度也相应地增加。浓度为 1% 的过碳酸钠溶液在 20 ℃时的 pH 为 10.5,与相同条件下的过氧化氢和碳酸钠的性质相似,是一种优良的无磷洗涤助剂,与过硼酸钠($NaBO_2 \cdot H_2O_2 \cdot 3H_2O$)相比,过碳酸钠活性氧含量高,温热时溶解性好,更适合于冷水洗涤,因此,在能源日益紧张之际,用过碳酸钠替代过硼酸钠作漂白剂具有明显的经济效益。

碳酸钠和双氧水在一定条件下反应生成过碳酸钠,过碳酸钠的理论活性氧含量为 15.3%,反应为放热反应,其反应式如下:

$$2Na_2CO_3 + 3H_2O_2 = 2Na_2CO_3 \cdot 3H_2O_2 + Q$$

由于过碳酸钠不稳定、重金属离子或其他杂质污染、高温、高湿等因素都易使其分解,从而降低过碳酸钠活性氧含量。其分解反应式为:

$$2Na_2CO_3 \cdot 3H_2O_2 = 2Na_2CO_3 \cdot H_2O + H_2O + 3/2O_2 \uparrow$$
$$2Na_2CO_3 \cdot 3H_2O_2 = 2Na_2CO_3 + 3H_2O + 3/2O_2 \uparrow$$

过碳酸钠分解后,活性氧分解成 H_2O 和 O_2,使得过碳酸钠活性氧的含量降低,因此,通过测定在不同条件下活性氧的含量及变化,即可研究过碳酸钠的稳定性。

三、主要试剂与仪器

1. 试剂

$Na_2C_2O_4$ 固体,30% H_2O_2,无水 Na_2CO_3 固体,硫酸镁固体,硅酸钠固体,去离子水,H_2SO_4

（3 mol·L^{-1}），KMnO$_4$标准溶液（0.02 mol·L^{-1}），无水乙醇。

2. 仪器

滴定分析用玻璃器皿，台秤，循环水真空泵，数字显示烘箱。

四、实验步骤

1. 产品的制备

① 配制反应液 A：称取 0.10 g 硫酸镁于烧杯中，量取 17 mL 30% H$_2$O$_2$加入、搅拌并溶解。

② 配制反应液 B：称取 0.10 g 硅酸钠和 10 g 无水 Na$_2$CO$_3$于烧杯中，分批加入适量的去离子水中（注意，水量不宜过多），搅拌至底部无固体碳酸钠即可。

③ 将反应液 A 分批加入盛有反应液 B 的烧杯中（如有需要，可添加少许去离子水），磁力搅拌反应，控制反应温度在 30 ℃ 以下。加完后继续搅拌 5 min。

④ 在冰水浴中将反应物温度冷却至 0～5 ℃。

⑤ 将反应物转移至布氏漏斗，抽滤至干，并用适量无水乙醇洗涤 2～3 次，抽滤至干。

⑥ 将产品转移至表面皿中，放入烘箱，于 55 ℃ 干燥 60 min。然后冷却至室温，即得产品，称量（精确至 0.01 g），记录数据，计算产率。

2. 产品质量的检测

（1）KMnO$_4$溶液标定

在酸性条件下，用 Na$_2$C$_2$O$_4$标定 KMnO$_4$的反应为：

$$2MnO_4^- + 5C_2O_4^{2-} + 16H^+ = 2Mn^{2+} + 10CO_2 \uparrow + 8H_2O$$

准确称取 0.10～0.12 g 基准物质 Na$_2$C$_2$O$_4$置于 250 mL 锥形瓶中，加 40 mL 水、10 mL 3 mol·L^{-1} H$_2$SO$_4$，加热至 75～85 ℃，趁热用 KMnO$_4$溶液进行滴定。

平行标定 3 份，记录数据；计算 KMnO$_4$溶液的浓度和相对平均偏差。

（2）活性氧含量的测定

① 准确称取产品 0.400 0～0.440 0 g，放入 50 mL 烧杯中，用去离子水溶解后，转移到 100 mL 容量瓶并定容至刻度。

② 分别从以上容量瓶中移取 25.00 mL 于三个 250 mL 锥形瓶中，再加 30 mL 3 mol/L H$_2$SO$_4$。

③ 用 KMnO$_4$标准溶液滴定至终点（至溶液呈粉红色并在 30 s 内不消失即为终点），分别记录所消耗 KMnO$_4$溶液的体积。

④ 计算产品活性氧的含量（%），按 H$_2$O$_2$含量计算。

（3）热稳定性的检测

① 准确称取 0.300 0～0.350 0 g 产品于干燥的烧杯中，置于表面皿上。

② 放入烘箱，100 ℃加热 60 min。

③ 冷却至室温，称量（精确至 0.000 1），记录数据。

④ 根据加热前后质量的变化，结合产品活性氧的测定结果，对产品的热稳定性进行讨论。

五、数据记录与处理(表 10 – 17、表 10 – 18)

表 10 – 17   合成实验结果与数据处理

项 目	数 据
$2Na_2CO_3 \cdot 3H_2O_2$ 的质量/g	
$2Na_2CO_3 \cdot 3H_2O_2$ 的理论产量/g	
产率/%	

表 10 – 18   产品质量的检测

项 目	I	II	III
$Na_2C_2O_4$ 的质量/g			
试液的体积/mL	25.00	25.00	25.00
消耗 $Na_2C_2O_4$ 的体积 V_1/mL			
消耗 $Na_2C_2O_4$ 的体积 V_2/mL			
$c(KMnO_4)/(mol \cdot L^{-1})$			
相对误差/%			
消耗 $KMnO_4$ 的体积 V_1/mL			
消耗 $KMnO_4$ 的体积 V_2/mL			
活性氧的含量/%			
相对误差/%			
加热前的质量/g			
加热后的质量/g			

六、思考题

1. 在制备过碳酸钠产品时,加入硫酸镁和硅酸钠有何作用?
2. 你认为要得到高产率和高活性氧的过碳酸钠产品的关键因素有哪些?

实验 10.9   氯化六氨合镍(II)的制备及组成分析

一、实验目的

1. 综合训练无机制备、提纯和定量分析的常规操作。
2. 了解并掌握氯化六氨合镍(II)的提纯方法和定量分析方法。

二、实验原理

1. 以硫酸镍为原料制备氯化六氨合镍（Ⅱ）

将硫酸镍与碳酸钠作用生成碱式碳酸镍，碱式碳酸镍与浓氨水和氯化铵作用生成产物。

2. 用酸碱滴定法测定产物中氨含量

将产物与过量的 HCl 反应，剩余的 HCl 用氢氧化钠标准溶液滴定。同时，同样量的 HCl 用 NaOH 标准溶液直接滴定，两次滴定的摩尔数差就是与配体氨反应的 HCl 的摩尔数。

3. 利用分光光度法测定产物中镍含量

Ni-EDTA 为蓝色螯合物，最大吸收波长为 590 nm，在较大的酸碱范围内吸光度较稳定，浓度与吸光度符合朗伯 – 比尔定律，一定时间内吸光度值稳定。

三、主要试剂与仪器

1. 试剂

$NiSO_4 \cdot 6H_2O$（纯度 98.5%），NaCl 固体，Na_2CO_3 溶液（$1\ mol \cdot L^{-1}$），HCl 溶液（$6\ mol \cdot L^{-1}$），NaOH 标准溶液（$0.04\ mol \cdot L^{-1}$），EDTA 溶液（$100\ g \cdot L^{-1}$），$BaCl_2$（$0.1\ mol \cdot L^{-1}$），100 mL $NH_3 \cdot H_2O$ – 30 g NH_4Cl 混合液，无水乙醇，甲基红指示剂，Ni^{2+} 标准溶液（$0.1\ mol \cdot L^{-1}$）。

2. 仪器

常量滴定用仪器，分光光度计及比色皿，抽滤系统加安全瓶。

四、实验步骤

1. 氯化六氨合镍（Ⅱ）的制备

称取 6.8 g $NiSO_4 \cdot 6H_2O$ 置于 250 mL 烧杯中，加约 20 mL 水，搅拌溶解；在不断搅拌下，向溶液中缓慢滴加 40 mL $1\ mol \cdot L^{-1} Na_2CO_3$ 溶液至沉淀完全后，继续搅拌 5 min。将上述带沉淀的溶液减压过滤（双层滤纸），洗涤。

将滤饼转入 250 mL 烧杯，加 10 mL $6\ mol \cdot L^{-1}$ HCl 溶液，搅拌使之溶解，将溶液用冰盐浴（500 mL 烧杯中加适量冰、水、2 g NaCl）冷却 5 min 后，在冰盐浴条件下慢慢加入 30 mL NH_3-NH_4Cl 混合液并搅拌，注意观察颜色变化及析出沉淀的情况。加完后继续冷却 5 ~ 10 min，并搅拌之。减压过滤，用 20 mL 无水乙醇分三次洗涤沉淀，抽干；将产品转移至表面皿中，在空气中风干 10 min，转入事先称量好的空的称量瓶中称重并记录，产品保存待用。

2. 氯化六氨合镍（Ⅱ）的组成分析

（1）氨含量的分析

准确称取 0.20 ~ 0.25 g 产品于 250 mL 锥形瓶中，加 20 mL 水溶解后，准确加入 3.00 mL $6\ mol \cdot L^{-1}$ HCl 溶液，加 3 滴甲基红指示剂，用 NaOH 标准溶液滴定至溶液由红色变为橙黄色即为终点；记录读数。平行测定三次。

另取 3.00 mL 上述 $6\ mol \cdot L^{-1}$ HCl 溶液，加 20 mL 水，加 3 滴甲基红指示剂，用 NaOH 标准溶液滴定至溶液由红色变为橙黄色即为终点；记录读数。平行测定三次。

根据滴定结果,计算氨的质量分数。

(2)分光光度法测镍

在6个50 mL容量瓶中,分别加入 Ni^{2+} 标准溶液0.00 mL、2.00 mL、4.00 mL、6.00 mL、8.00 mL、10.00 mL,各加入10 mL EDTA溶液,用去离子水定容,摇匀,得标准系列。

准确称取0.35~0.40 g产品于小烧杯中,加少量水湿润,加2 mL 6 mol·L⁻¹ HCl溶液、20 mL EDTA溶液,摇匀后定量完全转移至100 mL容量瓶中,定容摇匀,得待测液。

在590 nm处,用1 cm的比色皿,用标准系列中的1号做参比,测定标准溶液和待测溶液的吸光度。

以镍离子的浓度为横坐标、吸光度为纵坐标作标准曲线,写出回归方程,求出待测液中 Ni^{2+} 的浓度,计算镍的质量分数。

五、数据记录与处理(表10-19~表10-21)

表10-19　合成实验结果与数据处理

项　目	数　据
(空)称量瓶质量/g	
(称量瓶+产品)质量/g	
氯化六氨合镍(Ⅱ)实际质量/g	
产率/%	

表10-20　产物氨含量组成分析

项　目	Ⅰ	Ⅱ	Ⅲ
氯化六氨合镍(Ⅱ)质量/g			
试液体积/mL	20.00	20.00	20.00
消耗 NaOH 体积 V_1/mL			
消耗 NaOH 体积 V_2/mL			
6 mol·L⁻¹ HCl 体积/mL	3.00	3.00	3.00
消耗 NaOH 体积 V_3/mL			
消耗 NaOH 体积 V_4/mL			
氨的含量/%			
相对误差/%			

表10-21　产物镍含量分析

标准溶液编号	1	2	3	4	5	6	7
Ni^{2+} 标准溶液体积/mL	0.00	2.00	4.00	6.00	8.00	10.00	10.00
Ni^{2+} 标准溶液体积吸光度 A							

续表

标准溶液编号	1	2	3	4	5	6	7
氯化六氨合镍（Ⅱ）质量/g							
吸光度 A							
镍的质量分数/%							

六、思考题

1. 写出由原料到目标产物所涉及的所有化学反应方程式。

2. Ni^{2+} 除了用光度分析法测定外，你认为还有哪些分析测定方法？

附　　录

附录1　常见离子的颜色

无色阳离子	Na^+,K^+,NH_4^+,Ag^+;Mg^{2+},Ca^{2+},Sr^{2+},Ba^{2+},Sn^{2+},Pb^{2+},Zn^{2+},Cd^{2+},Hg_2^{2+},Hg^{2+};Al^{3+},Bi^{3+}
有色阳离子	$[Cr(H_2O)_6]^{2+}$蓝色,$[Cr(H_2O)_6]^{3+}$紫色,$[Cr(H_2O)_5Cl]^{2+}$浅绿色,$[Cr(H_2O)_4Cl_2]^{2+}$暗绿色,$[Cr(NH_3)_2(H_2O)_4]^{3+}$紫红色,$[Cr(NH_3)_3(H_2O)_3]^{3+}$浅红色,$[Cr(NH_3)_4(H_2O)_2]^{3+}$橙红色,$[Cr(NH_3)_5H_2O]^{3+}$橙黄色,$[Cr(NH_3)_6]^{3+}$黄色;$[Mn(H_2O)_6]^{2+}$肉色,$[Fe(H_2O)_6]^{2+}$浅绿色,$[Fe(H_2O)_6]^{3+}$浅紫色,$[Co(H_2O)_6]^{2+}$粉红色,$[Co(NH_3)_6]^{2+}$黄色,$[Co(NH_3)_6]^{3+}$橙黄色,$[Co(NH_3)_5H_2O]^{3+}$粉红色,$[Ni(H_2O)_6]^{2+}$亮绿色,$[Co(NH_3)_6]^{2+}$蓝色,$[Cu(H_2O)_4]^{2+}$浅蓝色,$[Cu(NH_3)_4]^{2+}$深蓝色
无色阴离子	F^-,Cl^-,Br^-,I^-,ClO_3^-,BrO_3^-,NO_3^-,NO_2^-,SCN^-,HCO_3^-,Ac^-,BO_2^-,S^{2-},SO_4^{2-},SO_3^{2-},$S_2O_3^{2-}$,CO_3^{2-},$C_2O_4^{2-}$,SiO_3^{2-},$B_4O_7^{2-}$,PO_4^{3-}
有色阴离子	CrO_2^-绿色,CrO_4^{2-}黄色,$Cr_2O_7^{2-}$橙色,MnO_4^{2-}绿色,MnO_4^-紫红色,$[Fe(C_2O_4)_3]^{3-}$黄色,$[Fe(SCN)_6]^{3-}$血红色,$[Fe(CN)_6]^{4-}$黄色,$[Fe(CN)_6]^{3-}$浅橘黄色,$[Co(SCN)_4]^{2-}$蓝色,$[Co(CN)_6]^{3-}$紫色,$[CuCl_4]^{2-}$黄色,I_3^-浅棕黄色

附录2　常用指示剂

1. 酸碱指示剂(18~25 ℃)

指示剂名称	pH 变色范围	酸性溶液的颜色	碱性溶液的颜色	pK_a	浓度
甲基紫(第1次变色)	0.13~0.5	黄	绿	0.80	0.1%水溶液
甲酚红(第1次变色)	0.2~1.8	红	黄	—	0.04%乙醇(50%)溶液
甲基紫(第2次变色)	1.0~1.5	绿	蓝	—	0.1%水溶液

续表

指示剂名称	pH 变色范围	酸性溶液的颜色	碱性溶液的颜色	pK_a	浓度
百里酚蓝(第1次变色)	1.2~2.8	红	黄	1.65	0.1% 乙醇(20%)溶液
茜素黄R(第1次变色)	1.9~3.3	红	黄	—	0.1% 水溶液
甲基紫(第3次变色)	2.0~3.0	蓝	紫	—	0.1% 水溶液
甲基黄	2.9~4.0	红	黄	3.30	0.1% 乙醇(90%)溶液
溴酚蓝	3.0~4.6	黄	蓝	3.85	0.1% 乙醇(20%)溶液
甲基橙	3.1~4.4	红	黄	3.40	0.1% 水溶液
溴甲酚绿	3.8~5.4	黄	蓝	4.68	0.1% 乙醇(20%)溶液
甲基红	4.4~6.2	红	黄	4.95	0.1% 乙醇(60%)溶液
溴百里酚蓝	6.0~7.6	黄	蓝	7.1	0.1% 乙醇(20%)
中性红	6.8~8.0	红	黄	7.4	0.1% 乙醇(60%)溶液
酚红	6.8~8.0	黄	红	7.9	0.1% 乙醇(20%)溶液
甲酚红(第2次变色)	7.2~8.8	黄	红	8.2	0.04% 乙醇(50%)溶液
百里酚蓝(第2次变色)	8.0~9.6	黄	蓝	8.9	0.1% 乙醇(20%)
酚酞	8.2~10.0	无色	紫红	9.4	0.1% 乙醇(60%)溶液
百里酚酞	9.4~10.6	无色	蓝	10.0	0.1% 乙醇(90%)溶液
茜素黄R(第2次变色)	10.1~12.1	黄	紫	11.6	0.1% 水溶液
靛胭脂红	11.6~14.0	蓝	黄	12.2	25% 乙醇(50%)溶液

2. 混合指示剂

指示剂名称	浓度	组成	变色点的 pH	酸性溶液的颜色	碱性溶液的颜色
甲基黄	0.1% 乙醇溶液	1:1	3.28	蓝紫	绿
亚甲基蓝	0.1% 乙醇溶液				
甲基橙	0.1% 水溶液	1:1	4.3	紫	绿
苯胺蓝	0.1% 水溶液				
溴甲酚绿	0.1% 乙醇溶液	3:1	5.1	酒红	绿
甲基红	0.2% 乙醇溶液				
溴甲酚绿钠盐	0.1% 水溶液	1:1	6.1	黄绿	蓝紫
氯酚红钠盐	0.1% 水溶液				

续表

指示剂名称	浓度	组成	变色点的 pH	酸性溶液的颜色	碱性溶液的颜色
中性红	0.1%乙醇溶液	1:1	7.0	蓝紫	绿
亚甲基蓝	0.1%乙醇溶液				
中性红	0.1%乙醇溶液	1:1	7.2	玫瑰	绿
溴百里酚蓝	0.1%乙醇溶液				
甲酚红钠盐	0.1%水溶液	1:3	8.3	黄	紫
百里酚蓝钠盐	0.1%水溶液				
酚酞	0.1%乙醇溶液	1:2	8.9	绿	紫
甲基绿	0.1%乙醇溶液				
酚酞	0.1%乙醇溶液	1:1	9.9	无色	紫
百里酚酞	0.1%乙醇溶液				
百里酚酞	0.1%乙醇溶液	2:1	10.2	黄	绿
茜素黄	0.1%乙醇溶液				

3. 络合指示剂

指示剂名称	In 本色	MIn 颜色	浓度	适用 pH 范围	被滴定离子	干扰离子
铬黑 T	蓝	葡萄红	与固体 NaCl 混合物(1:100)	6.0～11.0	Ca^{2+},Cd^{2+},Hg^{2+}, Mg^{2+},Mn^{2+},Pb^{2+}, Zn^{2+}	Al^{3+},Co^{2+},Cu^{2+}, Fe^{3+},Ga^{3+},In^{3+}, Ni^{2+},Ti(Ⅳ)
二甲酚橙	柠檬黄	红	0.5%乙醇溶液	5.0～6.0	Cd^{2+},Hg^{2+},La^{3+}, Pb^{2+},Zn^{2+}	—
				2.5	Bi^{3+},Th^{4+}	
茜素	红	黄	—	2.8	Th^{4+}	—
钙试剂	亮蓝	深红	与固体 NaCl 混合物(1:100)	>12.0	Ca^{2+}	—
酸性铬紫 B	橙	红	—	4.0	Fe^{3+}	—
甲基百里酚蓝	灰	蓝	1%与固体 KNO_3 混合物	10.5	Ba^{2+},Ca^{2+},Mg^{2+}, Mn^{2+},Sr^{2+}	Bi^{3+},Cd^{2+},Co^{2+}, Hg^{2+},Pb^{2+},Sc^{3+}, Th^{4+},Zn^{2+}
溴酚红	红	橙黄	—	2.0～3.0	Bi^{3+}	—
	蓝紫	红		7.0～8.0	Cd^{2+},Co^{2+}, Mg^{2+},Mn^{2+},Ni^{3+}	
	蓝	红		4.0	Pb^{2+}	
	浅蓝	红		4.0～6.0	Re^{3+}	

指示剂名称	In 本色	MIn 颜色	浓度	适用 pH 范围	被滴定离子	干扰离子
铝试剂	酒红	黄	—	8.5 ~ 10.0	Ca^{2+},Mg^{2+}	—
	红	蓝紫		4.4	Al^{3+}	—
	紫	浅黄		1.0 ~ 2.0	Fe^{3+}	—
偶氮胂Ⅲ	黄	红	—	10.0	Ca^{2+},Mg^{2+}	—

注:在络合滴定中,通常都是利用一种能与金属离子生成有色配合物的显色剂来指示滴定过程中金属离子浓度的变化,此种显色剂称为金属离子指示剂,简称金属指示剂,即络合指示剂。

4. 氧化还原指示剂

指示剂名称	氧化型溶液的颜色	还原型溶液的颜色	E_{ind}/V	浓度
二苯胺	紫	无色	+0.76	1% 浓硫酸溶液
二苯胺磺酸钠	紫红	无色	+0.84	0.2% 水溶液
亚甲基蓝	蓝	无色	+0.532	0.1% 水溶液
中性红	红	无色	+0.24	0.1% 乙醇溶液
喹啉黄	无色	黄	—	0.1% 水溶液
淀粉	蓝	无色	+0.53	0.1% 水溶液
孔雀绿	棕	蓝	—	0.05% 水溶液
劳氏紫	紫	无色	+0.06	0.1% 水溶液
邻二氮菲 - 亚铁	浅蓝	红	+1.06	(1.485 g 邻二氮菲 + 0.695 g 硫酸亚铁)溶于 100 mL 水
酸性绿	橘红	黄绿	+0.96	0.1% 水溶液
专利蓝 V	红	黄	+0.95	0.1% 水溶液

注:氧化 - 还原指示剂用于氧化还原法容量分析。表中列出了一些在教学和工作中经常使用的部分氧化 - 还原指示剂。

5. 吸附指示剂

名称	被滴定离子	滴定剂	起点颜色	终点颜色	浓度
荧光黄	Cl^-,Br^-,SCN^-	Ag^+	黄绿	玫瑰红	0.1% 乙醇溶液
	I^-			橙	
二氯(P)荧光黄	Cl^-,Br^-	Ag^+	红紫	蓝紫	0.1% 乙醇 (60% ~70%)溶液
	SCN^-		玫瑰红	红紫	
	I^-		黄绿	橙	
曙红	Br^-,I^-,SCN^-	Ag^+	橙	深红	0.5% 水溶液
	Pb^{2+}	MoO_4^{2-}	红紫	橙	

续表

名称	被滴定离子	滴定剂	起点颜色	终点颜色	浓度
溴酚蓝	Cl^-,Br^-,SCN^-	Ag^+	黄	蓝	0.1%钠盐水溶液
	I^-		黄绿	蓝绿	
	TeO_3^{2-}		紫红	蓝	
溴甲酚绿	Cl^-	Ag^+	紫	浅蓝绿	0.1%乙醇溶液（酸性）
二甲酚橙	Cl^-	Ag^+	玫瑰	灰蓝	0.2%水溶液
	Br^-,I^-			灰绿	
罗丹明6G	Cl^-,Br^-	Ag^+	红紫	橙	0.1%水溶液
	Ag^+	Br^-	橙	红紫	
品红	Cl^-	Ag^+	红紫	玫瑰	0.1%乙醇溶液
	Br^-,I^-		橙		
	SCN^-		浅蓝		
刚果红	Cl^-,Br^-,I^-	Ag^+	红	蓝	0.1%水溶液
茜素红S	SO_4^{2-}	Ba^{2+}	黄	玫瑰红	0.4%水溶液
	$[Fe(CN)_6]^{4-}$	Pb^{2+}			
偶氮氯膦Ⅲ	SO_4^{2-}	Ba^{2+}	红	蓝绿	—
甲基红	F^-	Ce^{3+}	黄	玫瑰红	—
		$Y(NO_3)_3$			
二苯胺	Zn^{2+}	$[Fe(CN)_6]^{4-}$	蓝	黄绿	1%的硫酸(96%)溶液
邻二甲氧基联苯胺	Zn^{2+},Pb^{2+}	$[Fe(CN)_6]^{4-}$	紫	无色	1%的硫酸溶液
酸性玫瑰红	Ag^+	MoO_4^{2-}	无色	紫红	0.1%水溶液

注:吸附指示剂是一类有机染料,用于沉淀法滴定。当它被吸附在胶粒表面时,可能由于形成了某种化合物而导致指示剂分子结构的变化,从而引起颜色的变化。在沉淀滴定中,可以利用它的此种性质指示滴定的终点。吸附指示剂可分为两大类:一类是碱性染料,如荧光黄及其衍生物,它们是有机弱酸,能解离出指示剂阴离子;另一类是碱性染料,如甲基素等,它们是有机剂碱,能解离出指示剂阳离子。

附录3　常用浓酸、浓碱的密度和浓度

名称	密度/(g·mL^{-1})	w/%	c/(mol·L^{-1})
盐酸	1.18~1.19	36~38	11.6~12.4
硝酸	1.39~1.40	65.0~68.0	14.4~15.2
硫酸	1.83~1.84	95~98	17.8~18.4
磷酸	1.69	85	14.6
高氯酸	1.68	70.0~72.0	11.7~12.0
冰醋酸	1.05	99.8(优级纯:99.0(分析纯、化学纯))	17.4

续表

名称	密度/(g·mL^{-1})	w/%	c/(mol·L^{-1})
氢氟酸	1.13	40	22.5
氢溴酸	1.49	47.0	8.6
氨水	0.88~0.90	25.0~28.0	13.3~14.8

附录4　常用基准物质干燥条件及应用

基准物质		干燥后的组成	干燥条件/℃	标定对象
名称	分子式			
碳酸氢钠	$NaHCO_3$	Na_2CO_3	270~300	酸
碳酸钠	$Na_2CO_3 \cdot 10H_2O$	Na_2CO_3	270~300	酸
硼砂	$Na_2B_4O_7 \cdot 10H_2O$	$Na_2B_4O_7 \cdot 10H_2O$	放在含 NaCl 和蔗糖饱和水溶液的干燥器中	酸
碳酸氢钾	$KHCO_3$	K_2CO_3	270~300	酸
二水合草酸	$H_2C_2O_4 \cdot 2H_2O$	$H_2C_2O_4 \cdot 2H_2O$	室温空气干燥	碱或 $KMnO_4$
邻苯二甲酸氢钾	$KHC_8H_4O_4$	$KHC_8H_4O_4$	110~120	酸
重铬酸钾	$K_2Cr_2O_7$	$K_2Cr_2O_7$	140~150	还原剂
溴酸钾	$KBrO_3$	$KBrO_3$	130	还原剂
碘酸钾	KIO_3	KIO_3	130	还原剂
铜	Cu	Cu	室温干燥器中保存	还原剂
三氧化二砷	As_2O_3	As_2O_3	室温干燥器中保存	氧化剂
草酸钠	$Na_2C_2O_4$	$Na_2C_2O_4$	130	氧化剂
碳酸钙	$CaCO_3$	$CaCO_3$	110	EDTA
锌	Zn	Zn	室温干燥器中保存	EDTA
氧化锌	ZnO	ZnO	900~1 000	EDTA
氯化钠	NaCl	NaCl	500~600	$AgNO_3$
氯化钾	KCl	KCl	500~600	$AgNO_3$
硝酸银	$AgNO_3$	$AgNO_3$	220~250	氯化物
氨基磺酸	$HOSO_2NH_2$	$HOSO_2NH_2$	在真空 H_2SO_4 干燥器中保存 48 h	碱
氟化钠	NaF	NaF	铂坩埚中 500~550 ℃下保存 40~50 min 后，H_2SO_4 干燥器中冷却	

附录5　常用熔剂和坩埚

熔剂(混合熔剂)名称	所用熔剂量(对试样量而言)	熔融用坩埚材料						熔剂的性质和用途
		铂	铁	镍	磁	石英	银	
Na_2CO_3(无水)	6～8倍	+	+	+	-	-	-	碱性熔剂,用于分析酸性矿渣黏土、耐火材料、不溶于酸的残渣、难溶硫酸盐等
$NaHCO_3$	12～14倍	+	+	+	-	-	-	
$Na_2CO_3 - K_2CO_3$(1:1)	6～8倍	+	+	+	-	-	-	
$Na_2CO_3 - KNO_3$(6:0.5)	8～10倍	+	+	+	-	-	-	碱性氧化熔剂,用于测定矿石中的总S、As、Cr、V,分离V、Cr等物中的Ti
$KNaCO_3 - Na_2B_4O_7$(3:2)	10～12倍	+	-	-	+	+	-	碱性氧化熔剂,用于分析铬铁矿、钛铁矿等
$Na_2CO_3 - MgO$(2:1)	10～14倍	+	+	+	+	+	-	碱性氧化熔剂,用于分析铁合金、铬铁矿等
$Na_2CO_3 - ZnO$(2:1)	8～10倍	-	+	+	+	+	-	碱性氧化熔剂,用于测定矿石中的硫
Na_2O_2	6～8倍	-	+	+	+	+	-	碱性氧化熔剂,用于测定矿石和铁合金中的S、Cr、V、Mn、Si、P,辉钼矿中的Mo等
$NaOH(KOH)$	8～10倍	-	+	+	-	-	+	碱性熔剂,用于测定锡石中的Sn、分解硅酸盐等
$KHSO_4(K_2S_2O_7)$	12～14(8～12)倍	+	-	-	+	+	-	酸性熔剂,用于分解硅酸盐、钨矿石,熔融Ti、Al、Fe、Cu等的氧化物
$Na_2CO_3 -$ 粉末精品硫黄(1:1)	8～12倍	-	-	-	+	+	-	碱性硫化熔剂,用于自铅、铜、银等中分离钼、锑、砷、锡;分解有色矿石焙烧后的产品,分离钛和钒等
硼酸酐(熔融、研细)	5～8倍	+	-	-	-	-	-	主要用于分解硅酸盐(当测定其中的碱金属时)

注"+"可以进行熔融;"-"不可以进行熔融,以免损坏坩埚。近年来采用氟乙烯坩埚代替铂器皿用于氢氟酸熔样。

附录6 相对原子质量表

原子序数	中文名称	英文名称	符号	相对原子质量
1	氢	hydrogen	H	1.007 94(7)
2	氦	helium	He	4.002 602(2)
3	锂	lithium	Li	6.941(2)
4	铍	beryllium	Be	9.012 182(3)
5	硼	boron	B	10.811(7)
6	碳	carbon	C	12.010 7(8)
7	氮	nitrogen	N	14.006 7(2)
8	氧	oxygen	O	15.999 4(3)
9	氟	fluorine	F	18.998 403 2(5)
10	氖	neon	Ne	20.179 7(6)
11	钠	sodium	Na	22.989 770(2)
12	镁	magnesium	Mg	24.305 0(6)
13	铝	aluminium	Al	26.981 538(2)
14	硅	silicon	Si	28.085 5(3)
15	磷	phosphorus	P	30.973 761(2)
16	硫	sulphur	S	32.065(5)
17	氯	chlorine	Cl	35.453(2)
18	氩	argon	Ar	39.948 3(1)
19	钾	potassium	K	39.098 3(1)
20	钙	calcium	Ca	40.078(4)
21	钪	scandium	Sc	44.955 912(6)
22	钛	titanium	Ti	47.867(1)
23	钒	vanadium	V	50.941 5(1)
24	铬	chromium	Cr	51.996 1(6)
25	锰	manganese	Mn	54.938 045(5)
26	铁	iron	Fe	55.845(2)
27	钴	cobalt	Co	58.933 195(5)

续表

原子序数	中文名称	英文名称	符号	相对原子质量
28	镍	nickel	Ni	58.693 4(4)
29	铜	copper	Cu	63.546(3)
30	锌	zinc	Zn	65.38(2)
31	镓	gallium	Ga	69.723(1)
32	锗	germanium	Ge	72.64(1)
33	砷	arsenic	As	74.921 60(2)
34	硒	selenium	Se	78.96(3)
35	溴	bromine	Br	79.904(1)
36	氪	krypton	Kr	83.798(2)
37	铷	rubidium	Rb	85.467 8(3)
38	锶	strontium	Sr	87.62(1)
39	钇	yttrium	Y	88.905 85(2)
40	锆	zirconium	Zr	91.224(2)
41	铌	niobium	Nb	92.906 38(2)
42	钼	molybdenum	Mo	95.96(2)
43	锝	technetium	Tc	98.907 2(4)
44	钌	ruthenium	Ru	101.07(2)
45	铑	rhodium	Rh	102.905 50(2)
46	钯	palladium	Pd	106.42(1)
47	银	silver	Ag	107.868 2(2)
48	镉	cadmium	Cd	112.411(8)
49	铟	indium	In	114.818(3)
50	锡	stannum	Sn	118.710(7)
51	锑	antimony	Sb	121.760(1)
52	碲	tellurium	Te	127.60(3)
53	碘	iodine	I	126.904 47(3)
54	氙	xenon	Xe	131.293(6)
55	铯	cesium	Cs	132.905 451 9(2)
56	钡	barium	Ba	137.327(7)
57	镧	lanthanum	La	138.905 47(7)

原子序数	中文名称	英文名称	符号	相对原子质量
58	铈	cerium	Ce	140. 116(1)
59	镨	praseodymium	Pr	140. 907 65(2)
60	钕	neodymium	Nd	144. 242(3)
61	钷	promethium	Pm	144. 9(2)
62	钐	samarium	Sm	150. 36(2)
63	铕	europium	Eu	151. 964(1)
64	钆	gadolinium	Gd	157. 25(3)
65	铽	terbium	Tb	158. 925 35(2)
66	镝	dysprosium	Dy	162. 500(1)
67	钬	holmium	Ho	164. 930 32(2)
68	铒	erbium	Er	167. 259(3)
69	铥	thulium	Tm	168. 934 21(2)
70	镱	ytterbium	Yb	173. 054(3)
71	镥	lutecium	Lu	174. 966 8(1)
72	铪	hafnium	Hf	178. 49(2)
73	钽	tantalum	Ta	180. 947 88(2)
74	钨	tungsten	W	183. 84(1)
75	铼	rhenium	Re	186. 207(1)
76	锇	osmium	Os	190. 23(3)
77	铱	iridium	Ir	192. 217(3)
78	铂	platinum	Pt	195. 084(9)
79	金	gold	Au	196. 966 569(4)
80	汞	mercury	Hg	200. 59(2)
81	铊	thallium	Tl	204. 383 3(2)
82	铅	lead	Pb	207. 2(1)
83	铋	bismuth	Bi	208. 980 40(1)
84	钋	polonium	Po	[208. 982 4]
85	砹	astatine	At	[209. 987 1]
86	氡	radon	Rn	[222. 017 6]
87	钫	francium	Fr	[223. 019 7]

原子序数	中文名称	英文名称	符号	相对原子质量
88	镭	radium	Re	[226.024 5]
89	锕	actinium	Ac	[227.027 7]
90	钍	thorium	Th	232.038 06(2)
91	镤	protactinium	Pa	231.035 88(2)
92	铀	uranium	U	238.028 91(3)
93	镎	neptunium	Np	[237.048 2]
94	钚	plutonium	Pu	[239.064 2]
95	镅	americium	Am	[243.061 4]
96	锔	curium	Cm	[247.070 4]
97	锫	berkelium	Bk	[247.070 3]
98	锎	californium	Cf	[251.079 6]
99	锿	einsteinium	Es	[252.083 0]
100	镄	fermium	Fm	[257.059 1]
101	钔	mendelevium	Md	[258.098 4]
102	锘	nobelium	No	[259.101 0]
103	铹	lawrencium	Lr	[262.109 7]
104	鿏	rutherfordium	Rf	[261.108 8]
105	𬭛	dubnium	Db	[262.114 1]
106	𬭳	seaborgium	Sg	[266.121 9]
107	𬭛	bohrium	Bh	[264.120 1]
108	𬭶	hassium	Hs	[277]
109	鿏	meitnerium	Mt	[268.138 8]
110	𫟼	darmstadtium	Ds	[281]
111	𬬭	roentgenium	Rg	[272.153 5]
112	鿔	copernicium	Cn	[285]
113	鿭	nihonium	Nh	[284]
114	𫓧	Flerovium	Fl	[289]
115	镆	Moscovium	Me	[288]
116	𫟷	livermorium	Lv	[292]
117	鿬	Tennesine	Ts	[291]
118	𬬩	Oganesson	Og	[293]

附录7　常用化合物的相对分子质量表

化合物	M_r	化合物	M_r
Ag_3AsO_4	462.52	$BiOCl$	60.43
$AgBr$	187.77	$CaCO_3$	100.09
$AgCl$	143.32	CaC_2O_4	128.10
$AgCN$	133.89	$CaCl_2$	110.99
$AgSCN$	135.95	$CaCl_2 \cdot 6H_2O$	219.08
Ag_2CrO_4	331.73	$Ca(NO_3)_2 \cdot 4H_2O$	236.15
AgI	234.77	CaO	56.08
$AgNO_3$	169.87	$Ca(OH)_2$	74.09
$AlCl_3$	133.34	$Ca_3(PO_4)_2$	310.18
$AlCl_3 \cdot 6H_2O$	241.43	$CaSO_4$	136.14
$Al(NO_3)_3$	213.00	$CdCO_3$	172.42
$Al(NO_3)_3 \cdot 9H_2O$	375.13	$CdCl_2$	183.32
Al_2O_3	101.96	CdS	144.47
$Al(OH)_3$	78.00	$Ce(SO_4)_2$	332.24
$Al_2(SO_4)_3$	342.14	$Ce(SO_4)_2 \cdot 4H_2O$	404.30
$Al_2(SO_4)_3 \cdot 18H_2O$	666.41	CH_3COOH	60.052
As_2O_3	197.84	CH_3COONH_4	77.083
As_2O_5	229.84	CH_3COONa	82.034
As_2S_3	246.02	$CH_3COONa \cdot 3H_2O$	136.08
$BaCO_3$	197.34	CO_2	44.01
BaC_2O_4	225.35	$CoCl_2$	129.84
$BaCl_2$	208.24	$CoCl_2 \cdot 6H_2O$	237.93
$BaCl_2 \cdot 2H_2O$	244.27	$Co(NO_3)_2$	132.94
$BaCrO_4$	253.32	$Co(NO_3)_2 \cdot 6H_2O$	291.03
BaO	153.33	CoS	90.99
$Ba(OH)_2$	171.34	$CoSO_4$	154.99
$BaSO_4$	233.39	$CoSO_4 \cdot 7H_2O$	281.10
$BiCl_3$	315.34	$Co(NH_4)_2$	60.06

化合物	M_t	化合物	M_t
$CrCl_3$	158.35	H_3AsO_3	125.94
$CrCl_3 \cdot 6H_2O$	266.45	H_3AsO_4	141.94
$Cr(NO_3)_3$	238.01	H_3BO_3	61.83
Cr_2O_3	151.99	HBr	80.912
$CuCl$	98.999	HCN	27.026
$CuCl_2$	134.45	$HCOOH$	46.026
$CuCl_2 \cdot 2H_2O$	170.348	H_2CO_3	62.025
$CuSCN$	121.6	$H_2C_2O_4$	90.035
CuI	190.45	$H_2C_2O_4 \cdot 2H_2O$	126.07
$Cu(NO_3)_2$	187.56	HCl	36.461
$Cu(NO_3)_2 \cdot 3H_2O$	241.60	HF	20.0006
CuO	79.545	HI	127.91
Cu_2O	143.09	HIO_3	175.91
CuS	95.61	HNO_3	63.013
$CuSO_4$	158.60	HNO_2	47.013
$CuSO_4 \cdot 5H_2O$	249.68	H_2O	18.015
$FeCl_2$	126.75	H_2O_2	34.015
$FeCl_2 \cdot 4H_2O$	198.81	H_3PO_4	97.995
$FeCl_3$	162.21	H_2S	34.08
$FeCl_3 \cdot 6H_2O$	270.30	H_2SO_3	82.07
$FeNH_4(SO_4)_2 \cdot 12H_2O$	482.18	H_2SO_4	98.07
$Fe(NO_3)_3$	241.86	$Hg(CN)_2$	252.63
$Fe(NO_3)_3 \cdot 9H_2O$	404.00	$HgCl_2$	271.50
FeO	71.846	Hg_2Cl_2	472.09
Fe_2O_3	159.69	HgI_2	454.40
Fe_3O_4	231.54	$Hg_2(NO_3)_2$	525.19
$Fe(OH)_3$	106.87	$Hg_2(NO_3)_2 \cdot 2H_2O$	561.22
FeS	87.91	$Hg(NO_3)_2$	324.60
Fe_2S_3	207.87	HgO	216.59
$FeSO_4$	151.90	HgS	232.65
$FeSO_4 \cdot 7H_2O$	278.01	$HgSO_4$	296.65
$FeSO_4 \cdot (NH_4)_2SO_4 \cdot 6H_2O$	392.33	Hg_2SO_4	497.24

化合物	M_r	化合物	M_r
$KAl(SO_4)_2 \cdot 12H_2O$	474.38	$MgNH_4PO_4$	137.22
KBr	119.00	MgO	40.304
$KBrO_3$	167.00	$Mg(OH)_2$	58.32
KCl	74.551	$Mg_2P_2O_7$	222.55
$KClO_3$	122.55	$MgSO_4 \cdot 7H_2O$	246.47
$KClO_4$	138.55	$MnCO_3$	114.95
KCN	65.116	$MnCl_2 \cdot 4H_2O$	197.91
$KSCN$	97.18	$Mn(NO_3)_2 \cdot 6H_2O$	287.04
K_2CO_3	148.21	MnO	70.937
K_2CrO_4	194.19	MnO_2	86.937
$K_2Cr_2O_7$	294.18	MnS	87.00
$K_4Fe(CN)_6$	368.35	$MnSO_4$	151.00
$KFe(SO_4)_2 \cdot 12H_2O$	503.34	$MnSO_4 \cdot 4H_2O$	223.06
$KHC_2O_4 \cdot 12H_2O$	146.14	NO	30.006
$KHC_2O_4 \cdot H_2C_2O_4 \cdot 2H_2O$	254.19	NO_2	46.006
$KHC_4H_4O_6$	188.18	NH_3	17.03
$KHSO_4$	136.16	NH_4Cl	53.491
KI	166.00	$(NH_4)_2CO_3$	96.086
KIO_3	214.00	$(NH_4)_2C_2O_4$	124.10
$KIO_3 \cdot HIO_3$	389.91	$(NH_4)_2C_2O_4 \cdot 4H_2O$	142.11
$KMnO_4$	158.03	NH_4SCN	76.12
$KNaC_4H_4O_6 \cdot 4H_2O$	282.22	NH_4HCO_3	79.055
KNO_3	101.10	$(NH_4)_2MoO_4$	196.01
KNO_2	85.104	NH_4NO_3	80.043
K_2O	94.196	$(NH_4)_2HPO_4$	132.06
KOH	56.106	$(NH_4)_2S$	68.14
K_2SO_4	174.25	$(NH_4)_2SO_4$	132.13
$MgCO_3$	84.314	NH_4VO_3	116.98
$MgCl_2$	95.211	Na_3AsO_3	191.89
$MgCl_2 \cdot 6H_2O$	203.30	$Na_2B_4O_7$	201.22
MgC_2O_4	112.33	$Na_2B_4O_7 \cdot 10H_2O$	381.37
$Mg(NO_3)_2 \cdot 6H_2O$	256.41	$NaBiO_3$	279.97

化合物	M_t	化合物	M_t
NaCN	49.007	$PbCrO_4$	323.30
Na_2CO_3	105.99	PbI_2	461.00
$Na_2CO_3 \cdot 10H_2O$	286.14	$Pb(NO_3)_2$	331.20
$Na_2C_2O_4$	134.00	PbO	223.20
NaCl	58.443	PbO_2	239.20
NaClO	74.442	$Pb_3(PO_4)_2$	811.54
$NaHCO_3$	84.007	PbS	239.30
$Na_2HPO_4 \cdot 12H_2O$	358.14	$PbSO_4$	303.30
$Na_2H_2Y \cdot 2H_2O$	372.24	$SbCl_3$	228.11
$NaNO_2$	68.995	$SbCl_5$	299.02
$NaNO_3$	84.995	Sb_2O_3	291.50
Na_2O	61.979	Sb_2S_3	339.68
Na_2O_2	77.978	SiF_4	104.08
NaOH	39.997	SiO_2	60.084
Na_3PO_4	163.94	$SnCl_2$	189.60
Na_2S	78.04	$SnCl_2 \cdot 2H_2O$	225.63
$Na_2S \cdot 9H_2O$	240.18	$SnCl_4$	260.52
Na_2SO_3	126.04	$SnCl_4 \cdot 5H_2O$	350.596
Na_2SO_4	142.04	SnO_2	150.71
$Na_2S_2O_3$	158.10	SnS	150.776
$Na_2S_2O_3 \cdot 5H_2O$	248.17	SO_3	80.06
$NiCl_2 \cdot 6H_2O$	237.69	SO_2	64.06
NiO	74.69	$SrCO_3$	147.63
$Ni(NO_3)_2 \cdot 6H_2O$	290.79	SrC_2O_4	175.64
NiS	90.75	$SrCrO_4$	203.61
$NiSO_4 \cdot 7H_2O$	280.85	$Sr(NO_3)_2$	211.63
P_2O_5	141.94	$Sr(NO_3)_2 \cdot 4H_2O$	283.69
$PbCO_3$	267.20	$SrSO_4$	183.68
PbC_2O_4	295.22	$UO_2(CH_3COO)_2 \cdot 2H_2O$	424.15
$PbCl_2$	278.10	$ZnCO_3$	125.39
$Pb(CH_3COO)_2$	325.30	ZnC_2O_4	153.40
$Pb(CH_3COO)_2 \cdot 3H_2O$	379.30	$ZnCl_2$	136.29

化合物	M_t	化合物	M_t
$Zn(NO_3)_2$	189.39	ZnO	81.38
$Zn(NO_3)_2 \cdot 6H_2O$	297.48	ZnS	97.44
$Zn(CH_3COO)_2$	183.47	$ZnSO_4$	161.44
$Zn(CH_3COO)_2 \cdot 2H_2O$	219.50	$ZnSO_4 \cdot 7H_2O$	287.54

附录 8　常用缓冲溶液的配制

缓冲溶液组成	pK_a	缓冲液 pH	缓冲溶液配制方法
氨基乙酸-HCl	2.35 (pK_{a_1})	2.3	取 150 g 氨基乙酸溶于 500 mL 蒸馏水中后，加 80 mL 浓 HCl 溶液，用蒸馏水稀释至 1 L
H_3PO_4 – 柠檬酸盐		2.5	取 113 g $Na_2HPO_4 \cdot 12H_2O$ 溶于 200 mL 蒸馏水中，加 387 g 柠檬酸，溶解，过滤后，稀释至 1 L
一氯乙酸 – NaOH	2.86	2.8	取 200 g 一氯乙酸溶于 200 mL 蒸馏水中，加 40 g NaOH，溶解后，稀释至 1 L
邻苯二甲酸氢钾 – HCl	2.95 (pK_{a_1})	2.9	取 50 g 邻苯二甲酸氢钾溶于 500 mL 蒸馏水中，加 80 mL 浓 HCl 溶液，稀释至 1 L
甲酸 – NaOH	3.76	3.7	取 95 g 甲酸和 40 g NaOH 于 500 mL 蒸馏水中，溶解，稀释至 1 L
NaAc – HAc	4.74	4.7	取 83 g 无水 NaAc 溶于蒸馏水中，加 60 mL 冰醋酸，稀释至 1 L
六亚甲基四胺 – HCl	5.15	5.4	取 40 g 六亚甲基四胺溶于 200 mL 蒸馏水中，加 10 mL 浓 HCl，稀释至 1 L
Tris – HCl [三羟甲基氨基甲烷 $CNH_2(HOCH_3)_3$]	8.21	8.2	取 25 g Tris 试剂溶于蒸馏水中，加 8 mL 浓 HCl 溶液，稀释至 1 L
NH_3 – NH_4Cl	9.26	9.2	取 54 g NH_4Cl 溶于蒸馏水中，加 63 mL 浓氨水，稀释至 1 L

注:(1)缓冲液配制后,可用 pH 试纸检查。如 pH 不对,可用共轭酸或碱调节。欲精确调节 pH 时,可用 pH 计调节。

(2)若需增加或减少缓冲液的缓冲容量时,可相应增加或减少共轭酸碱对物质的量再调节。

附录9 滴定分析基本操作考查表

1. 无机合成基本操作(20分)

项　　目	扣 分 依 据
仪器洗涤 (2分)	第一次所用仪器都已经洗涤干燥,后续实验中:
	玻璃仪器洗净后,未用去离子水润洗三遍,−1
	每次去离子水的量超过仪器规格的1/10,−1
固体试剂取用、称量 (3分)	试剂撒落,−0.5
	采用滤纸称量,−1
	药匙留在试剂瓶中或随意放在实验台上,−0.5
	试剂取用完毕后,试剂瓶未复原,−0.5
	取样过量时,未置入回收瓶,−0.5
溶解、搅拌、反应 (3分)	量筒定量取试剂时,视线未与凹液面最低点水平,−0.5
	固体未先搅拌溶解或搅拌溅出,−1
	滴加速度太快或太慢,−1
	搅拌太慢或溅出,−0.5
液体试剂取用 (3分)	将自己的滴管伸入试剂瓶取试剂,−1
	将装有药品的滴管横置或滴管口斜向上,−1
	取样时,试剂瓶标签未朝手心,−0.5
	取样后,未及时盖上试剂瓶盖(塞),−0.5
冷却结晶 (1分)	冰水浴不合适,−0.5
	冷却时没搅拌,−0.5
减压过滤 (6分)	滤纸大小是否合适,−1
	布氏漏斗的斜口没对上抽滤瓶支管口,−0.5
	滤纸是否先用少量水湿润并抽气,−0.5
	是否先开泵再倒液,−0.5
	溶液转移不规范,沉淀在滤纸上分布不均,−1 (先沿玻璃棒倾析清液,再移沉淀入滤纸中间)
	润洗沉淀时,未将安全瓶通大气或未关真空泵,−1
	抽滤完是否先放气再关泵,−1
	抽滤瓶内滤液太多时,是否有处理(上口倒出,支管向上),−0.5
干燥(1分)	未完全干燥,−1
称量产品(1分)	产品从表面皿转移到称量瓶时撒落,−1
合计扣分	

2. 产品(8分)

项　　目	扣 分 依 据
产品颜色(2分)	产品应为紫蓝色粉末状,如带点绿色,−2
产率 (6分)	产率计算错误(未考虑98.5%,公式错误),−2
	产率>100%,−2
	90%<产率<95%,−1
	70%<产率<90%,−2
	产率<70%,−3
	实验失败,无产品,−4
合计扣分	

3. 分析测定基本操作(32分)

项　　目	扣 分 依 据
准确称量 (6分) 注:多次出现的操作, 只要出现一次错误, 则扣该项操作分	挪动、打开、盖上干燥器不规范,干燥器盖不朝上放在台面上,−1
	称量瓶未放入干燥器,未用纸条取称量瓶及盖子,−1
	称量时未关天平门,称下一个样品未去皮,称完未整理天平,包括纸条未带走,−1
	敲出时没用瓶盖敲击瓶口上部,或不回敲瓶口,−1
	样品敲在容器外,或天平盘内有药品,−1
	不符合称量范围要求,−1
移液管使用 (6分)	移液管未用操作液润洗2~3次,−1
	移液过程中将溶液吸入洗耳球,−1
	移液管未用食指压上端口,−1
	吸取溶液后调刻度时,移液管未垂直,管尖未紧靠器壁或瓶口,−1
	放溶液时,移液管未紧靠器壁,接收容器未倾斜,或双手拿移液管放液,−1
	放液到所需刻度时未停留15 s,没有"吹"字的移液管吹出管尖液体,−1
容量瓶使用 (5分)	溶解反应的初体积太大,超过50 mL,−1
	转移溶液时,玻璃棒下端没靠容量瓶颈内壁,烧杯口最后一滴溶液未处理(玻璃棒往上提),−1
	转移溶液时,液体溢出瓶外,−1
	加水至瓶容积2/3时,未初步摇匀,加水至刻度下1~2 cm时,应等待1 min左右,−1
	定容刻度不正确,−1
滴定操作 (10分)	未用待装液润洗2~3次,润洗液超过10 mL,−0.5
	活塞没调节好,导致滴定前或滴定中途漏液,−1
	装液借助其他器皿,气泡未排出,−0.5

项　目	扣分依据
	初读数在滴定管的下半部,−1
	滴完或加完液立即读数(应等待管壁溶液流下),−0.5
	滴定前不去掉滴定管尖的溶液(滤纸吸掉),−0.5
	滴定管和锥形瓶拿法不对,两者相对位置不对,−1
	滴定操作无连贯性(经常开关活塞),震荡溶液,−1
	滴定速度太快,出现水流,或溶液滴到锥形瓶外,−1
	临近终点时没有半滴操作,未淋洗,−1
	读数时未拿在滴定管液面以上,视线未齐平,−1
	读数未估读,或估读全部补零,−1
分光光度计 (5分)	不会调零或请求指导调零,−1
	比色皿不用待装液润洗,−1
	手拿比色皿透光面,−1
	用滤纸擦比色皿,−1
	测定结束后仪器不复原,−1
合计扣分	

4. 实验结果的准确度与精密度

项　目			扣分依据
精密度 (10分)	空白实验 (结果按四舍六入 五成双原则)	相对平均偏差	$\overline{d_r} \le 0.5$, −0
			$0.5 < \overline{d_r} \le 1.0$, −1
			$1.0 < \overline{d_r} \le 1.5$, −2
			$\overline{d_r} > 1.5$, −3
			有效数字错误, −1
	产品测定 (结果按四舍六 入五成双原则)	相对平均偏差	$\overline{d_r} \le 0.5$, −0
			$0.5 \le \overline{d_r} \le 1.0$, −1
			$1.0 \le \overline{d_r} \le 1.5$, −2
			$\overline{d_r} \ge 1.5$, −3
			有效数字错误, −1
	光度分析	R^2	≥ 0.995, −0
			≥ 0.990, −1
			≤ 0.990, −2

续表

项　目	扣 分 依 据		
准确度 (12分)	氨	含量/%	$43.5 \leqslant R < 44.5$，-0
			$43.0 \leqslant R < 43.5$，-1
			$42.0 \leqslant R < 43.0$，-2
			$R < 42.0$，或 $R > 44.5$，-4
	镍	含量/%	$25.1 \leqslant R < 25.5$，-0
			$24.9 \leqslant R < 25.1$，-1
			$24.5 \leqslant R < 24.9$，-2
			$R < 24.5$，或 $R > 25.5$，-4
	配位比	$1:(6 \pm x)$	$x \leqslant 0.2$，-0
			$0.2 < x \leqslant 0.4$，-1
			$0.4 < x \leqslant 0.6$，-2
			$x > 0.6$，-4
合计扣分			

附录10　化学类实验室安全考试题目

主要参考文献

［1］武汉大学．分析化学实验［M］．第 6 版．北京：高等教育出版社，2020.

［2］钟桐生，连琰，卿湘东．分析化学实验［M］．北京：北京理工大学出版社，2019.

［3］周方钦．分析化学实验［M］．湘潭：湘潭大学出版社，2009.

［4］卢学实，王桂英，王吉清．大学化学［M］．第二版．北京：化学工业出版社，2019.

［5］北京师范大学无机化学教研室等．无机化学实验（第四版）［M］．北京：高等教育出版社，2014.

［6］古映莹，郭丽萍．无机化学实验［M］．北京：科学出版社，2013.

［7］石建新，巢晖．无机化学实验［M］．第四版．北京：高等教育出版社，2019.